Entdeckt, erdacht, erfunden

20 Göttinger Geschichten von Genie und Irrtum

Herausgegeben von
Teresa Nentwig und Katharina Trittel

Mit 36 Abbildungen

Vandenhoeck & Ruprecht

Bibliografische Information der Deutschen Nationalbibliothek:
Die Deutsche Nationalbibliothek verzeichnet diese Publikation in
der Deutschen Nationalbibliografie; detaillierte bibliografische Daten
sind im Internet über http://dnb.de abrufbar.

© 2019, Vandenhoeck & Ruprecht GmbH & Co. KG, Theaterstraße 13,
D-37073 Göttingen
Alle Rechte vorbehalten. Das Werk und seine Teile sind urheberrechtlich
geschützt. Jede Verwertung in anderen als den gesetzlich zugelassenen Fällen
bedarf der vorherigen schriftlichen Einwilligung des Verlages.

Umschlagabbildung: Der Schlörwagen mit russischem Flugzeugpropeller auf
dem Gelände der Aerodynamischen Versuchsanstalt Göttingen (AVA), 1942.
Quelle: Deutsches Zentrum für Luft- und Raumfahrt (DLR)

Satz: textformart, Göttingen | www.text-form-art.de
Druck und Bindung: ⊕ Hubert & Co KG BuchPartner, Göttingen
Printed in the EU

Vandenhoeck & Ruprecht Verlage | www.vandenhoeck-ruprecht-verlage.com

ISBN 978-3-525-31087-8

Inhalt

9 Made in Göttingen. Erfindungen aus vier Jahrhunderten
Zur Einleitung
von Teresa Nentwig und Katharina Trittel

29 »Nichts verschwenden, wiederverwenden«
Die Erfindung des Recyclingpapiers
von Julia Zilles

37 »Daß in den Kirchen gepredigt wird, macht deswegen
die Blitzableiter auf ihnen nicht unnötig.«
Lichtenbergs Versuch, die Gewitterfurcht zu überwinden
von Martin Grund

47 Christoph Meiners
Ein Göttinger Philosoph erfindet den Rassismus
von Peter Aufgebauer

62 Von Or bis Om
Die Erfindung einer krausen Sprache
von Katharina Trittel

76 Der Staat als juristische Person
Eine verfassungsrechtliche Innovation
im Göttinger Symboljahr 1837
von Florian Finkbeiner und Julian Schenke

92 Große Entdeckungen und ihre Opfer
Auf der Suche nach dem nährenden Prinzip der Koka-Blätter
von Stine Marg und Michael Thiele

104 Der Jurist als Gesetzgeber
Gottlieb Planck und das Bürgerliche Gesetzbuch
von Danny Michelsen

6 Inhalt

114 Vitamin D für die Massen
Adolf Windaus versorgt die Welt mit dem Sonnenvitamin
von Pauline Höhlich

126 Fritz Lenz
Wie ein Vordenker der NS-Rassenlehre nach Göttingen kam
und zum Neubegründer der deutschen Humangenetik wurde
von Niklas Schröder

136 Unter die Räder gekommen
Der Schlörwagen
von Philip Dudek

145 »Dafür stehen Sie sogar nachts auf!«
Die Geschichte der Bihunsuppe
von Teresa Nentwig und Michael Thiele

156 Die Göttinger Linie
Deeskalationsstrategie der Göttinger Polizei um 1968
von Birgit Redlich

168 Das Leiden an der Leitkultur
Über die Verselbstständigung einer Begriffsschöpfung
und die Abwehr einer Auseinandersetzung
von Stine Marg und Julian Schenke

185 Das XLAB
Experiment(e) mit offenem Ausgang
von Lino Klevesath und Anne-Kathrin Meinhardt

195 Das »Göttinger Gebräu«
Oder: gut gegoogelt ist halb publiziert
von Annemieke Munderloh

209 Die Wiederentdeckung von NS-Raubbüchern in der
Niedersächsischen Staats- und Universitätsbibliothek Göttingen
Die Geschichte des Sozialdemokraten Heinrich Troeger
von Maximilian Blaeser und Otto-Eberhard Zander

219 Not macht erfinderisch
Ein Skandal um gefälschte Publikationslisten
im Zeichen des Quantitätsparadigmas
von Luisa Rolfes

229 Affen oder Alpha?
Warum ein Patent um ein Synuclein für Aufmerksamkeit sorgt
von Katharina Heise

238 Eine spannende Angelegenheit
Die Tunnelsimulationsanlage des Deutschen Luft- und
Raumfahrtzentrums in Göttingen als technologisches Mash-Up
von Christopher Schmitz

249 Echtzeit-Filme vom schlagenden Herzen
Die revolutionäre Weiterentwicklung
der Magnetresonanztomografie (MRT)
von Teresa Nentwig

261 Abkürzungen

262 Bildnachweis

Made in Göttingen.
Erfindungen aus vier Jahrhunderten
Zur Einleitung

von Teresa Nentwig und Katharina Trittel

Den Begriffen »Erfindung« oder »Entdeckung« hängt etwas leicht Verruchtes an, ein Hauch von Abenteuer, ein Funken Genie. Wir denken möglicherweise an Columbus, wie er mit seiner *Santa Maria* Amerika entdeckte (obwohl er bei seinem Aufbruch eigentlich ganz anderes – den Seeweg nach Indien – im Sinn hatte), oder wir denken an einen verrückten Professor, der sich die Haare raufend über ein Reagenzglas mit brodelnder grüner Flüssigkeit beugt, um die Weltformel zu entdecken. Und auch amüsante Assoziationen tauchen in diesem Kontext auf: So bietet etwa der Katalog der Göttinger Staats- und Universitätsbibliothek als Suchtreffer zum Schlagwort »Erfindung« das Schrifterzeugnis »Galantes Magazin oder Sammlung der neuesten ergötzlichsten Begebenheiten, ausnehmender Liebesgeschichte, sinnreichen Erfindungen, spashafter Unternehmungen, listiger Griffe und Ränke, merkwürdiger Beyspiele der Einfalt, der Thorheit und des Aberglaubens: nebst allerhand geheimen Historien: Alles mit ernst- und scherzhaften Anmerkungen begleitet« aus dem Jahr 1755 an. Ebenso wurde im Jahr 1984 ein Patent auf eine Windel »mit Pipialarm« angemeldet.[1]

Indes: Wer an Göttingen denkt, denkt bei Erfindungen vielleicht eher an Zahlen, Formeln, Patente, Schriften – wissenschaftliche Entdeckungen und Ideen, zunächst in ihrer langweiligsten Form auf Papier gebannt. Vom Stadtmarketing unter der Formel »Göttingen – Stadt, die Wissen schafft«[2] zu einem Standortfaktor veredelt, von der Universität im (derzeit erfolglosen) Streben nach Exzellenz in die Sachlogik und Domestizierung von Clustern gebannt.

»Göttingen – Stadt, die Wissen schafft«. Bereits seit mehreren Jahren wirbt die Stadt Göttingen mit diesem Slogan. Er spielt vor allem auf die Stadt als Standort von Wissenschaftseinrichtungen an, von der 1737 gegründeten Georg-August-Universität über die Max-Planck-Institute bis hin zum Deutschen Zentrum für Luft- und Raumfahrt, um nur drei Beispiele zu nennen.

Dort, aber auch außerhalb von Forschung und Wissenschaft, sind wegweisende Erfindungen und Ideen entstanden, wurden bahnbrechende Entdeckungen gemacht. Beispielsweise geht das Recyclingpapier auf einen Göttinger zurück: Der an der Georgia Augusta lehrende Juraprofessor Justus Claproth führte Ende des 18. Jahrhunderts in einer Papiermühle in Klein Lengden bei Göttingen erste Versuche durch, wie aus bedrucktem Papier neues Schreibpapier gewonnen werden könne.[3]

Jedoch: Manche in Göttingen entstandene oder von in Göttingen Wirkenden ersonnene Idee ist längst vergessen[4] – wie etwa die Erfindung einer neuen Sprache durch den Philosophen Karl Christian Friedrich Krause[5] – oder nur noch in Kennerkreisen präsent, so etwa der 1939 von Karl Schlör an der Aerodynamischen Versuchsanstalt Göttingen entwickelte »Schlörwagen«.[6] Das wegen seiner Form auch »Göttinger Ei« genannte Fahrzeug ist auf dem Umschlag des vorliegenden Buches abgebildet.

Denken wir an Erfindungen, denken wir oftmals sogleich an Innovation, Fortschritt, an einen schöpferischen Akt. Der Ausgangspunkt kann eine kluge Frage, eine Notwendigkeit oder ein verrückter Traum sein – oder: Zufall. So ist die Entdeckung von etwas, wie etwa von einem bestimmten Pilz, meist Zufall, die daraus resultierende Erfindung, wie etwa Penicillin, dann jedoch ein zielgerichteter Akt. Mithilfe bekannter Mittel kann ein neues Ziel erreicht werden, oder es können für ein bekanntes Ziel neue Methoden zu dessen Erreichung entdeckt werden. Wie sich bereits angedeutet hat, muss eine Erfindung allerdings nichts Gegenständliches sein, vielmehr sollen in diesem Buch auch Begriffe, Theorien und soziale Errungenschaften darunter fallen, z. B. das Bürgerliche Gesetzbuch, als dessen »Vater« der Göttinger Ehrenbürger Gottlieb Planck (1824–1910) gilt,[7] oder der von Bassam Tibi geprägte Begriff »Leitkultur«.[8]

Made in Göttingen. Erfindungen aus vier Jahrhunderten 11

In der kleinen Universitätsstadt Göttingen wurden im Laufe der Jahrhunderte etliche Ideen geboren, Entdeckungen gemacht, Erfindungen reiften und nahmen schließlich Gestalt an. Natürlich waren diese oft an die Universität gebunden, entstanden im Rahmen einer institutionalisierten Wissenschaft. Bereits diese Beobachtung offenbart ein Quellenproblem: Wir wissen schlichtweg mehr und besser Bescheid über Erfindungen aus diesem institutionalisierten Kontext als über diejenigen, die vielleicht aus der Not heraus geboren, jenseits der Wissenschaft in der Alltagspraxis »normaler« Göttinger Bürger entstanden sind.

Der Satz »Der Sieger schreibt die Geschichte« oder »The winner takes it all« mag platitüdenhaft erscheinen, ist jedoch für unser Buch insofern von Relevanz, als dass es naturgemäß schwerer fiel, solche Erfindungen zu recherchieren, die nicht im institutionalisierten Rahmen entstanden, bzw. solche, die sich möglicherweise eben nicht durchsetzten, deswegen der Vergessenheit anheimfielen oder schlechterdings kaum oder gar nicht überliefert sind.

Erfindungen sind allerdings auch insofern als weiter gefasster Begriff zu verstehen und beziehen sich nicht nur auf Entdeckungen, die eine Erfolgsgeschichte haben, sondern auch auf gescheiterte Ideen, die sich nicht durchsetzen konnten, (aus heutiger Perspektive) vielleicht auch skurril anmuten mögen oder sogar der Ursprung großen Leids gewesen sind.

Dieses Buch präsentiert zwanzig Geschichten um Erfindungen, die ihren Ursprung in Göttingen hatten. Die Orte und Personen, die mit ihnen verbunden sind, ebenso wie die z. T. unglaublichen Geschichten, die sie erzählen, und die Wirkung, die sie über die kleine Universitätsstadt hinaus, teilweise in die ganze Welt und bis heute entfalteten. So wird beispielsweise die am hiesigen Max-Planck-Institut für biophysikalische Chemie entwickelte FLASH-Magnetresonanztomografie weltweit bei rund 100 Millionen medizinischen Untersuchungen im Jahr eingesetzt,[9] während das in Göttingen entdeckte Kokain mittlerweile international ein beliebtes Aufputschmittel der Reichen und Schönen[10] und der Blitzableiter wiederum aus dem Alltag nicht mehr wegzudenken ist.[11]

Es ist kaum überraschend, dass Göttinger Forscherinnen und Forscher für ihre Entdeckungen und Erfindungen vielfach ausgezeichnet wurden – auch und gerade mit dem Nobelpreis. Göttingen gilt gar als Stadt der Nobelpreisträger, werden doch inzwischen insgesamt 45 Empfänger der Auszeichnung mit ihr in Verbindung gebracht. Ein Beispiel ist der Chemiker Otto Wallach, der im Jahr 1910 als erster Göttinger Wissenschaftler einen Nobelpreis bekam. Mit seinen Forschungen hat er den Grundstein für die Herstellung von Duft- und Aromastoffen gelegt.[12] 2002, zwölf Jahre bevor Stefan W. Hell für seine Arbeiten auf dem Feld der ultrahochauflösenden Fluoreszenzmikroskopie den Nobelpreis für Chemie erhielt, hatten die Universität Göttingen und die Niedersächsische Staats- und Universitätsbibliothek Göttingen dieses »Göttinger Nobelpreiswunder«[13] in der Paulinerkirche mit einer Ausstellung gefeiert.

Doch auch mit Irrtümern und Skandalen können Erfindungen und Ideen in Verbindung stehen. Zum Beispiel sorgte 2000/2001 der »Fälschungs-Skandal um Ärzte der Uniklinik Göttingen«[14] für Aufsehen. Das, was zunächst als »Impfung gegen Krebs«[15], als »Sensations-Impfung«[16], als »Riesenerfolg für deutsche Krebsforscher«[17] und »bahnbrechende Forschungsarbeit«[18] gefeiert worden war, weckte bald große Zweifel und sorgte für Ernüchterung: Aufgrund diverser Unregelmäßigkeiten wurde der Impfstoff nicht weiterentwickelt; die Hoffnung auf bahnbrechende Fortschritte in der Krebshoffnung war dahin.[19] Als nun im Frühjahr 2019 der Heidelberger »PR-Skandal«[20] um einen Krebs-Bluttest ans Licht kam, fühlte man sich an die damaligen Göttinger Ereignisse erinnert. Nachdem zunächst die *Bild*-Zeitung von einer »Welt-Sensation aus Deutschland«[21] gesprochen hatte, berichteten auch andere Medien – und zwar weltweit – über den Bluttest, der Brustkrebs im Frühstadium erkennen soll. Weit früher als im fast zwanzig Jahre zurückliegenden Göttinger Fall übten Wissenschaft und Fachgesellschaften harsche Kritik. »Da die Daten derzeit noch nicht in Form einer wissenschaftlichen Publikation vorliegen, halten wir Schlussfolgerungen über die Validität und den klinischen Nutzen für verfrüht und raten ausdrücklich davon ab, diagnostische oder therapeutische Entscheidungen basierend auf Blutunter-

Made in Göttingen. Erfindungen aus vier Jahrhunderten 13

suchungen zu treffen, die nicht von nationalen oder internationalen Leitlinien empfohlen werden. Klinische Konsequenzen aus diesem Test sind bis dato nicht in Studien überprüft oder evaluiert worden«, hieß es beispielsweise in der Gemeinsamen Stellungnahme zur Berichterstattung über neuen Bluttest zur Früherkennung bei Brustkrebs, die sieben ärztliche Fachverbände, darunter die Deutsche Krebsgesellschaft, abgegeben haben.[22] Möglicherweise standen wirtschaftliche Interessen hinter der PR-Kampagne für den Bluttest; eine Untersuchungskommission soll dem Heidelberger Universitätsklinikum nun bei der Aufklärung helfen.[23]

Doch zurück nach Göttingen: Dass Erfindungen nicht nur mit Erfolgen, sondern auch mit Dramen zu tun haben können, zeigt die Geschichte der essbaren Pommesschale, die in Göttingen begann und hier auch ein tragisches Ende nahm. Die Produktions- und Lagerhalle im Groner Industriegebiet brannte im Frühjahr 1993 komplett nieder[24] und wurde nicht wiederaufgebaut. Einen Tag nach dem Großbrand, der kurz zuvor in Betrieb genommene Backstraßen zerstörte,[25] hieß es im *Göttinger Tageblatt*: »Die Waffelfabrik Wiebrecht hatte bundesweite Beachtung gefunden, als sie im vergangenen Jahr die erste eßbare Schale für Pommes Frites hergestellt hatte – aus Waffeln. Bis zu 60 Mitarbeiter sind in dem 1986 gegründeten und florierenden Unternehmen beschäftigt. [...] ›Wir sind am Ende‹, kommentierte der Unternehmer [Peter Wiebrecht, Anm. d. V.], der in Kürze in Heiligenstadt eine weitere Produktionsstätte errichten wollte.«[26] Innerhalb kürzester Zeit war alles aus und vorbei.

Jenseits der – manchmal anekdotisch anmutenden Geschichten – sagen all diese Erfindungen gleichzeitig auch etwas über die Stadt, in der sie gemacht wurden, aus, über die Bedingungen von Wissensgenese, vor allem – wie erwähnt – im universitären Rahmen durch die Jahrhunderte. Sie sind die Grundlage neuer Wissensbestände, die z. T. kanonisiert wurden, mithin von Fortschritt, der oftmals eo ipso als positiv, wünschenswert und zukunftsträchtig angesehen wird.

Hinzu kommt: die »Dignität des ›Fakts‹«[27] – wie Franz Walter treffend die unhinterfragte Postulation einer als wahr behaupteten »Tatsache« durch einen Experten oder einen mit Macht ausgestatteten Sprecher bezeichnete, dem dann unkritisch Glauben geschenkt werden sollte, die »Faktenhörigkeit«, das Lechzen nach einer unverrückbaren »Expertenmeinung«. Diese Haltung hat heute einen enormen Stellenwert in der gesellschaftlichen Debatte (zurück)erlangt. Dies trifft umso mehr auf die Kreise der Wissenschaft zu, in denen oftmals gilt: »Fakten sind objektiv, Ergebnis empirischer Forschungen; sie bedeuten verbindliche Erkenntnis. So klang es weithin ebenfalls auf dem ›intellektuell selbstgenügsamen‹ *March of Science* im Frühjahr 2017, auf dem das ›simple Credo, dass Fakten für sich sprechen‹, dominierte, wie es auf der regelmäßig erstaunlich kritischen Seite ›Forschung und Lehre‹ in der *FAZ* hieß.«[28]

Der Begriff Wissen ist insofern – ähnlich wie der Begriff »Wirklichkeit« – ein »außerordentlich legitimitätsheischender Begriff«, wer sich darauf beruft, »reklamiert für sich die unleugbaren Fakten, die unstrittige Empirie, ja: Wahrheit.«[29] Doch hat bereits Franz Walter darauf hingewiesen, dass natürlich die »Wirklichkeit« ebenso wie die »Wahrheit« – wir ergänzen hier: gleichfalls »Wissen« – höchst ambivalent ist. Wissen ist niemals eindeutig, sondern wird konstruiert, gedeutet, interpretiert und gerinnt oftmals zu Herrschaftswissen, welches hilft, normative Positionen zu begründen oder infrage zu stellen, mitunter auch Erfindungen abzusichern, die großes Leid bedeuten, gerade im Fall der deutschen Geschichte während der nationalsozialistischen Diktatur, als Leitwissenschaften grundlegend für den Zivilisationsbruch wurden.[30]

Deswegen mag das heute wieder so unumstößlich proklamierte »Primat der Fakten« – gerade im wissenschaftlichen Bereich – irritieren, schwingt in ihm doch ein »nahezu sakrale[r] Glaube an den uneingeschränkt zu akzeptierenden Anspruch auf Objektivität im professionellen Wissenschaftsbetrieb« mit.[31] Aus diesem Grund soll in den vorliegenden Beispielen immer auch die Ambivalenz von Wissen und Wissensgenese in den Blick genommen«, die Grenzen von Wissenschaftlichkeit thematisiert werden. Denn: Hier soll nicht nur vom Erfolg erzählt werden, sondern auch von gescheiterten Ideen und Erfindungen sowie von den Kehrseiten und Konsequenzen erfolgreicher

Entdeckungen. Was einst als segensreiche Erfindung gefeiert wurde, kann mitunter zum Fluch für die gesamte Menschheit werden. Um Fortschritt zu erzielen, heiligt zudem der Zweck oftmals die Mittel. Das unbedingte Streben nach Erkenntnisgewinn mag zwar sowohl der Wissenschaft als auch der Moderne inhärent sein, zeitigt jedoch Folgen, die es zu benennen gilt.

Insbesondere die Bereiche Wissenschaft und Politik sind eng miteinander verzahnt. Wissen und Wissensgenese sind stets Teil einer bestimmten Ressourcenkonstellation zwischen Wissenschaft, politischem System, wirtschaftlichen Faktoren etc. Die Mobilisierung beruht innerhalb dieses dynamischen Geflechts auf Gegenseitigkeit, d. h., Ressourcen aus den Wissenschaften sind ebenso gut für politische Zwecke mobilisierbar wie umgekehrt. Die Konstellationen werden immer wieder neu ausgehandelt. Grundlegend dafür ist die triviale Einsicht, dass Wissenschaft sich nicht von der politischen Umwelt abkoppeln lässt: Die Wissenschaft und die Genese von Wissen werden bedingt durch ihre Produktionsverhältnisse und deren jeweilige Epochenspezifik; Wissenschaft ist also kein hermetisch abgeschiedenes Subsystem.[32] Vielmehr verweben sich Wissenschaft und Politik: Wir beobachten eine Verwissenschaftlichung der Politik und eine damit zusammenhängende Politisierung der Wissenschaft – Prozesse, die indes nicht deckungsgleich sind, wie das Beispiel der Atombombe zeigt.

Die mit ihr verbundenen Wissenschaftler[33] haben z. T. selbst über die Verantwortung, die das von ihnen generierte Wissen mit sich brachte, reflektiert.[34] So nahm Carl Friedrich von Weizsäcker etwa mit Werner Heisenberg während des Zweiten Weltkrieges an einem Projekt zur Erforschung der Kernspaltung teil. Von Weizsäcker war sich dessen bewusst, dass er als Naturwissenschaftler eine politische Verantwortung trage; Wissenschaftler müssten in die Politik eingreifen, die dort getroffenen Entscheidungen kritisch überprüfen und gegebenenfalls Widerstand leisten – so seine zumindest später geäußerte Überzeugung.[35] 1957 – mitten im Kalten Krieg – rief der Physiker dazu auf, der Naturwissenschaftler brauche »bürgerlichen Mut«[36], auch auf eine solche Waffe, die auf der Grundlage seiner Forschung möglich geworden sei, verzichten zu können.

Von Weizsäcker erkannte die Ambivalenz seiner Wissenschaft, deren Sinnbild die Atombombe ist. Er sah – ganz von seiner Profession überzeugt – in der Naturwissenschaft die zentrale Wissenschaft seiner Zeit, in der man »größte Sorgfalt« auf das Experimentieren legen müsse, sonst wäre Wissenschaft »nur Geflunker«.[37] Das Hauptproblem des Naturwissenschaftlers, der verantwortlich handeln wolle, sei jedoch seine Verflechtung in gesellschaftliche, wirtschaftliche und politische Zusammenhänge, die Tatsache, dass er eben nicht abgeschieden Wissenschaft um ihrer selbst willen betreiben könne. »Er will wohl Leben fördern und nicht gefährden, aber erlaubt es ihm die Struktur der Welt, in der er lebt?«[38]

Allein: Auch noch direkt nach dem Zweiten Weltkrieg hatten sich die Physiker um Otto Hahn und Werner Heisenberg en gros als unpolitische Wissenschaftler, die eine »reine Wissenschaft« – in ihren Augen also Grundlagenforschung – zunächst von deren Anwendungsbezug trennten, geriert; ein Selbstbild, das sie insbesondere retrospektiv für die Zeit des Nationalsozialismus entwarfen.[39]

Griffen sie doch, wie in der berühmten »Göttinger Erklärung«[40] von 1957, in das politische Geschehen ein und artikulierten einen Standpunkt, wurde ihr Handeln sogleich als »couragierter Akt des Gewissens und der Moral gelobt«[41]. »Und das ist ja auch ein durchaus sympathischer Gedanke: Dass sich eine Gruppe Gelehrter aus der Abgeschiedenheit des akademischen Elfenbeinturms erhebt und die Bevölkerung vor den Folgen einer problematischen Politik warnt, ja sogar irreführende Aussagen richtigstellt. Und in der Tat ist das ein großes Verdienst der Göttinger Achtzehn und ihrer ›Erklärung‹.«[42] Diese Lesart darf jedoch nicht den Blick darauf verstellen, dass die Physiker ebenfalls »aller Welt klarmachen [wollten], mit militärischer Forschung partout nichts zu tun zu haben, und die Menschen für ihr ziviles Forschungsanliegen begeistern«[43] wollten. »Damit suggerierten die Göttinger Achtzehn die Möglichkeit, klar zwischen militärischer, ›schlechter‹ und friedlicher/ziviler, also ›guter‹, Kernkraft trennen zu können.«[44]

Löst man sich von der Perspektive der Beteiligten, zeigt sich jedoch: Die vermeintliche Autonomie der Wissenschaften war

Made in Göttingen. Erfindungen aus vier Jahrhunderten 17

stets eine relative; gerade in politischen Umbruchszeiten verflüssigen sich die Teilsysteme, ihre Zweckgebundenheit tritt zutage durch eine grundlegende Umgestaltung von Ressourcenkonstellationen auf personeller, institutioneller, materieller und ideologischer Ebene. Viele der am Bau der Atombombe beteiligten Wissenschaftler waren sich über die Konsequenzen im Klaren, lehnten eine Verantwortung für die Folgen aber ab, sahen – wenn überhaupt – die Gesellschaft oder Politik in einer regulierenden Verantwortung. So erklärte Robert Oppenheimer schon am 31. Mai 1945: »Zwar ist es wahr, dass wir zu den wenigen Bürgern zählen, die Gelegenheit hatten, den Einsatz der Bombe sorgfältig zu erwägen. Indes erheben wir keinen Anspruch auf besondere Zuständigkeit für die Lösung politischer, gesellschaftlicher und militärischer Probleme, die sich im Gefolge der Atomenergie einstellen.«[45]

Der »Vater der Wasserstoffbombe«, der übrigens auch zeitweise in Göttingen wirkende Edward Teller, beharrte zeitlebens auf der Trennung von Wissenschaft und Politik »und widerlegt sie durch seine Arbeit als Atomphysiker. Machte der Begriff des politischen Naturwissenschaftlers Sinn, Teller wäre sein Prototyp.«[46] Teller selbst sagte, »die Pflicht des Wissenschaftlers sei es, […] Wissen zu produzieren und dessen technische Umsetzung zu ermöglichen – ›ohne Beschränkung und unter allen Umständen‹. Die konkrete Anwendung und damit die Verantwortung bleibe Sache politischer Entscheidung. Einstein hat am Ende seines Lebens bereut, Roosevelt zum Bau der Bombe bewegt zu haben. Teller: ›Ich würde das Bereuen bereuen.‹«[47]

Anders als Oppenheimer, der nach dem Abwurf der Atombombe über Hiroshima ebenfalls die Rede von der »›Sünde‹ der Physiker«[48] geprägt hatte, waren Erkenntnisse für Teller nicht moralischer Natur; verantwortungslos handelten »Wissenschaftler für ihn nur dann, wenn sie ihren ureigensten Auftrag, die Wissensproduktion, torpedieren. Wollte man die erkenntnistheoretische Entsprechung zur Wasserstoffbombe formulieren, man käme wohl auf Tellers Credo: ›Ich erkenne für die Wissenschaft keine Grenze an.‹«[49]

Anhand der zwanzig ausgewählten Erfindungen wollen wir exemplarisch am Beispiel von Göttingen auch zeigen, inwiefern die Innovationen respektive Erfinder vom politischen System, der institutionellen Umgebung, der Stadtgesellschaft als »Stadt, die Wissen schafft« gefördert oder gebremst wurden; inwiefern bestimmte Veränderungen und Zäsuren als Katalysator für Erfindungen wirken und welche Rolle städtische Promoter spielen können, die eine förderliche Umgebung für die Erfinder bereitstellen, kurzum: ob es bestimmte gesellschaftliche, institutionelle und städtisch-räumliche Determinanten gibt, die Erfindungen, Erfinder, Innovationen in Göttingen begünstigen.

Auch jenseits der bekannten Namen wie Carl Friedrich Gauß und Wilhelm Weber als Erfinder des Telegrafen[50] wirft das vorliegende Buch also die Fragen auf, wie Wissen in Göttingen in unterschiedlichen Bereichen und Jahrhunderten entwickelt wurde und zu welchem Preis mancher seine Forschung vorantrieb. Im Mittelpunkt steht dabei stets die Geschichte hinter den Entdeckungen und Ideen.

Leicht hätten statt zwanzig vierzig Geschichten erzählt werden können. Denn eine Beschäftigung mit Wissenschaft und Forschung in Göttingen fördert noch viele, mehr oder weniger bekannte Entdeckungen, Erfindungen und Ideen zutage, so etwa die Henle-Schleife: Der Anatom und Physiologe Jacob Henle (1809–1885), der 33 Jahre in Göttingen forschte und lehrte, kam hier dem haarnadelförmigen Verlauf der Nierenkanälchens auf die Spur.[51] Seine Entdeckung, nach ihm benannt als Henle-Schleife oder Henle'sche Schleife, findet bis heute in den einschlägigen Physiologie-Handbüchern Erwähnung;[52] die Universitätsmedizin Göttingen verleiht seit 1988 einmal im Jahr für »herausragende, medizinisch relevante wissenschaftliche Leistungen«[53] die Jacob-Henle-Medaille.

Setzt man sich mit Erfindungen aus Göttingen auseinander, stößt man auch auf die Rechenmaschinen G(öttingen)1, G1a, G2 und G3, entwickelt ab 1948 am Max-Planck-Institut für Physik und Astrophysik in der Bunsenstraße von Heinz Billing. Sie stehen heute für die »erste Entwicklung von Elektronenrechnern auf dem europäischen Festland«[54]. Und schließlich: Auch der »Start ins Jetzeitalter«[55] begann im Süden Niedersachsens – der Physiker Hans Joachim Pabst von Ohain erfand hier in

Made in Göttingen. Erfindungen aus vier Jahrhunderten 19

den 1930er Jahren das Düsentriebwerk, Ludwig Prandtl entwickelte hier, in der »Wiege der Luftfahrtforschung«[56], seinen Windkanal weiter, der nicht nur grundlegend für Versuche mit Flugzeugen, sondern später auch für die Forschung zur Aerodynamik bei Skispringern oder bezüglich des Flugverhaltens von Vögeln wurde. Heute kann er als Modell auf dem Gelände des Deutschen Zentrums für Luft- und Raumfahrt in der Bunsenstraße von Schülern besichtigt werden.

Beinahe jedem, dem man von dem Thema »Entdeckungen, Erfindungen und Ideen aus Göttingen« erzählt, fallen zudem noch Gegenstände oder Ideen ein, deren Geschichten in dem vorliegenden Buch genauso gut hätten behandelt werden können. Da wäre etwa die Wiechert'sche Erdbebenwarte, gelegen an der Herzberger Landstraße zwischen Rohns und Bismarckstein. Sie ist die weltweit erste Erdbebenstation, die mit Seismografen ausgestattet wurde.[57] Da wäre außerdem die weltweit erste mit einem Mikroprozessor gesteuerte Beinprothese, das C-Leg. 1997 von dem Duderstädter Unternehmen Otto Bock auf den Markt gebracht, bildet es einen »Meilenstein in der Prothetik«[58]. Als der mittlerweile weltgrößte Prothesenhersteller im Februar 2019 sein 100-jähriges Jubiläum feierte, reisten auch Bundeskanzlerin Angela Merkel und der niedersächsische Ministerpräsident Stephan Weil ins Eichsfeld, um zu gratulieren.

Weniger öffentliche Aufmerksamkeit erfährt das in Göttingen entwickelte Dendrometer – ein Gerät, mit dem sich Umfang und Höhe von Bäumen messen lassen und das wegen seiner Form als »Göttinger Flaschenöffner«[59] bekannt ist. Seine Ausbreitung ist dennoch enorm: Vom Institut für Forsteinrichtung und Ertragskunde der Universität Göttingen aus, wo Horst Kramer (1924–2015) das Dendrometer entwickelt hatte,[60] trat es seinen Weg in die weite Welt an – die Gebrauchsanweisung gibt es heute nicht nur auf Deutsch, sondern auch in 17 weiteren Sprachen, darunter Albanisch, Dänisch und Koreanisch.[61]

Auch die sogenannte Riemann'sche Vermutung ist noch immer aktuell: 1859 vom Göttinger Mathematiker und »Virtuosen der Primzahlen«[62] Bernhard Riemann formuliert, stellt sie bis heute »die berühmteste ungelöste Fragestellung der Mathematik«[63] dar. Immer wieder zerbrechen sich sogar Träger der höchsten mathematischen Auszeichnung, der Fields-Medaille, darüber den Kopf – bisher erfolglos.[64]

Es gab jedoch auch deutlich profanere Erfindungen, die – wie bereits erwähnt – aufgrund der dürftigen Quellenlage nicht ins Buch aufgenommen wurden. So z. B. eine auf einer Zeichnung vermutlich des 19. Jahrhunderts abgebildete Vorrichtung, die dem Henker die Arbeit an der Guillotine erleichtern sollte, indem der Delinquent auf einer Art Brett fixiert werden sollte.

Bereits diese wenigen Beispiele zeigen, dass Entdeckungen, Erfindungen und Ideen häufig aus Männerhand stammen. Ursächlich könnte hierfür hauptsächlich sein, dass es Frauen in Deutschland bis ca. 1900 in der Regel rechtlich verwehrt und bis in die 1950er Jahre hinein praktisch erschwert wurde, ein Studium aufzunehmen.[65] Eine entscheidende Rolle dürfte darüber hinaus spielen, dass Frauen in Studienfächern aus dem sogenannten MINT-Bereich – Mathematik, Informatik, Naturwissenschaften und Technik – lange Zeit unterrepräsentiert waren (und es weiterhin sind). Gerade auf diesen Feldern entstanden und entstehen aber wichtige Erfindungen, vor allem solche, die öffentliche Aufmerksamkeit versprechen und prestigeträchtig sind, wie im Februar 2019 auch das Bundesministerium für Bildung und Forschung deutlich gemacht hat: »MINT-Bildung ist zentral für die Gesellschaft. Bahnbrechende naturwissenschaftliche Erkenntnisse wie die Entdeckung der Elektrizität, technische Errungenschaften wie die Erfindung des Automobils, des Computers oder des Internets verändern sie. Dank des medizinischen Fortschritts ist die Lebenserwartung stark gestiegen; Seuchen konnten weltweit eingedämmt werden. Der technische Fortschritt prägt die Art, wie wir uns fortbewegen und wie wir kommunizieren, und naturwissenschaftliche Erkenntnis trägt dazu bei, dass der Hunger in vielen Teilen der Welt zurückgedrängt wurde. MINT-Bildung trägt zum Verständnis der Welt und zur Offenheit für neue Technologien bei.«[66]

Für Göttingen gibt es mehrere Beispiele für Frauen, die herausragendes Wissen geschaffen haben. Zu nennen sind etwa Emmy Noether (1882–1935), die als Wegbereiterin der modernen Algebra gilt,[67] und Lou Andreas-Salomé (1861–1937), die heute als »Pionierin der Psychoanalyse«[68] bezeichnet wird: Sie ließ sich in

Wien von Sigmund Freud zu einer der ersten Psychoanalytikerinnen der Welt ausbilden, war als erste Psychoanalytikerin Göttingens tätig und feierte zudem als Schriftstellerin Erfolge.[69] Da diesen Frauen und ihren Leistungen jedoch bereits in kürzlich erschienenen Büchern über Göttingen Porträts gewidmet sind,[70] haben wir an dieser Stelle auf Dopplungen verzichtet und stattdessen mit dem Experimentallabor XLAB eine Einrichtung in das vorliegende Buch aufgenommen, die die Göttinger Biochemikerin Eva-Maria Neher in den 1990er Jahren für Schülerinnen und Schüler geschaffen hat. Das XLAB ist Vorbild für zahlreiche vergleichbare Experimentallabore im In- und Ausland.[71]

Aufgrund der großen Bandbreite der Themen, die in dem vorliegenden Sammelband behandelt werden, ist es schwierig, ein Fazit zu ziehen, was die Göttinger Erfindungen eint; ein Versuch sei dennoch unternommen. So zeigt das Buch, dass Menschen durch Genie, oft gepaart mit Beharrlichkeit, aber auch mithilfe von Glück und Zufall[72] Wegweisendes entdeckt bzw. erfunden haben – die Rahmenbedingungen für das Zustandekommen von Entdeckungen und Erfindungen sind vielfältig. Zum Teil waren die Denker und Erfinder auf ihrem jeweiligen Gebiet Pioniere; teilweise bauten die Errungenschaften auf bereits von anderen generiertem Wissen auf.

Darüber hinaus haben die Beispiele in ihrer Zusammenstellung gezeigt, dass schöpferische Wissensgenese auch bestimmter Freiräume bedarf, um sich überhaupt entfalten zu können. Und es wurde deutlich, dass gerade die Universität eben kein Hort der hehren wissenschaftlichen Redlichkeit sein muss, deren Wissen allein dem Wohle der Menschheit dient, sondern wir haben ebenfalls gesehen, dass Machtphalangen arrivierter Professoren Querdenker aus ihrem Kreise konsequent ausschlossen, dass Wissen oftmals zu jedem Preis gewonnen und alsdann von den Größen des Faches okkupiert und als eigenes ausgegeben wurde, dass die Universitäten Orte waren, an denen Rassismus und Rassenlehre theoretisch fundiert wurden und ihre Wirkmächtigkeit erst begründen konnten, und dass die Proklamation einer unpolitischen, reinen Wissenschaft stets eine (bewusst konstruierte) Chimäre war, um Fragen persönlicher Verantwortung zu externalisieren.

Schließlich zeigt das Buch »Entdeckt, erdacht, erfunden. 20 Göttinger Geschichten von Genie und Irrtum« an Beispielen, dass Erfinder mit dem Aufbau eines weltweiten Systems zum Schutz geistigen Eigentums (Markenschutz, Patentwesen) im 20. Jahrhundert in gewisser Weise auch Unternehmer wurden, wollten sie – zumindest für einen bestimmten Zeitraum – über die exklusive wirtschaftliche Nutzung ihrer Leistung verfügen.[73] Und so überrascht es kaum, dass die Georgia Augusta eine Patentberatung anbietet und mit der MBM ScienceBridge GmbH, einer hundertprozentigen Tochtergesellschaft der Universität Göttingen und der Universitätsmedizin Göttingen, gar über eine »Patentverwertungsagentur«[74] verfügt. Sie ist »der Ansprechpartner, wenn es um Erfindungen, Patentierungen und Lizenzierung von Forschungsergebnissen an der Universität geht.«[75] Mit dem Großprojekt »Forum Wissen« ist in Göttingen ein zusätzlicher Standort in Planung, der nicht nur Wissen archivieren, sondern auch Prozesse der Wissensgenese veranschaulichen und – so steht zumindest zu hoffen – kritisch hinterfragen soll.

Am Ende dieser Einleitung ist zunächst den Mitarbeiterinnen und Mitarbeitern der von den Autorinnen und Autoren benutzten Archive und Bibliotheken zu danken. Sie haben die umfangreichen Quellenrecherchen ermöglicht und sachkundig unterstützt. Großer Dank gilt darüber hinaus allen Gesprächspartnerinnen und -partnern. Sie haben zum Gelingen des mittlerweile dritten Buchprojekts zum Thema »Göttingen« am Institut für Demokratieforschung[76] beigetragen, indem sie mit ihrer Expertise weitergeholfen oder sogar die Geschichte ihrer eigenen Erfindung geschildert haben. Danken möchten wir ihnen auch dafür, dass sie uns relevante, teils persönliche Unterlagen und Fotos zur Verfügung gestellt haben. Nicht zuletzt gilt unser Dank unserem Kollegen Philipp Heimann für sein zuverlässiges und präzises Lektorat, das uns eine große Hilfe war.

Das Konzept der geschlechter- bzw. gendergerechten Sprache führt immer wieder – auch an unserem Institut – zu kontroversen Diskussionen. Deshalb wurde es den Autorinnen und Autoren der nachfolgenden Texte freigestellt, wie sie mit der Geschlechterfrage sprachlich umgehen.

Made in Göttingen. Erfindungen aus vier Jahrhunderten

Anmerkungen

1 Vgl. die Homepage der GEO, online einsehbar unter https://www.geo.de/system/files/82/0e/leseprobe-erfindungen-_9783473326563-sitb-1.pdf [eingesehen am 18.04.2019].
2 Vgl. die Homepage der Stadt Göttingen, online einsehbar unter https://www.goettingen.de/index.php?lang=de [eingesehen am 26.02.2019].
3 Vgl. dazu den Beitrag von Julia Zilles im vorliegenden Band.
4 Allgemein zu vergessenen Erfindungen vgl. Christian Mähr, Vergessene Erfindungen. Geniale Ideen und was aus ihnen wurde, 2. Aufl., Köln 2016.
5 Vgl. dazu den Beitrag von Katharina Trittel im vorliegenden Band.
6 Vgl. dazu den Beitrag von Philip Dudek im vorliegenden Band.
7 Vgl. dazu den Beitrag von Danny Michelsen im vorliegenden Band.
8 Vgl. dazu den Beitrag von Stine Marg und Julian Schenke im vorliegenden Band.
9 Vgl. dazu den Beitrag von Teresa Nentwig im vorliegenden Band.
10 Vgl. dazu den Beitrag von Stine Marg und Michael Thiele im vorliegenden Band.
11 Vgl. dazu den Beitrag von Martin Grund im vorliegenden Band.
12 Zu Wallach vgl. Heidemarie Frank, Otto Wallach. 27. März 1847–26. Februar 1931, in: dies., Der Göttinger Stadtfriedhof. Ein biografischer Spaziergang, Göttingen 2017, S. 113–118; Jürgen Troe, Otto Wallach – ein großer Göttinger Chemiker, in: Christiane Freudenstein (Hg.), Göttinger Stadtgespräche. Persönlichkeiten aus Kultur, Politik, Wirtschaft und Wissenschaft erinnern an Größen ihrer Stadt, Göttingen 2016, S. 121–127.
13 »Das Göttinger Nobelpreiswunder – 100 Jahre Nobelpreis« lautete der Titel der Ausstellung. Vgl. dazu Elmar Mittler/Fritz Paul (Hg.), Das Göttinger Nobelpreiswunder – 100 Jahre Nobelpreis. Vortragsband, Göttingen 2004.
14 Thorsten Dargartz, Krebsforschung um Jahre zurückgeworfen, in: Welt am Sonntag, 12.08.2001.
15 Rainer Flöhl, Eine Impfung gegen Krebs, in: Frankfurter Allgemeine Zeitung, 08.03.2000.
16 Holger Wormer/Hubert Rehm, Gebräu aus Göttingen, Süddeutsche Zeitung, 03.07.2001.
17 O. V., Deutsche Forscher: Großer Erfolg mit Anti-Krebs-Spritze, in: Kölner Express, 01.03.2000.
18 So die Jury eines der höchstdotierten Medizinpreise in Deutschland. Zit. nach Wormer/Rehm.
19 Vgl. dazu den Beitrag von Annemieke Munderloh im vorliegenden Band.
20 Veronika Hackenbroch, Aufs Pferd gesetzt, in: Der Spiegel, 30.03.2019.

21 So titelte die Zeitung am 21.02.2019.
22 Deutsche Krebsgesellschaft et al., Gemeinsame Stellungnahme zur Berichterstattung über neuen Bluttest zur Früherkennung bei Brustkrebs, online einsehbar unter https://www.doktor-schmid-partner.de/aktueller-artikel/items/gemeinsame-stellungnahme-zur-bericht erstattung-ueber-neuen-bluttest-zur-frueherkennung-bei-brustkrebs.html?file=tl_files/dr-schmid/Aktuelles/Stellungnahme_Bluttest_Heidelberg_FINAL.pdf [eingesehen am 03.04.2019].
23 Vgl. dazu u. a. Hackenbroch; Rüdiger Soldt, Ärzte als Insider?, in: Frankfurter Allgemeine Zeitung, 13.04.2019; ders., Weltsensation aus Heidelberg, in: Frankfurter Allgemeine Sonntagszeitung, 14.04.2019; ders., Führung der Uniklinik Heidelberg nach Bluttest-Affäre unter Druck, in: Frankfurter Allgemeine Zeitung, 20.04.2019; Uwe Westdörp, Deutsche Krebshilfe warnt vor Bluttest, in: Neue Osnabrücker Zeitung Online, 02.04.2019, online einsehbar unter https://www.noz.de/deutschland-welt/politik/artikel/1692325/deutsche-krebshilfe-warnt-vor-bluttest [eingesehen am 03.04.2019].
24 Vgl. Klaus Plaisir, 30 Meter hohe Flammen legen Waffelfabrik in Schutt und Asche, in: Göttinger Tageblatt, 10.04.1993; Stadtarchiv Göttingen, Chronik für das Jahr 1993, online einsehbar unter http://www.stadt archiv.goettingen.de/chronik/1993_04.htm [eingesehen am 26.02.2019].
25 Vgl. Klaus Plaisir, Löscharbeiten dauern drei Tage, in: Göttinger Tageblatt, 13.04.1993.
26 Plaisir, 30 Meter hohe Flammen.
27 Franz Walter, Zeiten des Umbruchs? Analysen zur Politik, Stuttgart 2018, S. 199.
28 Ebd. (Hervorhebungen im Original).
29 Ebd., S. 201.
30 Vgl. etwa den Beitrag von Niklas Schröder im vorliegenden Band, ebenso wie den von Peter Aufgebauer.
31 Walter, S. 205.
32 Vgl. beispielsweise dazu Mitchell G. Ash, Wissenschaft und Politik als Ressourcen füreinander, in: Rüdiger vom Bruch/Brigitte Kaderas (Hg.), Wissenschaften und Wissenschaftspolitik. Bestandsaufnahmen zu Formationen, Brüchen und Kontinuitäten im Deutschland des 20. Jahrhunderts, Stuttgart 2002, S. 32–51.
33 Etliche von ihnen sind porträtiert in Stine Marg/Franz Walter (Hg.), Göttinger Köpfe und ihr Wirken in die Welt, Göttingen 2012.
34 Vgl. Carl Friedrich von Weizsäcker, Die Verantwortung der Wissenschaft im Atomzeitalter, Göttingen 1957.
35 Vgl. etwa Marion Gräfin Dönhoff/Theo Sommer, »Der Wandel des Bewußtseins ist unterwegs«, in: Zeit Online, 26.06.1992 (Interview mit Carl Friedrich von Weizsäcker), online einsehbar unter https://www.zeit.de/1992/27/der-wandel-des-bewusstseins-ist-unterwegs/komplettansicht [eingesehen am 23.04.2019].

36 Weizsäcker, S. 25.
37 Ebd., S. 15.
38 Ebd., S. 16.
39 Vgl. zu diesem Selbstbild auch Katharina Trittel, Hermann Rein und die Flugmedizin. Erkenntnisstreben und Entgrenzung, Paderborn 2018.
40 Vgl. dazu ausführlich Robert Lorenz, Protest der Physiker. Die »Göttinger Erklärung« von 1957, Bielefeld 2011.
41 Robert Lorenz, Erklärung, Aufklärung und Verklärung, in: Blog des Göttinger Instituts für Demokratieforschung, 11.04.2017, online einsehbar unter http://www.demokratie-goettingen.de/blog/goettinger-erklaerung-1957-erklaerung-aufklaerung-und-verklaerung [eingesehen am 18.04.2019].
42 Ebd.
43 Ebd.
44 Ebd.
45 Zit. nach Detlef Wienecke-Janz, Die große Chronik der Weltgeschichte. Die Teilung der Welt 1945–1961, Gütersloh 2008, S. 45.
46 Matthias Geiß, Bloß keine Selbstzweifel, in: Zeit Online, 28.04.1995, online einsehbar unter https://www.zeit.de/1995/18/Bloss_keine_Selbstzweifel [eingesehen am 18.04.2019].
47 Ebd.
48 Ebd.
49 Ebd.
50 Gauß ist nicht nur als Physiker, sondern auch als Astronom und Mathematiker in die Geschichte eingegangen. Vgl. dazu Ian Stewart, Das unsichtbare Gerüst: Carl Friedrich Gauß, in: ders., Größen der Mathematik. 25 Denker, die Geschichte schrieben, Reinbek bei Hamburg 2018, S. 158–177.
51 Vgl. Heidemarie Frank, Jacob Henle. 19. Juli 1809–13. Mai 1885, in: dies., Der Göttinger Stadtfriedhof, S. 47–55, hier S. 47. Zu Henle vgl. auch Fritz Dross/Kamran Salimi (Hg.), Jacob Henle. Bürgerliches Leben und »rationelle Medicin«. Eine Ausstellung im Klinikum Fürth 10. Juli–10. September 2009, Fürth 2009.
52 Vgl. exemplarisch Armin Kurtz/Charlotte Wagner, Niere und Salz-/Wasserhaushalt, in: Jan Behrends et al., Physiologie, 3. Aufl., Stuttgart 2016, S. 295–334, hier u. a. S. 304–306.
53 Universitätsmedizin Göttingen, Jacob-Henle-Medaille, online einsehbar unter https://www.umg.eu/ueber-uns/medizinische-fakultaet/infos-der-medizinischen-fakultaet/auszeichnungen/jacob-henle-medaille/ [eingesehen am 26.02.2019].
54 Manfred Eyßell, Das Rechnermuseum der GWDG bei der Jubiläumsausstellung »Dinge des Wissens« der Universität Göttingen, in: GWDG Nachrichten, Sonderausgabe 1/2012, S. 3–11, hier S. 7, online einsehbar unter https://www.gwdg.de/documents/20182/27257/GN_

01-2012_SON_www.pdf/d6030002-1223-46eb-a587-6f4c0a13ad70 [eingesehen am 26.02.2019].
55 O. V., Das Jet-Zeitalter begann in Göttingen: 100. Geburtstag von Hans von Ohain, Pressemitteilung des Deutschen Zentrums für Luft- und Raumfahrt (DLR) vom 09.12.2011, online einsehbar unter https://www.dlr.de/dlr/desktopdefault.aspx/tabid-10204/296_read-2283/year-2011/#/gallery/4258 [eingesehen am 26.02.2019].
56 Vgl. Helmuth Trischler, Luft- und Raumfahrtforschung in Deutschland 1900–1970. Politische Geschichte einer Wissenschaft, Frankfurt am Main 1992, Teil 1, insbesondere S. 56–70 (Zitat: S. 56).
57 Vgl. Wiechert'sche Erdbebenwarte Göttingen e. V., Wiechert'sche Erdbebenwarte Göttingen, online einsehbar unter https://www.erdbebenwarte.de/ [eingesehen am 26.02.2019].
58 O. V., Das C-Leg: Eine Erfolgsgeschichte seit 1997, in: 100 Jahre ottobock. Quality for Life. Verlagsbeilage des *Göttinger Tageblatts* und des *Eichsfelder Tageblatts*, 08.02.2019, S. 36. Zum C-Leg vgl. auch Heike Haupt, Der Motor des Fort-Schritts: C-Leg, in: dies., Deutsche Erfindungen. Von Bier bis MP3 – geniale Ideen made in Germany, München 2018, S. 156–158.
59 Christoph Kleinn (Georg-August-Universität Göttingen, Institut für Waldinventur und Waldwachstum, Arbeitsbereich Fernerkundung und Waldinventur), Bachelor of Science: Waldmesslehre, Waldinventur I, Sommersemester, o. D., S. 4, online einsehbar unter http://www.iww.forst.uni-goettingen.de/doc/ckleinn/lehre/waldmess/Material/wml%2011%20winkelzaehlprobe.pdf [eingesehen am 26.02.2019].
60 Vgl. Klaus von Gadow et al., Professor em. Dr. Dr. h. c. Horst Kramer begeht seinen 80. Geburtstag, in: Allgemeine Forst- und Jagdzeitung, Jg. 175 (2004), H. 7/8, S. 125; Horst Kramer/Alparslan Akça, Leitfaden zur Waldmeßlehre, 3. Aufl., Frankfurt am Main 1995, S. 43 f.
61 Vgl. Georg-August-Universität Göttingen, Fakultät für Forstwissenschaften und Waldökologie, Burckhardt-Institut, Abteilung Waldinventur und Fernerkundung, Dendrometer – Messgeräte, online einsehbar unter https://www.uni-goettingen.de/de/75936.html [eingesehen am 26.02.2019].
62 Ian Stewart, Primzahl-Virtuose: Bernhard Riemann, in: ders., Größen der Mathematik, S. 249–262, hier S. 262.
63 George Szpiro, Zwei berühmte mathematische Vermutungen sorgen für Zündstoff, in: NZZ digital, 09.10.2018, online einsehbar unter https://www.nzz.ch/wissenschaft/zwei-beruehmte-mathematische-vermutungen-sorgen-fuer-zuendstoff-ld.1425932 [eingesehen am 26.02.2019]. Zu Riemann vgl. auch Stewart, Primzahl-Virtuose.
64 Vgl. Manon Bischoff, Riemannsche Vermutung endlich gelöst?, in: Spektrum der Wissenschaft, 24.09.2018, online einsehbar unter https://www.spektrum.de/news/atiyah-praesentiert-angeblichen-beweis-der-riemannschen-vermutung/1593390 [eingesehen am 26.02.2019].

65 Zu Frauen in der Wissenschaft bzw. zum Studium von Frauen in historischer Perspektive vgl. ausführlich Johanna Bleker (Hg.), Der Eintritt der Frauen in die Gelehrtenrepublik. Zur Geschlechterfrage im akademischen Selbstverständnis und in der wissenschaftlichen Praxis am Anfang des 20. Jahrhunderts, Husum 1998; Claudia Huerkamp, Bildungsbürgerinnen. Frauen im Studium und in akademischen Berufen 1900–1945, Göttingen 1996; Anne Schlüter (Hg.), Pionierinnen, Feministinnen, Karrierefrauen? Zur Geschichte des Frauenstudiums in Deutschland, Pfaffenweiler 1992.
66 Bundesministerium für Bildung und Forschung (BMBF), Mit MINT in die Zukunft! Der MINT-Aktionsplan des BMBF, Berlin 2019, S. 4, online einsehbar unter https://www.bmbf.de/upload_filestore/pub/MINT_Aktionsplan.pdf [eingesehen am 26.02.2019].
67 Vgl. Mechthild Koreuber, Emmy Noether, die Noether-Schule und die moderne Algebra. Zur Geschichte einer kulturellen Bewegung, Berlin/Heidelberg 2015; Ian Stewart, Einsturz der akademischen Ordnung: Emmy Noether, in: ders., Größen der Mathematik, S. 337–351.
68 Laura Solmaz-Litschel, Lou Andreas-Salomé, in: Zeit Campus, 07.06.2016.
69 Vgl. ebd.; Lou Andreas-Salomé Institut für Psychoanalyse und Psychotherapie (DPG, VAKJP) Göttingen e. V., Lou Andreas-Salomé 1861–1937, online einsehbar unter https://www.las-institut.de/institut/lou-andreas-salome/ [eingesehen am 26.02.2019].
70 Zu Emmy Noether vgl. Johanna Klatt, Amalie Emmy Noether. Emmy und »ihre Jungs«, in: Stine Marg/Franz Walter (Hg.), Göttinger Köpfe und ihr Wirken in die Welt, Göttingen 2012, S. 73–80; Cordula Tollmien, »Die Weiblichkeit war nur durch Fräulein Emmy Noether vertreten« – die Mathematikerin Emmy Noether, in: Freudenstein (Hg.), S. 185–193. Zu Lou Andreas-Salomé, vgl. Heidemarie Frank, Lou Andreas-Salomé. 12. Februar 1861–5. Februar 1937, in: dies., Der Göttinger Stadtfriedhof, S. 125–135; Inge Weber, »Im Häuschen will ich auch sterben und nur von dort aus noch leben«. Lou Andreas-Salomé und Göttingen, in: Freudenstein (Hg.), S. 151–160. Zu bedeutenden Frauen aus Göttingen vgl. auch Traudel Weber-Reich (Hg.), »Des Kennenlernens werth«. Bedeutende Frauen Göttingens, 4. Aufl., Göttingen 2002.
71 Vgl. dazu den Beitrag von Lino Klevesath und Anne-Kathrin Meinhardt im vorliegenden Band.
72 Vgl. dazu allgemein Graeme Donald, Glück und Zufall in der Wissenschaft. Spektakuläre Entdeckungen und Erfindungen, Köln 2015.
73 Allgemein zum Erfindungsschutz vgl. Peter Kurz, Weltgeschichte des Erfindungsschutzes. Erfinder und Patente im Spiegel der Zeiten, Köln 2000.
74 Georg-August-Universität Göttingen, Patentberatung, online einsehbar unter https://www.uni-goettingen.de/de/patentberatung/30379.html [eingesehen am 26.02.2019].
75 Ebd.

76 Folgende Sammelbände liegen bereits vor: Stine Marg/Franz Walter (Hg.), Göttinger Köpfe und ihr Wirken in die Welt, Göttingen 2012; Franz Walter/Teresa Nentwig (Hg.), Das gekränkte Gänseliesel. 250 Jahre Skandalgeschichten in Göttingen, Göttingen 2016.

»Nichts verschwenden, wiederverwenden«
Die Erfindung des Recyclingpapiers

von Julia Zilles

Viele Eltern können diesen Spruch sicherlich kaum noch hören – »nichts verschwenden, wiederverwenden« wird in nahezu jeder Folge der 2019 beliebten Kinderserie »Paw Patrol« von dem Hund Rocky, Mitglied, Recyclingspezialist und Reparaturkünstler der Paw Patrol propagiert. Der Hundetruppe gelingt es in der Serie, jedes erdenkliche Problem zu lösen – eben auch mit den besonderen Fähigkeiten und Tricks von Rocky.[1] In den Ohren der Eltern mag das überpädagogisierend klingen, aber auf diese Weise beschäftigen sich schon kleine Kinder mit dem Konzept des Recyclings.

Gerade die deutsche Bevölkerung ist vielfach davon überzeugt, besonders sorgsam bei der Mülltrennung und der Wiederverwertung von Müll vorzugehen. Und tatsächlich steigt durch die Etablierung der Kreislaufwirtschaft die Wiederverwertung aller Abfallarten an.[2] Dennoch könnte im Bereich des Recyclings noch viel mehr erreicht werden. Hier klaffen die eigene Wahrnehmung als Vorreiter beim Thema Mülltrennung und die tatsächliche Recyclingquote weit auseinander. Der aktuelle Diskurs konzentriert sich vor allem auf die Vermeidung und bessere Wiederverwendung von Plastikmüll.

Die Ursprünge der Recyclingidee gehen aber auf den so allgegenwärtigen wie unspektakulären Werkstoff Papier zurück: Im alltäglichen Leben und ein ganzes Leben lang sind wir von Papier und aus Papier bestehenden Produkten umgeben. Von Hygienepapier im Badezimmer, die Zeitung beim Frühstück, über Schreib- und Malpapier in Kindergarten und Schule, Reihen von Aktenordnern im Büro bis hin zum Buch, dass man gemütlich vor dem Einschlafen liest. Zumindest bislang sind im Alltag vieler Menschen all diese Aktivitäten eng mit Papier verknüpft, auch wenn die Digitalisierung Alternativen wie E-Book-Reader, Tablets und Möglichkeiten für das papierfreie Büro bereithält.

Wurde Papier noch bis weit ins 19. Jahrhundert aus sogenannten Hadern, also Lumpen und abgetragenen Kleidungsstücken aus Leinen hergestellt, wird es nun aus Celluse, die aus Holzfasern gewonnen wird, produziert. Das Problem der Rohstoffknappheit stellte sich indes bereits in früheren Zeiten.

Es war der Göttinger Jurist Dr. Justus Claproth, der 1774 als Reaktion auf die Lumpenknappheit eine geniale Idee zur Reduktion des Ressourceneinsatzes hatte und seine »Erfindung, aus gedrucktem Papier wiederum neues Papier zu machen und die Druckerfarbe völlig herauszuwaschen«[3], beschrieb. Er erfand ein Verfahren, bei dem man hochwertiges Schreibpapier aus Altpapier herstellt. Als Beweis, dass seine Erfindung funktioniert, druckte er sein Buch auf Papier, welches mit diesem Verfahren hergestellt wurde. Hans Bockwitz beschrieb dieses Werk 1948 als eines der »interessantesten Dokumente der Papiergeschichte«[4]. Ein Exemplar dieser Schrift kann heute in der Göttinger Staats-und Universitätsbibliothek eingesehen werden.

Schon vor Claproths Experimenten hatte man versuchte, Altpapier wiederzuverwenden. In Venedig wurde bereits 1366 das Privileg erteilt, alte Papiere nur noch zur Papiermühle von Treviso zu bringen.[5] Zu dieser Zeit wurde Papier noch ausschließlich aus Lumpen hergestellt. Altpapier konnte damals lediglich für die Herstellung von grauer Pappe und billigem sogenannten Schrenzpapier, welches für Verpackungszwecke benutzt wurde, verwendet werden.[6] Somit blieb das Problem, aus altem Papier wieder weißes Schreibpapier herzustellen, weiter bestehen.

Genau auf dieses Problem konzentrierte sich nun die Erfindung von Justus Claproth, wie der Titel seiner Schrift bereits verdeutlicht. Es ging darum, die Druckerfarbe aus dem Altpapier zu entfernen, sodass das neu entstehende Papier auch für höherwertige Produkte zum Einsatz kommen könne.

Er ersann sich folgendes Verfahren:[7] Zum Herauswaschen der Farben benötigte er Terpentinöl, Wasser, Walkerde und Kalk. Im ersten Schritt behandelte er sowohl bedrucktes Papier als auch vom Leim befreite Bücher mit Terpentinöl vor. Das

Öl hatte die Wirkung, die Druckerfarben auf dem Papier aufzuweichen, abzulösen und auszuwaschen. Danach stampfte er das Papier mit Wasser und Walk- bzw. Wascherde zwölf Stunden lang im Stampfloch einer Papiermühle, bis es zu einer sämigen Masse wurde. Diese wurde unter der Zugabe von einer Kanne Kalk acht Tage ruhen gelassen und dann in einem sogenannten Holländer für zwei Stunden gemahlen. Ein Papierholländer war zu dieser Zeit eine gängige Maschine zur Zerkleinerung von Lumpen. Aus der so entstandenen Masse wurde schließlich in einer Bütte neues Papier geschöpft. Erst bei nachfolgenden Versuchen stellte sich heraus, dass das Terpentinöl für das Herauswaschen der Druckerschwärze gar nicht benötigt wurde, sondern bereits die Walkerde alleine genügte. Dies wurde zwar angezweifelt – der Historiker Günter Bayerl verweist 1996 in einer Broschüre zu den Jubiläumsveranstaltungen zu »185 Jahre Papier aus dem Gartetal 1651–1836« diesbezüglich auf einen Aufsatz von Moritz Ulrich Moellendorf aus dem Jahr 1932, in dem dieser den tatsächlichen Erfolg des Verfahrens in Frage stellt, da Walkerde alleine nicht ausreichen könne – doch Bayerl ordnet diese singulär geäußerte Kritik als nicht zutreffend ein.[8]

Seine Versuche führte Claproth bei Johann Engelhard Schmidt durch, der Papiermüller in Klein Lengden bei Göttingen war. Die Mühle in Klein Lengden wurde von 1651 bis 1836 als Papiermühle, zuvor von 1596 bis 1651 als Getreidemühle betrieben und schließlich ab 1836 als Spinnerei zur Produktion von Garn aus Schafwolle umgebaut.[9] Heute kann die Historische Spinnerei Gartetal als Industriedenkmal, lebendiges Museum und Kulturwerkstatt genutzt und besucht werden.[10]

Claproth konnte bei seinen Versuchen auf die Erfahrung des Papiermüllers zurückgreifen, da es bereits für die Herstellung von Pappen üblich war, altes Papier mit in die Stampfe zu mischen. Somit erfanden die beiden das erste Deinking-Verfahren und legten damit dem Grundstein für heutige Verfahren der Herstellung von Recyclingpapier. Denn nach wie vor beruht die Herstellung von Recyclingpapier auf verschiedenen Deinking-Verfahren – allerdings kommen andere chemischen Prozeduren zum Einsatz.[11]

Claproth selbst preist seine Erfindung durch die Herausstellung von sechs Vorteilen gegenüber der Verarbeitung von Lumpen an[12]: *Erstens* sieht er die Chance, dass seine Erfindung »den Mangel derer Lumpen ersetzen [kann], an welchen es oft fehlt, und immer mehr fehlen wird, je mehr seidene und wollene Zeuge getragen werden«[13]. *Zweitens* betont er die Möglichkeiten für »Verleger, Buchhändler und Bücherbesitzer«[14] finanziell davon zu profitieren, wenn sie nun größere Mengen nicht mehr benötigtes Papier an Papiermüller verkaufen können. *Drittens* verweist er darauf, dass sein ersonnenes Verfahren auch weniger Zeitressourcen und Kosten bindet im Vergleich zur Herstellung von Papier aus alten Lumpen. So müsse die Masse aus Altpapier nur zwölf Stunden im Stampfloch gestampft werden, während es bei Lumpen 24 Stunden seien. Im Holländer müsse diese Masse lediglich zwei Stunden gehen, während die Lumpenmasse zwölf Stunden Zeit benötige. *Viertens* erhofft er sich von seinem Papier, dass die Qualität besser sei, als bei dem aus Lumpen gewonnenen. *Fünftens* wollte Claproth über gesetzliche Regeln festhalten, dass Makulatur, also bedrucktes und abgenutztes Papier, für die Herstellung von neuem Papier genutzt werden müsse. Und schließlich sollen *sechstens* Bücher, »welche zu dieser Verwandlung verdammet sind«[15], nicht außer Landes verkauft werden, um nicht mit diesem Rohstoff in dieselbe Knappheit zu geraten wie mit Lumpen.

Doch wie kommt ein Jurist auf die Idee ein Verfahren zur Recyclingpapierherstellung zu entwickeln? Claproth wurde 1728 in Kassel geboren und verstarb 1805 in Göttingen. In Göttingen war er ab 1748 als Stadtsekretär und Garnisonsauditeur aktiv und promovierte 1754 zum Doktor der Rechte. Nachdem er 1759 als außerordentlicher Professor berufen wurde, erfolgte 1761 der Ruf als ordentlicher Professor für Rechtswissenschaft.[16] Seit 1754 war er zudem als Manufakturrichter tätig. Gerade in den aus dieser Tätigkeit gespeisten Erfahrungen mit unterschiedliche Handwerken und Fabrikationsarbeiten erkennt der Buchwissenschaftler und Papierhistoriker Hans H. Bockhorst den Impuls von Claproth, ein Verfahren zu erfinden, um die Rohstoffknappheit in den Griff zu bekommen.[17] Claproth hinterließ jedoch nicht nur im Bereich der Papierherstellung, sondern auch

Die Erfindung des Recyclingpapiers 33

Justus Claproth im Jahr 1792

innerhalb seiner eigentlichen Disziplin selbst bleibende Spuren. Sein bei Vandenhoeck-Ruprecht erschienenes Hauptwerk »Einleitung in den ordentlichen bürgerlichen Prozeß«[18] von 1779 habe Einfluss auf die Gestaltung der neueren Praxis gehabt und seine juristischen Arbeiten insgesamt zeichnen sich vor allem sprachlich durch einen zugänglicheren Stil aus.[19] Zudem trat er als Übersetzer von Blackstone und Voltaire in Erscheinung.[20]

Aber die größte bleibende Wirkung ist sicherlich seinem Erfindergeist zuzuschreiben. Da bereits Jahrhunderte zuvor in China ähnliche Verfahren entwickelt wurden[21] und sich 150 Jahre vor Claproths Erfindung dort bereits etabliert hatten, diese jedoch nicht bis nach Europa überliefert wurden, ist im Falle der Erfindung von Claproth von einer Erfindung für das klassische Abendland zu sprechen. So gilt er als »erster europäischer Verfechter dieses später so bedeutsamen Recyclingverfahrens«[22].

Ausgehend von Claproths Erfindung setzte sich Altpapier als Ersatz für Lumpen jedoch nur langsam durch. Vor allem in den USA und England wurde verstärkt auf Altpapier als Rohstoff zurückgegriffen.[23] In Deutschland zögerte sich der Übergang ins »Altpapierzeitalter« bis Anfang des 20. Jahrhunderts hinaus.[24] Problematisch blieben in der Herstellung von hochwertigem Papier die Farbrückstände aus Druckerfarbe, die auch Claproth selbst bereits beschrieb, aber als wenig störend einschätzte. Angeregt durch Claproths Erfindungen wurden im 20. Jahrhundert verschiedene sogenannte Deinking-Verfahren entwickelt, um dieses Problem zu lösen. Ab den 1950er Jahren setzte sich dann Recyclingpapier immer mehr durch.

Die stoffliche Verwertungsquote von Altpapier liegt – auch aufgrund einer Selbstverpflichtung der betroffenen Wirtschaft – in Deutschland konstant über 80 Prozent.[25] Weltweit gilt Altpapier als wichtigster Rohstoff für die Produktion von Papier. Aus 130 Tonnen Altpapier können 100 Tonnen Neupapier hergestellt werden.[26] Zeitungspapier etwa wird nahezu immer aus 100 Prozent Altpapier hergestellt.[27] Aus ökologischer und wirtschaftlicher Sicht hat dies viele Vorteile. So kann pauschal gesagt werden, dass für die Herstellung von 100 Blatt Kopierpapier bei der Produktion aus Altpapier nur ein Drittel des Wassers benötigt wird (acht anstatt 25 Liter), etwa die Hälfte der Energie aufgebracht werden muss (1,3 KWh anstatt 2,5 KWh) und auch die Gesamtmenge des einzusetzenden Grundstoffes nur halb so schwer ist (0,6 kg Altpapier im Vergleich zu 1,1 kg Holz).[28] Das Beispiel Papier zeigt, wie wichtig, aber auch in der Etablierung langwierig, Recyclingverfahren sein können. »Nichts verschwenden, wieder verwenden« sollte daher nicht nur für Papier, sondern für viele weitere Stoffe gelten – bis sich diese Maxime durchgesetzt hat, müssen Eltern wie Kinder weiter allabendlich den Spruch von Rocky ertragen.

Anmerkungen

1 Vgl. URL: http://de.paw-patrol-deutsch.wikia.com/wiki/Rocky [eingesehen am 21.01.2019].
2 Vgl. Bundesministerium für Umwelt, Naturschutz und nukleare Sicherheit (Hg.), Abfallwirtschaft in Deutschland 2018. Fakten, Daten, Grafiken, Berlin 2018, S. 12, online einsehbar unter https://www.bmu.de/fileadmin/Daten_BMU/Pools/Broschueren/abfallwirtschaft_2018_de.pdf [eingesehen am 26.03.2019].
3 Ein digitaler Scan der Publikation ist online einsehbar unter http://www.historische-spinnerei.de/.cm4all/uproc.php/0/Claproth.pdf?cdp=a&_=168492a7da0 [eingesehen am 26.03.2019].
4 Hans H. Bockwitz, Justus Claproth, Göttingen als papiergewerblicher Erfinder. [Nachdruck eines Aufsatzes von 1948 als Nachwort zum Faksimile »Justus Claproth – Eine Erfindung…«], in: Förderverein Historische Spinnerei Gartetal (Hg.), Die Erfindung des Papierrecycling – Zur Rolle der ehemaligen Papiermühle Klein Lengden bei der Rohstoffrückgewinnung, Göttingen 1996, S. 27–31, hier S. 29.
5 Vgl. Wilhelm Sandermann, Papier. Eine Kulturgeschichte, 3. Aufl., ergänzt und überarbeitet von Klaus Hoffman, Berlin/Heidelberg 1997, S. 220.
6 Vgl. ebd.
7 Vgl. Sandermann, S. 220 ff., siehe auch Bockwitz, S. 30 f.
8 Vgl. Günter Bayerl, Die Suche nach neuen Rohstoffen in der Papiermacherei des 18. Jahrhunderts, in: Förderverein Historische Spinnerei Gartetal (Hg.), Die Erfindung des Papierrecycling – Zur Rolle der ehemaligen Papiermühle Klein Lengden bei der Rohstoffrückgewinnung, Göttingen 1996, S. 5–23, hier S. 23, Endnote 44.
9 Vgl. Henning Hartnack, 185 Jahre Papierherstellung im Gartetal, online einsehbar unter http://www.historische-spinnerei.de/Die-Geschichte/Die-Papiermuehle/ [eingesehen am 26.03.2019].
10 Aktuelle Informationen unter http://www.historische-spinnerei.de/Startseite/ [eingesehen am 26.03.2019].
11 Vgl. Sandermann. S. 223 ff.
12 Vgl. Justus Claproth, Eine Erfindung, aus gedrucktem Papier wiederum neues Papier zu machen (Abschrift der Claproth'schen Originalveröffentlichung von 1774), in: Förderverein Historische Spinnerei Gartetal (Hg.), Die Erfindung des Papierrecycling – Zur Rolle der ehemaligen Papiermühle Klein Lengden bei der Rohstoffrückgewinnung, Göttingen 1996, S. 24–26, hier S. 26.
13 Ebd.
14 Ebd.
15 Ebd.
16 Vgl. Bockwitz, S. 29.

17 Vgl. ebd., S. 30.
18 Justus Claproth, Einleitung in den ordentlichen bürgerlichen Proceß: Zum Gebrauche der practischen Vorlesungen, Göttingen 1795.
19 Vgl. Bockwitz, S. 29.
20 Vgl. Toni Schulte, Claproth, Justus, in: Neue Deutsche Biographie, Bd. 3 (1957), S. 260f. [Online-Version], online einsehbar unter https://www.deutsche-biographie.de/pnd116525185.html#ndbcontent [eingesehen am 25.03.2019]
21 Vgl. Bockwitz, S. 27ff.
22 Bayerl, S. 20.
23 Vgl. Sandermann, S. 222.
24 Vgl. ebd., S. 223.
25 Vgl. URL: https://www.bmu.de/themen/wasser-abfall-boden/abfallwirtschaft/statistiken/altpapier/ [eingesehen am 26.03.2019].
26 Vgl. Sandermann, S. 226.
27 Vgl. Jürgen Blechschmidt, Altpapier. Regularien – Erfassung – Aufbereitung – Maschinen und Anlagen – Umweltschutz, Leipzig 2011, S. 154.
28 Vgl. o. V., Sie werden nie erraten, wann Recyclingpapier erfunden wurde, online einsehbar unter https://www.berlin-recycling.de/blog/impulse/343-erfindung-recyclingpapier [eingesehen am 25.03.2019].

»Daß in den Kirchen gepredigt wird, macht deswegen die Blitzableiter auf ihnen nicht unnötig.«

Lichtenbergs Versuch, die Gewitterfurcht zu überwinden

von Martin Grund

Heutzutage sind sie keine Besonderheit mehr und aus unserem Alltag schwerlich wegzudenken, minimieren sie doch recht subtil und kaum wahrnehmbar das Risiko gefährlicher Auswirkungen von Wetterumschwüngen. Die Rede ist von Blitzschutzanlagen, die umgangssprachlich auch als Blitzableiter bezeichnet werden. Sie schützen Gebäude vor natürlichen Lichtbögen oder Funkenentladungen, die in Folge einer elektrostatischen Aufladung von wolkenbildenden Wasser- oder Regentropfen entstehen. Währenddessen werden elektrische Ladungen, die bei Elementarteilchen auftreten, ausgetauscht. Ist die Spannung ausreichend groß, fließen elektrische Ströme und die Blitzentladung entsteht.[1] Ohne einen vorhandenen Schutz können direkte Blitzeinschläge Teile von Gebäuden zerstören oder diese vollständig – durch die entstehende Hitzewirkung der elektrischen Entladungen – in Brand setzen. Laut des Blitzatlas der Siemens AG gab es in Deutschland im Jahr 2017 ca. 443.000 Blitzeinschläge, wobei ein enormer Rückgang in den letzten zehn Jahren zu beobachten sei, der auf eine verringerte Anzahl an Gewittern zurückzuführen sei.[2]

Vor etwas mehr als 267 Jahren gab es indes noch keine entsprechenden Schutzeinrichtungen; Blitzeinschläge führten häufig zu Häuserbränden und forderten Todesopfer. Ein Wissenschaftler, der damals in der rund 7.000 Einwohner zählenden, gewöhnlichen Kleinstadt Göttingen[3] lebte, fürchtete sich umso mehr vor ihnen.[4] Jedoch weckten sie gleichzeitig bereits in jungen Jahren sein Interesse, so dass er sich Zeit seines Lebens mit

Gewitterphänomenen, elektrostatischen Aufladungen und dem möglichen Nutzen dieser für die Gemeinschaft beschäftigte.[5] Dieser Wissenschaftler wurde von König Georg III. 1770 zum Extraordinarius für Philosophie an der Georgia Augusta und 1775 zum ordentlichen Professor ernannt, was er auch bis zu seinem Tod 1799 blieb. Darüber hinaus lehrte und forschte er in den Bereichen der Astronomie, Mathematik und Physik.[6] Überstädtische Berühmtheit erlangte er seinerzeit auch – aber nicht nur – aufgrund seiner ab 1778 gehaltenen Vorlesungen zur Experimentalphysik. Über 600 Experimente gehörten zu seinem Repertoire, die er in seinem Hörsaal durchführte und für welche die Studierenden Schlange standen, um sie sehen zu können.[7] Es handelt sich um keinen Geringeren als Georg Christoph Lichtenberg, eine der größten Persönlichkeiten der deutschen Aufklärung des 18. Jahrhunderts. Wer etwas auf sich hielt, suchte den Kontakt zu ihm: Goethe, Lessing, Volta und viele weitere Zeitgenossen kamen eigens nach Göttingen, um mit Lichtenberg Gespräche über philosophische oder naturwissenschaftliche Themen zu führen und seine Experimente zu sehen.[8]

Heute weiß man nur noch recht wenig über den Gelehrten aus Göttingen. Wenigen sind die »Lichtenberg'schen Figuren« bekannt, die der Professor zufällig entdeckte.[9] Manchen jedoch werden seine Aphorismen bekannt sein, die sich durch Charme, Ironie, Witz und eine bemerkenswerte Beobachtungsgabe auszeichnen. Allerdings kennt man die Zeichen »+« und »−« für elektrische Ladung, welche bis heute verwendet werden und auf Lichtenbergs Arbeiten zur Elektrizitätslehre beruhen.[10]

Doch was hat Lichtenberg, der sich vor Gewittern fürchtende Gelehrte, nun mit Blitzschutz zu tun? Erzählen wir der Reihe nach: Als Erfinder des Blitzableiters gilt heute der gelernte Drucker und einer der Gründerväter der Vereinigten Staaten Benjamin Franklin. Im Juni 1752 ließ er einen Flugdrachen in die Luft steigen, an dem ein Metalldraht befestigt war, um so die Gewitterelektrizität nachzuweisen. Allerdings ist man sich bis heute nicht vollständig sicher, ob Franklin wirklich als Erster dieses Experiment durchführte.[11] Gewiss ist, dass seine Erklärungen zu der Thematik der Spitzenwirkung 1747 – Blitze seien nichts anderes als elektrische Funken – bereits für große

Aufregung in Europa sorgten, woraufhin vielerorts, vor allem in Frankreich, ähnliche Versuche auf Grundlage seiner Schriften durchgeführt wurden.[12] Der Drache sollte von einem Blitz getroffen werden und der Metalldraht die Ladung in Richtung Erdboden weiterleiten. Mithilfe eines elektrischen Kondensators, der sogenannten Leidener Flasche[13], sollte die elektrische Spannung gespeichert und somit nachgewiesen werden, dass Blitze elektrische Ladungen sind.[14] Bevor dieser Nachweis gelang, wurden die Phänomene Gewitter und Elektrizität, bis auf wenige Ausnahmen in den Jahren zuvor, nicht miteinander in Verbindung gebracht. Zwischen der Antike und dem 18. Jahrhundert gab es kaum nennenswerte Änderungen über das Wissen und Verständnis beider Phänomene.[15]

Die Furcht vor Gewittern herrschte bis ins 18. Jahrhundert fort und ist auf eine abergläubische Erziehung zurückzuführen: Gewitter und Blitzeinschläge galten als schlechtes Omen – sie wurden als Zorn Gottes gedeutet, der auf die Menschen niederfährt. Erst jetzt, Mitte des 18. Jahrhunderts, gelang es, den Blitz zu zähmen und den Menschen peu à peu die Angst vor Gewittern zu nehmen.[16] Der damals vorherrschende Aberglaube zeigt sich auch deutlich an einem spitzfindigen Kommentar Lichtenbergs zu der Thematik: »Daß in den Kirchen gepredigt wird macht deswegen die Blitzableiter auf ihnen nicht unnötig.«[17] Denn große Teile der Bevölkerung standen den Ableitern anfangs skeptisch gegenüber, sie wurden häufig auch als »Ketzerstangen« bezeichnet.[18]

Als die ersten »Strahlableiter« 1752 in Amerika auf Anweisung Franklins aufgebaut wurden, war Lichtenberg gerade einmal zehn Jahre alt.[19] Acht Jahre später wurde der erste Blitzableiter in England installiert und weitere acht Jahre später (1768) wurde in Deutschland die erste Blitzschutzanlage von dem Arzt Johann Albert Heinrich Reimarus auf dem Turm der Hamburger St. Jacobikirche errichtet.[20] Er löste damit eine Diskussion über den Nutzen und die möglichen Konstruktionsweisen von Blitzableitern aus. Auch Lichtenberg beteiligte sich an diesen Diskussionen und veröffentlichte einige kleinere Abhandlungen über Blitzableiter, die in die Sammlung vermischter Schriften Lichtenbergs aufgenommen wurden.[21] Elf Jahre später, 1780, installierte er in Göttingen einen eigenen Blitzableiter auf dem Dach eines – von ihm im Frühjahr desselben Jahres angemieteten – Gartenhäuschens, das sich vermutlich an der Nordseite der heutigen Hospitalstraße befand.[22]

In der Göttinger Stadtgesellschaft rumorten zahlreiche Gerüchte um die neue Installation. Man glaubte, jeder Blitz würde jetzt in das Gartenhaus einschlagen, es würde diese förmlich anziehen.[23] Der Professor war jedoch bemüht, den Menschen ihren Aberglauben zu nehmen, weshalb er sich auch öffentlich zum Blitzableiter äußerte und vorrechnete, dass nur drei Menschen in den letzten fünfzig Jahren in Göttingen durch Blitze verletzt worden seien.[24] Die Ableiter sollten nämlich nicht nur der Gefahrenabwehr dienen: Sie sollten durch den Beweis ihres Nutzens auch zu der Verbreitung ebenjener beitragen.[25] Darüber hinaus diente der »Furchtableiter«[26], wie der Professor ihn einst nannte, auch als Forschungsinstrument. Er untersuchte elektrostatische Ladungen in der Luft und es wäre nicht Lichtenberg, wenn er nicht bestrebt gewesen wäre, neue Messverfahren einzuführen und die unterschiedlichsten Wissensgebiete miteinander zu verbinden. Deshalb führte er zur Erforschung der Luftelektrizität – neben Versuchen mit Flugdrachen, die er mit seinen Studenten vor der Stadt oder auf dem Hainberg durchführte[27] – auch Versuche mit Luftballons durch.

Zwei Jahre nach der Errichtung des Blitzableiters auf seinem Gartenhäuschen half Lichtenberg bei dem Bau eines Wetter-Ableiters[28] auf der St. Osdag-Kirche in Neustadt-Mandelsloh. Die Kirche befindet sich etwa fünfzig Kilometer nördlich von Hannover und ist eines der ersten Gebäude, an denen in Deutschland eine Blitzschutzeinrichtung installiert wurde. Innerhalb Norddeutschlands war sie die vierte Kirche nach den Kirchen in Hamburg und Bremen.[29] Da Kirchen damals zumeist die höchsten Gebäude in den Ortschaften waren – und Blitze sich immer den geringsten Weg des Widerstands suchen – schlugen die Blitze am häufigsten in diese ein und verursachten dadurch immense Schäden und Brände. Deshalb korrespondierte Lichtenberg mit dem Arzt Reimarus, um die bestmögliche Lösung zum Schutz der Kirche zu finden. Ihren gemeinsamen Erkenntnissen und Schlussfolgerungen ist es zu verdanken,

Lichtenbergs Versuch, die Gewitterfurcht zu überwinden

Lichtenbergs Gartenhaus an der Weender Landstraße 37, welches 1907 in den Brauweg versetzt wurde.

dass dem Advokaten und Konsistorialsekretär Franz Ferdinand Wolff schließlich die Umsetzung 1784 gelang. Der Professor fertigte Skizzen und Baupläne zur Ausarbeitung an und war dadurch maßgeblich an dem Bau des Wetter-Ableiters auf der St. Osdag-Kirche beteiligt.[30]

Im Jahr 1794 errichtete Lichtenberg schließlich einen weiterentwickelten Ableiter auf dem Dach eines anderen Gartenhauses an der Weender Landstraße 37, welcher mit Bleistreifen versehen war, die entlang der Wand vom Dach zum Erdboden führten und im Grunde genommen den Vorgänger des modernen Blitzableiters darstellen.[31] Lichtenberg mietete es 1787 an und bewohnte es bis zu seinem Tod. Im Jahr 1907 wurde das Haus an den Brauweg versetzt, wo es bis heute steht. Der damalige Oberpostassistent Heinrich Susebach hatte das Gebäude erworben und es stark verändert als eigenes Wohnhaus im Brauweg 34 wieder aufgebaut. Ein Schild vor dem Haus erinnert daran.[32]

Neben seiner maßgeblichen Beteiligung an der Konstruktion und Weiterentwicklung sowie der Verbreitung von Blitz-

Lichtenbergs Gartenhaus an der Weender Landstraße 37. Nordseite mit dem Blitzableiter.

ableitern fertigte Lichtenberg auch Skizzen für einen »perfekten Wetterschutz« an. Das war einmalig, innovativ und neu für die damalige Zeit und teilweise auch für das folgende Jahrhundert, da die Idee darauf beruhte, einen Käfig aus leitendem Metall um das zu schützende Gebäude zu errichten, um somit eine vollständige elektrische Abschirmung zu erreichen.[33] »Wenn der Blitz das Metall erreicht, so folgt er ihm, das ist gewiß [...], wie soll man ein Haus gegen den Blitz armieren, so daß kein Wetter-

Lichtenbergs Versuch, die Gewitterfurcht zu überwinden 43

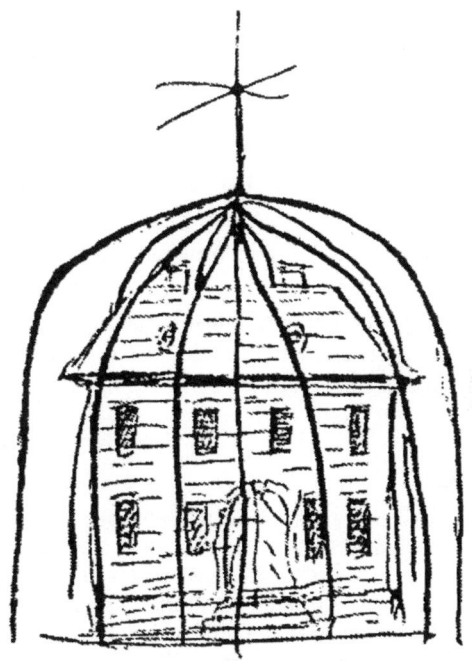

Der ideale Wetterschutz aus einem Brief an Georg Heinrich Hollenberg, 18. Februar 1788.

strahl das Haus, sondern immer die Armatur treffe? Hierzu sehe ich nun keinen andern Ausweg als den, die Häuser unter Käfige zu setzen, mit einer Spitze. Ein solcher Pavillon in einem Garten [...] müßte herrlich aussehen.«[34]

Frei nach dem Motto aus Lichtenbergs Sudelbüchern: »Ich kann freilich nicht sagen, ob es besser werden wird wenn es anders wird; aber so viel kann ich sagen, es muß anders werden, wenn es gut werden soll«[35], war Lichtenberg mit seinem Konzept seiner Zeit weit voraus und vor allem einen andersartigen und ungewöhnlichen Weg gegangen. Deshalb galt der Vorschlag lange Zeit als utopisch und auch als zu kostenintensiv, weswegen er wahrscheinlich vorerst wieder in Vergessenheit geriet.[36] Dennoch basieren moderne Forschungseinrichtungen wie Absorberhallen, Autos, Flugzeuge und die Abschirmungsvorkehrungen von Rechenzentren auf einer Modifizierung und Weiterentwicklung seines Konzepts, das im Kern auf den – fünfzig Jahre nach Lichtenberg von Michael Faraday entwickelten – faradayschen Käfig zurückzuführen ist. Der Gelehrte aus Göttingen lieferte hierfür im Endeffekt die Vorlage, was seine angefertigten Skizzen veranschaulichen. Allerdings sind seine Arbeiten in keinem Fachbuch veröffentlicht worden, weshalb Faraday den Käfig unabhängig von Lichtenbergs Arbeiten entwickelte.[37] Seinerzeit verlief die Wissensgenese häufig parallel und unabhängig voneinander, sodass Faraday die Arbeiten eines so berühmten Menschen, wie Lichtenberg es seinerzeit war, nicht zur Kenntnis nahm.

Anmerkungen

1 Vgl. Otto Weber, Zu Lichtenbergs Bemerkungen über den Blitz und den Blitzableiter, in: Karl Dehnert (Hg.), Das 1. Lichtenberg-Gespräch in Ober-Ramstadt 1972, Ober-Ramstadt 1972, S. 61–68, hier S. 61.

2 Vgl. Siemens, Pressemitteilung – Blitzatlas 2017: In Garmisch blitzte es am häufigsten, 26.07.2018, online einsehbar unter https://www.siemens.com/press/pool/de/pressemitteilungen/2018/corporate/PR2018070258CODE.pdf [eingesehen am 21.01.2019]; Siemens, Blitzeinschläge in Deutschland in den vergangenen 10 Jahren, online einsehbar unter https://www.siemens.com/press/pool/de/pressebilder/2018/corporate/2018-07-blids/300dpi/IG2018070057CODE_300dpi.jpg [eingesehen am 21.01.2019].

3 Vgl. Kurt Batt (Hg.), Lichtenberg. Aphorismen, Essays, Briefe, Leipzig 1985, S. 13.

4 Vgl. Wolfgang Promies, Georg Christoph Lichtenberg, Reinbek bei Hamburg 1999, S. 98.

5 Vgl. ebd., S. 96 u. S. 98.

6 Vgl. Promies S. 169–174; Friedemann Spicker, Georg Christoph Lichtenberg – Ein Streifzug durch Leben und Werk, in: Michael Fischer (Hg.), Lust auf Lichtenberg: Erfahrungen, Konzepte, Göttingen 2008, S. 11–17, hier S. 11.

7 Vgl. Promies S. 61 u. S. 64; Arnulf Zitelmann, »Jedes Sandkorn ist ein Buchstabe«. Die Lebensgeschichte des Georg Christoph Lichtenberg, Weinheim 2002, S. 225.

8 Vgl. Dorothea Goetz, Georg Christoph Lichtenberg, Leipzig 1984, S. 5.

9 Zu den Lichtenberg'schen Figuren und ihrer Entdeckung siehe: Peter Kasten, Ganz schön geladen – Lichtenberg und die Elektrizität, in: Michael Fischer (Hg.), Lust auf Lichtenberg: Erfahrungen, Konzepte,

Anregungen, Göttingen 2008, S. 37–47, hier S. 45–47; Goetz, S. 45–48; Promies, S. 57–59; Zitelmann, S. 178.
10 Vgl. Goetz, S. 5; Promies, S. 59 f.; Zitelmann, S. 187 f.
11 Zu der Kontroverse vgl. Marcus W. Jenergan, Benjamin Franklin's »Electrical Kite« and Lightning Rod, in: The New England Quarterly, Jg. 1 (1928), H. 2, S. 180–196, hier S. 180; Meidinger, S. 16.
12 Vgl. Meidinger, S. 8–11 u. S. 16; Weber, S. 62.
13 Der Apparat wurde durch Muschenbroeck in Leiden 1746 popularisiert, aber nicht erfunden. Seitdem hat sich die Bezeichnung Leidener Flasche etabliert. Vgl. Meidinger, S. 9.
14 Vgl. Jernegan, S. 180–196; Meidinger, S. 11 u. S. 16; Christa Möhring, Eine Geschichte des Blitzableiters. Die Ableitung des Blitzes und die Neuordnung des Wissens um 1800, Weimar 2005, S. 5.
15 Vgl. Möhring, S. 18.
16 Weber, S. 63; Zitelmann, S. 220 f.
17 Lichtenberg, Sudelbuch L, 1796–1799 [L 67], in: Wolfgang Promies (Hg.), Georg Christoph Lichtenberg: Schriften und Briefe, Bd. I, Sudelbücher I, München 1994, S. 860.
18 Vgl. Meidinger, S. 28
19 Vgl. ebd., S. 17; Promies, S. 96.
20 Vgl. Weber, S. 62.
21 Vgl. Heinrich Susebach, Über den ersten Blitzableiter in Göttingen, in: Protokolle über die Sitzungen des Vereins für die Geschichte Göttingens 1903/04, Göttingen 1904, S. 97–133, hier S. 99.
22 Vgl. Otto Deneke, Lichtenbergs Gartenhaus und sein Blitzableiter – Die Wahrheit über eine Legende, in: Göttinger Tageblatt, 17.06.1939; Susebach, S. 100; Weber, S. 62 f.
23 Vgl. Promies, S. 101; Zitelmann, S. 219.
24 Vgl. Zitelmann, S. 221.
25 Vgl. Christian Fieseler/Steffen Hölscher/Johannes Mangei (Hg.), Dinge Denken Lichtenberg: Ausstellung zum 275. Geburtstag Georg Christoph Lichtenbergs, Göttingen 2017, S. 43; Weber, S. 63.
26 Promies, S. 102.
27 Vgl. Zitelmann, S. 220.
28 Vgl. Ulfrid Müller, Der Bau des Wetter-Ableiters auf der St. Osdag-Kirche in Neustadt-Mandelsloh 1782–1784, in: Wolfgang Promies/Ulrich Joost (Hg.), Lichtenberg-Jahrbuch 1994, Ober-Ramstadt 1994, S. 81–92.
29 Vgl. ebd.
30 Vgl. ebd., S. 81, S. 83 u. S. 92.
31 Vgl. Promies, S. 102.
32 Vgl. Deneke, S. 5; Horst Michling, Göttinger Bauten und ihre Geschichte. Teil 4: Lichtenbergs Gartenhaus, in: Göttinger Monatsblätter Nr. 4, Göttingen 1974, S. 2 f.
33 Vgl. Weber, S. 68.
34 Lichtenberg, Schriften und Briefe, in: Wolfgang Promies (Hg.), Georg

Christoph Lichtenberg: Schriften und Briefe, Bd. IV, Briefe, München 1994, S. 726.
35 Lichtenberg, Sudelbuch K, 1793–1796. [K 293], in: Wolfgang Promies (Hg.), Georg Christoph Lichtenberg: Schriften und Briefe, Bd. II, Sudelbücher II, München 1994. S. 450.
36 Vgl. Weber, S. 66–68.
37 Vgl. Promies, S. 100–102.

Christoph Meiners
Ein Göttinger Philosoph erfindet den Rassismus

von Peter Aufgebauer

»... so wenig Unterthanen mit ihren Regenten, Kinder mit Erwachsenen, Weiber mit Männern, Bedienstete mit ihren Herren, unfleissige und unwissende Menschen mit thätigen und Unterrichteten, erklärte Bösewichter mit schuldlosen, oder verdienstvollen Bürgern gleiche Rechte und Freyheiten erhalten werden; so wenig können Juden und Neger, solange sie Juden und Neger sind, mit den Christen und Weissen, unter welchen sie wohnen, oder denen sie gehorchen, dieselbigen Vorrechte und Freyheiten verlangen.«[1]

Das ist eine der Kernaussagen des Göttinger Professors der Weltweisheit Christoph Meiners (1747–1810) in seiner Schrift »Über die Natur der afrikanischen Neger und die davon abhängende Befreyung oder Einschränkung der Schwarzen«.[2] »Juden« – »Neger« – »Weiße«: Der Göttinger Philosoph, ein Polyhistor seiner Zeit, dessen Werk über dreißig Bände und mehr als zweihundert Aufsätze umfasst, der über den Luxus der Athener, den tierischen Magnetismus, über »Anweisungen für Jünglinge zum eigenen Arbeiten«, »über die Verfassung und Verwaltung deutscher Universitäten«, »über lyrische Dichtungsarten«, über Theorie und Geschichte der schönen Wissenschaften, auch über die Geschichte Göttingens und vieles andere publiziert – dieser Vielschreiber beteiligt sich auch am zeitgenössischen Diskurs über die menschlichen Rassen[3], der durch die Expeditionen und die damit verbundenen anthropologischen und ethnographischen Studien gerade in dieser Phase der Aufklärung einen beträchtlichen Aufschwung genommen hatte. Dabei konnte man auf eine umfangreiche Literatur von Weltumseglern, Missionsreisenden und auf Reiseberichte von Abenteurern zurückgreifen, in der von der Vielfalt der Völker, ihrer Lebensumwelt, ihren Gebräuchen und Lebensweisen erzählt wurde. Entsprechend dem Anspruch der Aufklärung auf einen neuen, systematisierenden und definitorischen Zugriff auf das Wissen der früheren Epochen, versucht auch Meiners, sein aus allen denkbaren Quellen zusammengetragenes Material über die Völker der Welt zu systematisieren und zu interpretieren.

Das haben auch andere getan, etwa der Franzose George-Louis de Buffon mit seiner Darstellung von den »Verschiedenheiten in der menschlichen Spezies« von 1749, oder Immanuel Kant mit seiner Schrift »Von den verschiedenen Racen der Menschen« von 1775, oder, näher an Meiners, sein Göttinger Kollege und Freund Johann Friedrich Blumenbach, der 1775 eine medizinische Dissertation »De generis humani varietate nativa« – »über die angeborene Verschiedenheit des menschlichen Geschlechts« publiziert hatte. Doch es war Meiners, der in dieser Diskussion über die Unterschiedlichkeit der Menschenrassen erstmals das Argument der unterschiedlichen Wertigkeit anführte.

Meiners konstatiert zwei Stämme der Menschen, den kaukasischen und den mongolischen; den kaukasischen unterteilt er in eine keltische und eine slawische Rasse, von denen die keltische »am reichsten an Geistesgaben und Tugend« sei. Zu dieser keltischen Rasse zählt er an vorzüglicher Stelle die germanischen Völker, also auch die Deutschen, und schreibt über ihre »charakteristischen Merkmale« Folgendes: Sie haben »selbst im Zustand der Barbarey höhere, schlankere und mächtigere Cörper, als alle übrigen Völker der Erde hatten, eine blendendweisse Haut, blonde, lockige Haare, und blaue Augen [...] Muth, Freyheitsliebe, wie sie sich nie unter andern Nationen fanden; unerschöpfliche Erfindungskraft, und eine unbeschränkte Anlage zu allen Künsten und Wissenschaften; zartes Mitgefühl mit den Freuden und Leiden anderer Menschen, und alle daher entspringenden sittlichen Empfindungen und Triebe: Bewunderung großer und edler Männer, Thaten und Tugenden, und Abscheu alles Bösen, besonders solcher Unarten, die Feigheit, Falschheit und Härte verraten [...] Dankbarkeit gegen Wohlthäter [...] Großmuth und Milde gegen Feinde, Überwundene

Christoph Meiners (Radierung, Eberhard Friedrich Henne zugeschrieben).

und Untergeordnete: gemässigte Sinnlichkeit: ein beständiges Streben nach dem Besseren.«[4]

Und grundsätzlich hält er fest: »Eins der wichtigsten Kennzeichen von Stämmen und Völkern ist die Schönheit oder Häßlichkeit, entweder des ganzen Cörpers oder des Gesichts. Die entgegengesetzten Urtheile verschiedener Zeitalter und Nationen machen die Schönheit des Cörpers und seiner vornehmsten Teile ebensowenig willkürlich, als Weisheit und Tugend. Nur der Kaukasische Völker-Stamm verdient den Namen des Schönen und der Mongolische mit Recht den Namen des Häßlichen [...].«[5]

Nach diesen Charakterisierungen kommt Meiners schließlich – kaum verwunderlich – zu dem Ergebnis, »daß alle Vorzüge der Menschennatur in keiner Celtischen Nation in höherem Grade, als in den Teutschen vereinigt« seien. Die Deutschen unterteilt er dann noch einmal in Nord- und Süddeutsche. Die Völker des anderen, des mongolischen Stammes, sieht Meiners als »eine Art von Halbmenschen an, die den Thieren oft weit näher stehen als dem Europäer.« Dem entsprächen ihre Merkmale und Eigenarten: Sie seien dunkel, hässlich, fett, zeigten »eine traurige Leerheit an Tugenden«, dafür eine Reihe fürchterlicher Unarten; »die meisten schwarzen und hässliche Nationen vereinen mit einer aus Schwäche entstehenden Reizbarkeit, und einer unglaublichen Empfindlichkeit gegen die geringsten Beleidigungen, eine empörende Gefühllosigkeit gegen die Freuden und Leiden anderer, selbst ihrer nächsten Anverwandten: eine unerweichliche Härte, Selbstsucht und Filzigkeit: und einen fast gänzlichen Mangel aller sympathischen Triebe und Gefühle. Sie vereinigen ferner mit mehr als weibischer Feigheit und Furcht vor offenbaren herannahenden Gefahren und Tod, eine unbegreifliche Ruhe und Gleichgültigkeit in den schrecklichen Martern, Krankheiten und dem gegenwärtigen Tode: mit Lieblosigkeit gegen ihre eigenen Kinder eine übermässige Zärtlichkeit gegen Thiere, [...] endlich mit viehischer Unfläterey, Gefräßigkeit, und Schaamlosigkeit entweder den unmäßigen Hang zur sinnlichen Liebe, oder auch die gröste Kälte, und daher entstehende Verachtung des weiblichen Geschlechts.« Die für diese Völker allein angemessene Regierungsform sei die Despotie, sie sei wegen ihrer körperlichen und geistigen Schwäche unvermeidlich.

Diese Überlegung führt Meiners für die Völker des südlichen Asien, zu denen er die Chinesen, Japaner und Koreaner zählt, am Beispiel der Chinesen näher aus: Sie seien »eines der nichtswürdigsten Völker Asiens«, »so leer von menschlichen Gefühlen, daß sie ihre neugebohrnen Kinder aussetzen, oder wie beschwerlichen Unrath in die Karren werfen [...], daß sie ihre Weiber und erwachsenen Kinder verkaufen, oder auch die letzteren verstümmeln, um sie als Verschnittene an den Hof zu bringen. Sie betrügen oder übervortheilen einen jeden ohne Unterschied.«

Besonders schlecht kommen bei ihm auch die Einwohner Amerikas weg: »Die Amerikaner sind unstreitig die verworfensten unter allen menschlichen, oder menschenähnlichen Geschöpfen auf der ganzen Erde, und sie sind also nicht bloß schwächer, als die Neger, sondern auch viel unbiegsamer, härter, und gefühlloser«.

Christoph Meiners ist in seinem Leben und während seiner Reisen über Deutschland und die Schweiz nicht hinausgekommen. Das hindert diesen Professor der Weltweisheit und Hannoverschen Hofrat aber nicht, die Völker der ganzen Welt qualitativ zu sortieren. In seiner »Scala der Humanität« stehen ganz unten die großen Affen, dann kommen die Orang-Utans, dann – in seinen Worten – die Waldneger, die Buschhottentotten, die Buschmänner, die Südsee-Neger, die Finnen, die Mongolischen Hirtenvölker, die Nomaden des westlichen Asien, die Insulaner der Südsee, die südlichen Asiaten, die Hindus, die westlichen Asiaten und schließlich die Europäer.

Auch zum Zusammenhang von Rasse und Blut äußert er sich: Er glaubt an ein – wie er es nennt – »wohltätiges Naturgesetz«, demzufolge bei Vermischung ungleichwertiger Rassen auf Dauer die besseren über die weniger guten gewinnen und das edlere Blut über das weniger edle die Oberhand behalten würde. Dies ist einer der Gründe, weshalb er den Kolonialismus befürwortet, weil er die angenehme Aussicht bietet, »dass die Europäer nicht bloß durch ihre Herrschaft und Aufklärung, sondern auch vorzüglich durch ihre Vermischung mit andern weniger edlen Völkern zur Vervollkommnung und Beglückung der letzteren beytragen können, und beitragen werden.« Wenn aber analog die Europäer sich hier in Europa mit Angehörigen weniger edler oder gar minderwertiger Völker vermischten, würden Blut und Erbanlagen der hier lebenden Weißen qualitativ verschlechtert und verunreinigt.

Die europäischen Kolonialherren misshandeln und unterjochen die kolonisierten Völker in Meiners' Augen also nur zu deren Wohl: »Unumschränkte Gewalt ist oft notwendig und auch heilsam, wenn bessere Menschen sie gegen Unedlere zum Glück der letzteren ausüben. Denn leider! gibt es nicht nur einzelne Personen, sondern ganze Völker, die zum Guten nicht bewegt werden können, sondern gezwungen seyn wollen.«

Der Satz, dass alle Menschen ursprünglich gleich seien, ist in seiner Sicht grundsätzlich falsch, denn, so Meiners, »jede Rasse von Menschen hat ihre eigenen Gesetze.« Und so, wie sie sich körperlich unterschieden, unterschieden sich auch ihre Kulturen.

Aus der angeblichen Überlegenheit der Weißen über die Juden und Neger rechtfertigt er, wie das Eingangszitat zeigt, deren Unfreiheit, spricht sich klar gegen die rechtliche Gleichstellung der Juden aus und befürwortet ausdrücklich die Versklavung der Neger; aus der angeblichen Ungleichheit der Männer und Frauen rechtfertigt er, dass Frauen niemals die gleichen Rechte und Freiheiten wie die Männer erhalten könnten. Denn, so seine Begründung, »wenn es ungerecht ist, unter Wesen, die einander gleich sind, mit Gewalt niederdrückende Ungleichheiten zu erzwingen; so ist es nicht weniger ungerecht, solche welche die Natur, oder andere unüberwindliche Ursachen einander ungleich machen, gleich setzen zu wollen.«

Dass in Europa überhaupt Juden, die er der morgenländischen Rasse zuordnet, sich ansiedeln durften und dürfen, hält Meiners auch historisch begründet für einen grundsätzlichen Fehler: »Zu den größten Hindernissen des Handels und der Gewerbe des Mittelalters gehört der allgemeine und schreckliche Wucher [...] Die ersten Urheber des Wuchers waren die Juden.« Trotz aller grausamen Verfolgungen hätten sich die Juden nicht nur gehalten, sondern seien immer zahlreicher und mächtiger geworden. Mit diesen Äußerungen gehört Meiners zu den Begründern des rassischen Antisemitismus. Im Unterschied zur traditionellen Judenfeindschaft spielt bei ihm der Glaube der Juden keine Rolle, vielmehr geht es um ihre Zugehörigkeit zu einer vermeintlich minderwertigen Rasse.

Aus unserer heutigen Perspektive klingen Meiners' Ausführungen absurd und völlig abwegig; Meiners selbst aber glaubte fest, diese seien empirisch aus der denkbar breit rezipierten Literatur abgeleitete wissenschaftliche Ergebnisse, die sich bald allgemein durchsetzen würden. Das war jedoch keineswegs der Fall, denn im politischen Umfeld des ausgehenden 18. Jahrhunderts, angesichts der Französischen Revolution und der breiten Diskussionen im englischen Parlament um die Aufhebung der Sklaverei, auch angesichts der Diskussionen um die rechtliche Gleichstellung der Juden erweisen sich die Argumentation und Konsequenzen von Meiners' Thesen von der unterschiedlichen Wertigkeit der Rassen als ausgesprochen reaktionär. Dementsprechend erfuhr er bereits von zahlreichen Zeitgenossen, vor allem auch von Göttinger Kollegen, deutliche Ablehnung und massiven Widerspruch. Johann Friedrich Blumenbach (1752–1840), der zu den Begründern der wissenschaftlichen Zoologie, Anthropologie, Physiologie und vergleichenden Anatomie gehört, lehnte es strikt ab, aus unterschiedlichen physiologischen Merkmalen auf eine unterschiedliche Wertigkeit von Rassen zu schließen und postulierte eine einzige menschliche Gattung, die lediglich physiologische und anatomische Varietäten aufweise.

Als empirischen Zugang, um Vorstellungen über die Menschheitsgeschichte abzuleiten, begann Blumenbach mit dem Katalogisieren von Schädeln und schuf so neue technische Mittel zur direkten Beobachtung und Untersuchung menschlicher Varietäten. Er nutzte den Schädelvergleich als Methode und formbeschreibendes Objekt und zählte damit zu den ersten Gelehrten jener Zeit, der planmäßig Kraniologie betrieb. Blumenbachs Schädelsammlung, die noch heute im Anatomischen Institut der Universität Göttingen aufbewahrt wird, enthält ca. 850 Schädel und Abgüsse. Später verband Blumenbach seine Ergebnisse mit denen aus der vergleichenden Anatomie, Physiologie und Psychologie. Dieser empirisch-wissenschaftliche Zugang blieb über Jahrzehnte eine der maßgeblichen Methoden der anthropologischen Forschung; die Kraniologie ermöglichte es, Formverschiedenheiten der Menschen klar nachzuvollziehen.

Konträr zu Meiners' wertender Rassenlehre lehnt Blumenbach eine Rangordnung der Rassen strikt ab: Vom äußeren Erscheinungsbild könne man nicht »auf die Anlagen des Herzens« schließen. Außerdem kritisiert er, dass Meiners unbesehen alles, was ihm erreichbar war, exzerpiert und ohne gedankliche Durchdringung kompiliert habe, dass er diejenigen Schilderungen und Reisebeschreibungen, die seine vorgefasste Ansicht bestätigten, prominent zitiere, andere Aussagen der Literatur aber unterdrücke und dass er sich vor allem auf unzuverlässige, übertreibende, oft sogar erfundene Reiseberichte stütze.

Ein weiterer scharfer Kritiker von Meiners' Rassenlehre war der Theologe und Philosoph Friedrich August Carus (1770–1807), dessen wichtigstes Werk »Ideen zur Geschichte der Menschheit« posthum 1809 veröffentlicht wurde; Carus greift über Meiners' Schriften hinaus auch auf einen erheblichen Teil der Materialien zurück, die Meiners in seinem Anmerkungsapparat zitiert hatte. Er hinterfragt also dessen Methode und überprüft seine Belege. Das Ergebnis ist geradezu vernichtend: Meiners verwende auch Schilderungen und Beschreibungen aus der Abenteurerliteratur, die offenkundig frei erfunden seien und greife aus seinem ungeheuren Material-Sammelsurium gezielt solche Charakterisierungen heraus, die seine vorgefasste Meinung zu stützen scheinen; alles andere lasse er schlicht weg. So ziehe er falsche und willkürliche Folgerungen, präsentiere eher Karikaturen, gerade so, als wenn jemand die gegenwärtige Gesellschaft allein nach dem Pöbel beschreibe, den es bekanntermaßen ja auch gäbe. Er gehe weder von gesicherten Prinzipien noch von allseitig beglaubigten Vergleichen aus, so dass »mithin sein ganzes System zerfällt […] die Natur kennt keine privilegierte Race.« Den rasse-antisemitischen Äußerungen von Meiners steht Carus, der sich intensiv mit dem Judentum befasst und eine Schrift über die »Psychologie der Hebräer« veröffentlicht hatte, völlig fern.

Auch Johann Georg Forster, der zusammen mit seinem Vater an der zweiten Weltumseglung von James Cook teilgenommen hatte und im Unterschied zu Meiners viele Teile der Welt kannte und als Begründer des modernen wissenschaftlichen Expeditionsberichts gilt, hat Meiners grundsätzlich kritisiert: Er lehnt seine unterschiedliche Bewertung der Menschenrassen strikt ab, stellt dessen fragwürdige Methoden bloß und äußert in einer ausführlichen Rezension zum »Grundriß der Geschichte der Menschheit« von 1785: »Herrn Meiners Werk ist göttingische Belesenheit, auf eine unhaltbare Hypothese angewendet […] ein Hauptmangel scheint sich hinsichtlich des kritischen Urteilsvermögens zu offenbaren. Liebster Himmel!« Aus seinen eigenen Beobachtungen und Erfahrungen heraus postuliert Forster die Gleichberechtigung aller Rassen und begründet dies mit dem Naturgesetz. »Nach dem Gange der Natur« hätten alle Wesen »ihre Ansprüche auf Daseyn und Erhaltung […] würde man nicht, wenn man aus den Reisebeschreibungen und Historikern charakteristische Züge von europäischen Völkern sammelte, auch ein abschreckendes Gemälde entwerfen können von Aberglauben und Dummheit […] von Gefühllosigkeit und Bosheit? […] Hart ist es, weil es niemandem zu Gute kommt, Völkern, die jetzt auf einer von der unsrigen verschiedenen Stufe der Bildung stehen, alle sittlichen Werte, alle Perfectibilität, alle menschlichen Vorzüge abzusprechen, so dass der Natur der völlig unverdiente Vorwurf daraus erwächst, als hätte sie den grössten Theil des Menschengeschlechts, sich selbst und anderen zur Quaal mit lauter teuflischen Anlagen und einer unverbesserlichen Unsittlichkeit ausgerüstet.« Und angesichts von Meiners' Vielschreiberei stellt Forster fest: »Der Mensch schreibt sich jetzt um allen Credit.«

Als Christoph Meiners, völlig unbelehrt und an seiner Lehre von der unterschiedlichen Wertigkeit der Rassen unbeirrt festhaltend, im Jahre 1810 starb, hatte er Ruf und Renommee weitgehend verloren. Das stellte Christian Gottlob Heyne, der als Sekretär der Göttinger königlichen Sozietät der Wissenschaften den akademischen Nachruf zu halten hatte, vor ein Problem. Er löste es mit Ironie: Meiners habe sich von seinem Urteil, das den Negern die niedrigste Stellung zusprach, niemals abbringen lassen, aber man könne hoffen, dass er nun gewiss der Wahrheit nähergekommen sei, denn jetzt könne er ja im Jenseits die Versammlungen der Neger besuchen.

Allerdings war mit Meiners' Tod nicht auch dessen Idee von der unterschiedlichen Wertigkeit der Rassen aus der Welt. Verschiedene Rassetheoretiker haben seine Lehre wiederbelebt, zunächst in Frankreich. Der Historiker Augustin Thierry (1795–1856) entwickelte mit Berufung auf Meiners in seinem »Essay über die Herausbildung und Entwicklung des Dritten Standes« von 1850 eine Theorie vom Zusammenhang ethnischrassischer Überlegenheit zu dadurch begründeter sozialer Schichtung. Er war auch der erste, der Hobbes Gedanken vom Kampf aller gegen alle explizit auf die menschlichen Rassen übertrug.

Noch deutlicher ist der Einfluss von Meiners auf den Mediziner Julien-Joseph Virey (1775–1846). In seiner dreibändigen Naturgeschichte (Histoire Naturelle du Genre Humain, 1800/1801) begründete er die Herrschaft der Weißen mit ihren physischen und moralischen Vorzügen und vertrat die Ansicht, dass die Afrikaner von Natur aus zur Sklaverei bestimmt seien. In Deutschland zählte Gustav Klemm (1802–1867) zu Meiners' einflussreichen Adepten. Klemm wurde nach einem Studium der Kulturgeschichte zunächst Sekretär der Königlichen Bibliothek in Dresden und schließlich deren Direktor. Mit Hilfe ausgedehnter wissenschaftlicher Kontakte trug er eine mehr als 15.000 Objekte umfassende ethnologische Sammlung zusammen, die heute den Kern des »Städtischen Museums für Völkerkunde« in Leipzig bildet. Im Zuge der Erforschung dieser Sammlung erarbeitete Klemm sein wissenschaftliches Hauptwerk, die zehnbändige »Allgemeine Cultur-Geschichte der Menschheit«, die 1843 bis 1852 erschien, mehrere Auflagen erreichte und über Jahrzehnte hinweg ein Standardwerk in den Bücherschränken des deutschen Bürgertums war. Klemm, der zu den Begründern der Kulturanthropologie zählt, war mit seinem großangelegten Werk einer der ersten, der »Kultur« in einem weiten Sinne gebrauchte, um Stufen der Zivilisation zu bezeichnen. Im Anschluss an ihn entwickelte sich fortan ein Begriffsverständnis, welches Kultur als das ansah, was durch die Auseinandersetzung des Menschen mit der Umwelt entsteht – »Kultur ist das Ergebnis menschlichen Handelns«. Die Begriffe »Zivilisation« und »Kultur« galten im 19. Jahrhunderts meist als mehr oder weniger synonym.

Wie Meiners ging er von der unterschiedlichen Wertigkeit der Rassen aus: »Ich bin auf meinem Wege, die Sitten und Gebräuche, Denkmale und Kunstwerke, Einrichtungen, Sagen, Glauben und Geschichte der verschiedenartigsten Nationen betrachtend zu der Ansicht gelangt, dass die ganze große Menschheit ein Wesen sei wie der Mensch selbst, geschieden in zwei zusammengehörige Hälften, eine active und eine passive, eine männliche und eine weibliche. Die erste oder active Hälfte der Menschheit ist bei weitem die weniger zahlreiche Art. Ihr Körperbau ist schlank, meist groß und kräftig, mit einem runden Schädel mit vorwärtsdringendem, vorherrschenden Vorderhaupt, hervortretender Nase, großen runden Augen, seinem oft gelockten Haar, kräftigem Bart und zarter, weißer, rötlich schimmernder Haut. Das Gesicht zeigt feste Formen, oft einen stark ausgedrückten Stirnrand, wie an Shakespeare und Napoleon, die Nase ist oft adlerschnabelartig vorgebogen, das Kinn stets stark ausgedrückt, oft auch vortretend.«[6] Als Eigenschaften dieser Rasse nennt er starken Willen, Streben nach Herrschaft, Selbständigkeit und Freiheit, rastlose Tätigkeit, Streben in die Weite und Ferne, das Bemühen um Fortschritt in jeder Hinsicht und den Trieb zum Forschen. Als Beispiele aus der Geschichte der Nationen nennt er Perser, Araber, Griechen, Römer und Germanen.

Dann fährt er fort: »Ganz anders ist die zweite, die passive Rasse. Die Schädelform der passiven Menschheit ist anders als die der activen, die Stirn liegt mehr zurück, vorzugsweise ausgebildet ist das Hinterhaupt, die Nase ist [...] meist rund und stumpf, die Augen länglich, oft geschlitzt und schief stehend, die Backenknochen treten vor, das Kinn zurück, die Hautfarbe reicht vom zartesten Gelb bis zum tiefsten Schwarz.«[7] Diesem Teil der Menschheit rechnet Klemm die Chinesen, Mongolen, Malayen, Hottentotten, Neger, Finnen, Eskimo und Amerikaner zu. Die Kenntnisse, die sie schon früh erworben hätten, blieben auf der untersten Stufe stehen. Denn zu ihren Rassemerkmalen gehöre geistige Trägheit, Scheu vor dem Forschen und Denken, überhaupt vor geistigem Fortschritt. Ihnen fehle eine eigentliche lebendige Wissenschaft, sie schafften nicht, sondern ahmten nach. Ihr Charakter sei sanft und geduldig, nachgebend aus Schwäche und ausharrend aus Faulheit.

Während er die Eigenschaften der aktiven der Nationen der Menschheit gleichsam als männlich charakterisiert, entsprechen diejenigen der passiven Teile der Menschheit eher weiblichen Eigenschaften. Klemm führt aus: »Die passiven Nationen mit ihrer Sanftmut und Geduld, ihrem Streben nach Genuss und Ruhe, ihrem Halten am Hergebrachten und Angewöhnten, Angeerbten, Angelernten haben alle Vorzüge des Weibes, Anmuth, Höflichkeit, halten an der Sitte, Abscheu vor dem Gewaltsamen und alle Gebrechen desselben (= des Weibes), Schlauheit und List, Halten am Augenblick, Mangel an Umsicht. Wie die

Mädchen entwickeln sie (= die Nationen) sich schnell bis zu einem gewissen Puncte und bleiben dabei stehen, so dass sie den activen weit voraus sind, aber auf die Dauer von denselben doch überholt und überflügelt werden.«[8]

Während der Einfluss von Thierry und Virey im Wesentlichen auf ihre Gegenwart beschränkt blieb, waren Werk und Wirkung von Gustav Klemm weit verbreitet und von langer Dauer. Dasselbe gilt für die Lehre eines anderen Adepten von Meiners, die im wahrsten Sinne des Wortes von fürchterlichem Einfluss war. Der französische Diplomat Arthur Graf de Gobineau (1816–1882) veröffentlichte eine Abhandlung über die Ungleichheit der menschlichen Rassen, die 1853/1855 in Paris in vier Bänden erschien. Meiners' Thesen von der Überlegenheit der weißen Rasse, der Minderwertigkeit der anderen Rassen und der Verschlechterung der Erbanlagen durch Vermischung und Verlust der Reinheit des Blutes finden sich hier wieder. Im Unterschied zu Meiners jedoch vertritt Gobineau keinen rassischen Antisemitismus. Aber die »reine Rasse« bzw. die »Rassen«-Vermischung haben bei ihm eine zentrale Bedeutung. Er gesteht einerseits zu, dass es aufgrund der jahrtausendelangen Vermischung der »Rassen« keine wirklich »reinen« Rassen gebe, betont jedoch andererseits, dass die Vermischung der »Rassen« zur Degeneration und somit zum Untergang der überlegenen »Rassen« führen müsse.

Für eine stärkere Verbreitung rassenantisemitischer Auffassungen bereitete dann wenige Jahre nach Gobineaus Werk eines der wichtigsten wissenschaftlichen Bücher des 19. Jahrhunderts den Boden; 1859 erschien Charles Darwins Hauptwerk »Vom Ursprung der Arten durch natürliche Auslese oder die Erhaltung der begünstigten Rassen im Kampfe ums Dasein«.[9] Vor allem zwei Aussagen des Werkes haben politische Sprengkraft entwickelt: Zum einen der von Darwin aus seinen Forschungen als empirische Tatsache abgeleitete Lehrsatz, dass die natürlichen Ressourcen begrenzt seien und dass diese Begrenztheit notwendigerweise zu einem Kampf ums Überleben führe. Zum andern die Selektionstheorie, wonach durch natürliche Auslese variierender Nachkommenschaft im Kampf ums Dasein eine Umbildung der Art stattfinde. Damit setzte Darwin an die

Stelle der bisher allgemein angenommenen Konstanz der Arten einen Entwicklungszusammenhang, der die ganze Fülle der Erscheinungen der lebendigen Natur in allmählichem Aufsteigen aus ursprünglich einfachsten Formen ableitete. Dieser Evolutionsgedanke machte auch vor dem Menschen nicht halt – mit zwingender Konsequenz ergab sich aus der Evolutionslehre die Herkunft des Menschen aus dem Tierreich. Auch wenn damit noch nichts Schlüssiges über Ursprung und Eigenart derjenigen Qualitäten gesagt war, die den Menschen in seiner Sonderstellung als bewusstseinsfähiges Wesen ausmachen, so schien doch die Grenze zwischen Mensch und Tier durch die moderne Naturwissenschaft eingeebnet.[10]

Auf unheilvolle Weise politisch wirksam wurde die Evolutionstheorie dann in der Folge durch ihre sozialdarwinistische Anwendung auf die moderne zivilisatorische Entwicklung. Hier sah man tödliche Gefahren für die menschliche Gesellschaft, weil die biologische Substanz gefährdet sei, denn die rassische und erbbiologische Ausstattung der Menschen sei von ausschlaggebender Bedeutung für die sozialen Leistungen. Deshalb muss die natürliche Auslese auch gesellschaftlich gesteuert werden, weil sonst auf Dauer eine qualitative Verschlechterung des »Menschenmaterials« eintreten werde, eine allgemeine »Verpöbelung«. Dies müsste katastrophale Folgen für die kulturelle Schöpferkraft wie für die politische Selbstbehauptung haben. Der Kampf ums Dasein wird so zum Kampf der Völker, der Nationen und der Rassen ums jeweils eigene Überleben.[11]

Dieser vermeintlich naturwissenschaftlich zwingend abgeleitete Ansatz prägt dann die Rassenlehre des späten 19. Jahrhunderts und verbindet die von Christoph Meiners stammende Lehre der unterschiedlichen Wertigkeit der Rassen mit dem sozialdarwinistischen Kampf der Rassen ums eigene Überleben, bei dem der Reinheit des Blutes eine entscheidende Bedeutung zukommt.

Die Theorien, Thesen und Hypothesen des Göttingers Christoph Meiners bis zum Sozialdarwinismus gehören zu der abgestandenen trüben Suppe, an der sich dann der rassisch motivierte Antisemitismus des 19. und 20. Jahrhunderts gütlich tat.

Anmerkungen

1 Vortrag im »Ökumenischen Seminar« bei St. Jakobi in Göttingen im Februar 2017 innerhalb der Reihe »Fremdenfeindlichkeit und Rassismus«; der Vortragscharakter wurde beibehalten. Die Ausführungen stützen sich im Wesentlichen auf folgende Literatur: Friedrich Lotter, Christoph Meiners und seine Lehre von der unterschiedlichen Wertigkeit der Menschenrassen, in: Hartmut Boockmann/Hermann Wellenreuther (Hg.), Geschichtswissenschaft in Göttingen (Göttinger Universitätsschriften A 2), Göttingen 1987, S. 30–75; Frank William Peter Dougherty, Christoph Meiners und Johann Friedrich Blumenbach im Streit um den Begriff der Menschenrasse, in: Gunter Mann/Franz Dumont (Hg.), Die Natur des Menschen: Probleme der Physischen Anthropologie und Rassenkunde (1750–1850), Stuttgart 1990, S. 89–111; Luigi Marino, Praeceptores Germaniae – Göttingen 1770–1820 (Göttinger Universitätsschriften A 10), Göttingen 1995, S. 111–137 und passim; Sabine Vetter, Wissenschaftlicher Reduktionismus und die Rassentheorie von Christoph Meiners. Ein Beitrag zur Geschichte der verlorenen Metaphysik in der Anthropologie, Aachen/Mainz 1997 (= Univ. Diss. München 1997); Martin Gierl, Christoph Meiners, Geschichte der Menschheit und Göttinger Universalgeschichte. Rasse und Nation als Politisierung der deutschen Aufklärung, in: Hans-Erich Boedeker/Philippe Büttgen/Michel Espagne (Hg.), Die Wissenschaft vom Menschen in Göttingen um 1800 – wissenschaftliche Praktiken, institutionelle Geographie, europäische Netzwerke (Veröffentlichungen des Max-Planck-Instituts für Geschichte 237), Göttingen 2008, S. 419–433.

2 Erschienen in der von Meiners und Timotheus Spittler herausgegebenen Zeitschrift *Göttingisches Historisches Magazin*, Bd. 6 (1790), S. 385–456, hier S. 386 f.

3 Begriffe wie »Rasse« sind im Folgenden nicht mit Anführungszeichen versehen, da es sich hier um einen Terminus des 19. Jahrhunderts handelt.

4 Christoph Meiners, Über die Natur der Germanischen und übrigen Celtischen Völker, in: Göttingisches Historisches Magazin, Bd. 8 (1790), S. 119 f.

5 Soweit nicht anders gekennzeichnet, entstammen alle Zitate im Folgenden aus Christoph Meiners, Grundriß der Geschichte der Menschheit, Frankfurt 1786, S. 43.

6 Gustav Klemm, Allgemeine Cultur-Geschichte der Menschheit, Bd. 1, Leipzig 1843, S. 196 f.

7 Ebd., S. 197.

8 Ebd., S. 200.

9 Zum Folgenden vgl. Hans-Günter Zmarzlik, Der Sozialdarwinismus

in Deutschland als geschichtliches Problem, in: Vierteljahrshefte für Zeitgeschichte, Jg. 11 (1963), H. 3, S. 246–273.
10 Vgl. ebd., S. 249.
11 Vgl. ebd., S. 252.

Von Or bis Om
Die Erfindung einer krausen Sprache

von Katharina Trittel

Unter der Überschrift »Ein Liberalismus für die ganze Welt« widmete der *Deutschlandfunk* 2013 dem Philosophen Karl Christian Friedrich Krause (1781–1832) einen Beitrag. Als sein Vermächtnis wurde der liberale Denkansatz des zu Lebzeiten Geschmähten gelobt.[1] Krause selbst hätte sich bei der gewählten Überschrift allerdings im Grabe umgedreht. Denn der Universalgelehrte, der eine Episode seiner bewegten Biografie zwischen 1823 und 1830 an der Göttinger Universität verbrachte und dort erfolglos versuchte, Fuß zu fassen, hätte vielmehr ein anderes, ein *deutsches* Wort für »Liberalismus« gefunden – schlimmer als ein lateinisch stämmiges Wort wäre für ihn nur eine Entlehnung aus dem Französischen gewesen –, denn: Krause hatte seinerzeit nichts Geringeres im Sinn, als die deutsche Sprache neu zu erfinden. Doch hören wir, was knapp hundert Jahre später über dieses Ansinnen berichtet wurde:

»Die Spätromantik selbst hat keinen repräsentativen Philosophen gefunden [...] Was ein deutscher Philosoph imstande ist, bewies Karl Christian Friedrich Krause, der sich, weil ihm die bisherige Terminologie nicht klar und nicht deutsch genug war, ein vollkommen neues Vokabular erfand und mit Ausdrücken wie ›Vereinsatzheit‹, ›Inbeweg‹, ›Sellbilden‹, ›das Ordarzulebende‹, ›Seinheitureinheit‹, ›vollwesengliedbaulich‹, ›eigenleburbegrifflich‹ hantierte. Wenn er einmal sagt: ›das Wort Eindruck ist ein Übersetznis aus impressio und soll Angewirktnis bedeuten‹, so werden sicher alle, die sich schon über dieses seltene und schwierige Wort den Kopf zerbrochen haben, diese lichtvolle Erklärung mit Freuden begrüßen und nur bedauern, dass er nicht den Impressionismus erlebt hat, um auch für diesen Begriff eine ver-

mutlich noch viel klarere Übersetzung zu finden; aber wenn er ein andermal bemerkt: ›ein neues Wort muss sich sogleich selbst erklären‹, so muss man sich doch fragen, ob Bildungen wie ›Vereinselbstganzweseninnesein‹ und ›Orend-eigen-Wesenahmlebheit‹ diese Forderung wirklich ganz erfüllen.«[2]

Folgt man Egon Friedell, dem Verfasser dieser Zeilen aus der 1927 erschienenen »Kulturgeschichte der Frühen Neuzeit«, kann mit Fug und Recht von einer gescheiterten Erfindung gesprochen werden. Und überhaupt: Blickt man auf Darstellungen von Krauses Leben, wird man mit der Erzählung eines einzigen Scheiterns konfrontiert. Doch war dieser Nonkonformist, der sich dreifach habilitierte und dennoch keinen Lehrstuhl ergatterte, dieser Idealist, der lieber auf Kosten des Vaters lebte, als seine Wissenschaft hinter Lohn und Brot hintenan zu stellen, war dieser beständige Außenseiter – so jedenfalls die Mythenbildung um seine Person – seiner Zeit wirklich zu weit voraus, also zum Scheitern verurteilt? Die Rezeption Friedells und ein Blick auf sein persönliches Schicksal legen diesen Schluss nahe. Er, der durch seine Sprachreform für eine bessere Verständlichkeit sorgen wollte, erscheint als Prototyp des Verkannten, Unverstandenen. Der Rezensent einer Krause-Biografie bezeichnete dessen Leben in der FAZ sogar bissig als »mit Abstand das Uninteressanteste an dieser philosophischen Rheintochter [...] Wer das Buch geduldig zu Ende liest, hat anschließend eine Staublunge und hustet fürderhin.«[3]

Ungeachtet des Urteils trifft zu: Krauses Leben war durch Krankheit, Armut und Entbehrung geprägt. Am 6. Mai 1781 als Kind eines Lehrers und späteren Pfarrers, von dem er bis zu dessen Tod finanziell abhängig blieb, in Eisenberg geboren, war Krause stets kränklich. Im Gegensatz dazu habe sich, so die Chronisten, sein Geist allerdings außerordentlich schnell und früh entwickelt.[4] Doch führte er zeitlebens ein Vagabundendasein ohne bleibenden beruflichen Erfolg. Die Homepage seiner Geburtsstadt Eisenberg fragt:

»Wer ist Krause? Ist es der philosophische Schriftsteller, der sehnlichst danach strebte, an einer deutschen Universität eine Pro-

fessur zu erlangen, und der es Zeit seines Lebens nicht über den Privatdozenten hinausbrachte? Der unter den Freimaurern aus dem Orden ausgestoßen werden musste? Der [...] ein halbes Abenteuerleben führte, zeitlebens ohne Amt und amtlichen Erwerb blieb, immer tiefer in Not und Schulden sank, bis er sich von dem Pariser Revolutionscomité anwerben ließ, in Folge dessen er in Göttingen ausgewiesen wurde [...] und erst zur Ruhe kam, als der Tod ihn aus diesem Abenteuerleben abrief?«[5]

Zweifellos: Die Passage enthält Ausschmückungen und Unwahrheiten, sie zeigt aber auch, dass Krauses Leben stets als das eines Außenseiters beschrieben worden ist. Intrigen, mangelnder Rückhalt im – wie man heute sagen würde – bürgerlichen und universitären Establishment und Krauses Gewohnheit, praktischen Erwägungen keinerlei Relevanz in seiner Lebensführung beizumessen, mögen dafür ausschlaggebend gewesen sein. »Entscheidend aber für Krauses Scheitern in bürgerlicher Hinsicht dürfte seine kompromisslos-radikale Auffassung von ›Wissenschaft als Beruf‹ gewesen sein«, die dazu führte, dass sich Armut »wie Mehltau« auch auf seine sozialen Beziehungen legte,[6] seine Bewunderer jedoch auch faszinierte: »Leicht könnte man den kompromisslosen Starrsinn eines verschrobenen Wissenschaftlers für diese Unglücksgeschichte haftbar machen. Was an Krauses Biografie tief anrührt, ist die Rückbindung seiner wissenschaftlichen Existenz, in ihrer sehr bewussten Abkehr von allen Zweck- und Verwertungsgesichtspunkten, an ein Vertrauen in den lebendigen Gott, das ihn auch in den dunkelsten Stunden nicht verließ. Dass er innerlich an den verschiedenen Konstellationen seines weltlichen Missgeschickes nicht zerbrach [...], zieht noch den späten Betrachter auf eigentümliche Weise in den Bann der außergewöhnlichen Existenz.«[7] Entsprechend hat Krause sein Lebensmodell stets verteidigt, auch vor dem Vater, bevor er ihn um Geld bat. Ihm schreibt er 1801: »Ich weiß wohl, in mancher Augen urteile ich und handle ich töricht; allein das ist allerdings besser, als in seinen eigenen Augen ein Tor zu sein.«[8] Dieser Einstellung eines Familienvaters, der 14 Kinder zu versorgen hatte, zollten seine Schüler größten Respekt. Einer von ihnen schrieb 1837 anlässlich des Göttinger

Universitätsjubiläums, es gelte das »Andenken eines Mannes zu ehren, der von vielen nicht verstanden und verkannt und von Wenigen sehr geliebt« worden sei. »Krause war ein Märtyrer für die Wahrheit.«[9] Ein weiterer Freund hingegen sagte über den Philosophen, er renne »hinter einer bunten Seifenblase her ins Verderben«[10].

Dabei hatte die Jagd nach den Seifenblasen hoffnungsvoll begonnen. Krause hatte in Jena zunächst Theologie, schließlich Mathematik und Philosophie studiert. Als »Selbstdenker«[11] habe er problemlos Vorlesungen von Fichte und später Schelling folgen können. Die Atmosphäre in Jena, dem Zentrum der frühen Romantik[12], war überaus anregend für Krause, der bereits hier die Vorstellung einer idealistischen Weltordnung entwirft, und sich bemüht, »alle Wissenschaften in einem Systeme, von dem einzigen wahren Grundsatze der Philosophie aus, nach organischen Gesetzen zu konstruieren«[13]. 1802 habilitiert er sich, verlässt jedoch schon 1804 die Stadt – in der Einschätzung seines Biografen ein verhängnisvoller Fehler[14] –, nachdem er angeblich mit Hegel in Konflikt geraten sei.

Im Zentrum von Krauses komplexem System stehen bestimmte Vorstellungen von Liberalität, ein aus der Weltordnung resultierender »Menscheitsbund« und seine spezielle Perspektive auf Sprache, die allerdings eng verknüpft ist mit seinem Konzept von Wissenschaft und der Beschaffenheit der Welt. Krause war ein »Systemdenker«[15], der eine »Theorie des Absoluten« anstrebte, die er selbst als »Wesenslehre« bezeichnete (auch: Panentheismus). Das gesamte Universum bilde nach Krause einen »Gliedbau« von einander über- und untergeordneten Weltkörpersystemen. »Es ist eine vieldeutige, aber durchaus engagierte Philosophie, freimaurerisch-aufgeklärt, halb idealistisch, mit einem Anflug romantischer Mystik, eine Philosophie ›zur Verbesserung der menschlichen Gesellschaft‹. Krause denkt die Welt als eine harmonisch, systematisch, organisch gestaltete Wirklichkeit. Der religiöse Untergrund ist unverkennbar.«[16]

Ausschlaggebend für sein Scheitern in Dresden – der nächsten Station auf seinem Weg – und daraus resultierend auch in den Folgejahren war ein verhängnisvoller Kontakt zu den Freimaurern.[17] Denn Krause war überzeugt, in den Freimaurern eine Art Keimzelle gefunden zu haben, in der sich seine Ideen eines »Menschheitsbundes« verwirklichen lassen könnten.[18] »Dieser Grundgedanke von der Menschheit, dem Menschheitleben und dem Menschheitbunde soll und wird, nach Krause's Überzeugung, die leitende und regierende Grundidee des kommenden, nun schon begonnenen, Zeitalters werden; und sie wird Liebe, Friede, Güte, Schönheit, jede Wesenheit, mit einem Worte, Gottesähnlichkeit, auf Erden geistig begründen und ausbreiten.«[19] Seine entsprechenden Publikationen, die sich auf Urkunden der Freimaurer bezogen, interpretierten die meisten Brüder jedoch als Geheimnisverrat und bewirkten seinen Ausschluss. Damit hatte sich Krause mächtige Feinde geschaffen, die vermutlich verhinderten, dass er universitär noch hätte Fuß fassen können. Posthum wurde Krause freilich wieder in den Kreis der Freimaurer aufgenommen; sie stifteten ihm sogar in seiner Geburtsstadt ein Denkmal mit der Aufschrift »Die Liebe trägt den Sieg davon«.

1823 kam Krause schließlich nach Göttingen. Vor dem Hintergrund des bereits Geschilderten verwundert es nicht, dass ihm auch an der Georgia Augusta trotz dritter Habilitation der Erfolg verwehrt blieb; vielmehr gilt er hier als »eher unwillkommener Privatdozent der Philosophie«[20] und musste später sogar aus Göttingen fliehen. Denn wir schreiben das Jahr 1830, die Zeit des Vormärz, und der eingangs zitierte Friedell, der für Krause nur Spott übrig hatte, schreibt: »Die europäische Seele stimmt ein millionenstimmiges politisches Lied an. Dieser lärmende Kampfgesang musste sich erheben, den ganzen Erdteil erfüllend und alles andere übertönend; [...] In ihm sang das Fatum; aber garstig.«[21] So auch in Göttingen. Dort kommt es 1830/31 zu Studenten- und Bürgerunruhen, bei denen Schüler Krauses, unter ihnen auch Krauses Schwiegersohn Heinrich Plath, eine prominente Rolle spielen, die Krause – den man unberechtigterweise der Mitwisserschaft und, wie oben angedeutet, der Paktiererei mit dem Revolutionskomitee beschuldigte – zum Verhängnis wird.

Krauses Verhältnis zu seinen wenigen Getreuen war stets besonders eng gewesen. »Der eigenwillige Gelehrte, der in das antispekulative Göttinger Szenario nicht paßte, vermochte doch einen begeisterten Schülerkreis um sich zu scharen.«[22] Plath hatte sogar nach der Hochzeit mit Krauses Tochter Sophie kurzerhand die gesamte Familie Krause in seinem Haus am heutigen Nikolausberger Weg aufgenommen,[23] wo zwischenzeitlich ebenfalls sogar noch Schüler von Krause wohnten. Nachdem einer von ihnen sich jedoch in eine andere Tochter Krauses verliebte und sein Vater den Kontakt unterband, da Krause insgesamt als suspekt und chronisch mittellos galt,[24] ging fortan die Rede, der Unglückliche sei durch den Kontakt zu Krause, der als Lehrer »verwirrte junge Männer«[25] hervorbringe, »verrückt«[26] geworden. Seine Getreuen verehrten ihn indes wie einen »Religionsstifter«[27]. Entsprechend erscheint es naheliegend, dass seine Kollegen ihn naserümpfend aus dem Weg räumen wollten. Als Vorwand schienen sich dafür die Wirren der Göttinger Revolution zu eignen. Diese wurde zwar rasch niedergeschlagen, allerdings wurde Plath inhaftiert. Krause selbst konnte zwar keine Involvierung nachgewiesen werden, doch wurde er, mit einem Handgeld ausgestattet, aus Göttingen verwiesen. Er verließ die Stadt als »bereits gebrochene[r] Mann«[28] und verstarb kurze Zeit später einsam und verarmt in München. Indes: Hat seine bereits erwähnte Erfindung einer »neuen Sprache« sein irdisches Dasein möglicherweise überdauert?

Krause zählte 1814 in Berlin, wo er sich – wir ahnen es bereits – ebenfalls habilitiert und erneut vergeblich auf einen Lehrstuhl gehofft hatte, zu den Begründern der *Berlinischen Gesellschaft für deutsche Sprache*. Gesellschaften wie diese belebten eine Tradition des 16. Jahrhunderts wieder und waren derzeit im deutschen Bürgertum äußerst en vogue. Es war die Zeit der – unterschiedliche Epochenbezeichnungen schwirren hier durcheinander – Spätromantik, des Biedermeiers, aber auch, zwischen 1815 und 1830, der Restauration und zugleich des »Vormärz«. Das entscheidende Epochenmerkmal ist der aufkeimende deutsche Nationalismus, der sich als Abwehrreaktion vor allem gegen die französische Vorherrschaft Bahn brach und seinen besonderen Ausdruck im Sprachnationalismus fand. Nun spielt Sprache eine komplexe Rolle bei der Konstruktion von kollektiver Identität, sie ist nicht nur ein Mittel zu menschlicher Vergesellschaftung, ein Medium der Kommunikation, sondern auch

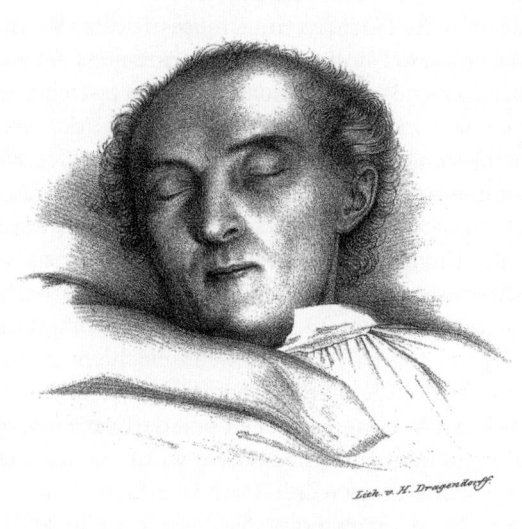

Karl Christian Friedrich Krause.

der Selbstverständigung einer Gruppe.[29] Sprachnationalismus als auf den Gegenstand Sprache bezogene »Ideologisierung der kollektiven Selbstdefinition und damit einhergehend auch des Sprachbegriffs selbst, der über die Jahrhunderte hinweg in zunehmendem Maße der Steigerung nationaler Identität dienstbar gemacht wird«[30], ist ein Phänomen, in den Krauses Sprachreformbemühungen einzubetten sind, denn er war Patriot, der »von innigster Liebe zu seinem Vatervolke und seiner deutschen Muttersprache durchdrungen«[31] gewesen sei und Deutsch als »eine der besten Sprachen auf Erden«[32] bezeichnete.

In ihrer politischen Zersplitterung begriffen die Deutschen Sprache als »Spiegel der Nation«. »Sprachgeist und Volksgeist,

Sprachvolk und Staatsvolk, Sprachgrenze und Staatsgrenze wurden oft gleichgesetzt, der seit langem überlieferte Gedanke der Sprachnation und der Nationalsprache wurde (staats-)politisch wirksam.«[33] Sprache erfüllte also eine Stellvertreterfunktion in politisch aufgeheizten Krisenzeiten, in denen »Muttersprache und Sprachnation von den Akteuren umso emphatischer als Kompensationsgrößen oder als Katalysatoren des politischen Wunschziels beschworen«[34] wurden. Zudem schrieb man nicht nur der deutschen Sprache unveränderliche inhärente Eigenschaften zu – und verfocht damit einen ahistorischen Sprachbegriff[35] –, sondern auch dem Nationalcharakter. Zugleich griff man den antiken Topos auf, dass Sprach- und Sittenverfall Hand in Hand gingen: Den Deutschen wurde etwa Ehrlichkeit, Reinheit, Natürlichkeit, Treue, Redlichkeit und Aufrichtigkeit zuerkannt im Gegensatz zu den Franzosen, deren Sprache (und damit ihnen selbst) man Heuchelei attestierte.[36]

Die 1814 u. a. von Krause und Friedrich Ludwig Jahn gegründete *Berlinische Gesellschaft für deutsche Sprache* war der ambitionierte Versuch, ein jeweils deutsches Wörterbuch, eine Sprachgeschichte und Grammatik herauszugeben. Alle, die als »wahre Freunde der Deutschheit und der Muttersprache« bekannt seien, durften Mitglied werden,[37] als das man sich verpflichtete, den »als zweckmäßig erkannten Sprachverbesserungen bei dem deutschen Volke Eingang zu verschaffen.«[38] Die von Krause angestrebte Regelhaftigkeit der Sprache beruhte auf einer »beschränkten Anzahl von Wurzel- und Stammwörtern, die zum einen die Grundlage für den gesetzmäßigen, richtigen Ausbau des Wortschatzes durch Ableitung und Zusammensetzung bildeten, zum anderen göttlichen Ursprungs waren und Wort und Ding miteinander verknüpften, so dass die Erkenntnis der Grundrichtigkeit der Sprache zur Erkenntnis der Gesetzmäßigkeit des Seins führte.«[39] Er wollte also ein Sprachsystem entwickeln, das sich in sein philosophisches Gesamtkonzept einpasst, eine rationale, urdeutsche Sprache, die es vermöge, die Komplexität seines wissenschaftlichen Systems, für die es bisher keine Worte gab, adäquat abzubilden und dennoch – so jedenfalls sein Wunsch und seine Wahrnehmung – verständlich zu sein. Das angesprochene Verzeichnis von Stammwörtern bilde das »Urwortthum« ab und zeige, dass das Deutsche »Einheit, Reinheit, Schönheit und Weiterbildsamkeit in hohem Grade habe« und alles »Abheimische, lebenswidrig Beigemischte«, aber auch alle »fehlgebildeten schönheitswidrigen Wörter« durch »Reingutes« zu ersetzen seien.[40] Nur so könne Sprache zur »Höherausbildung der Menschheit« beitragen. Oder, wie Krause sagen würde: Das Leben an sich werde an »Liebe, Recht und Gottinnigkeit gewinnen, wenn wir auch auf jedem seiner einzelnen Gebiete den Unschmuck fremder Wörter und Rednisse entfernen und alle unsere höheren Einsichten in rein- und echtdeutscher Sprache darstellen, alle unsere zarteren und innigeren geselligen Gefühle in lebenreichen, bedeutenden Wörtern unserer Vatervolksprache aussprechen.«[41]

Der Wissenschaftler Siegfried Pflegerl hat sich bemüht, Krauses System verständlich zu machen,[42] indem er die Urworttabelle, mit Hilfe derer Krause neue Worte bildete, erläutert.

Mit dieser Hilfe ist es dann auch ein Kinderspiel, das Kraus'sche System zu durchdringen, der »nicht nur Neuschöpfungen geprägt [habe] wie etwa Formheit, Fassheit, Grenzheit, sondern auch neue Präfixe wie Or, Ant, Om. Die neuen Ausdrücke sind daher: Orheit, Antheit, Mälheit und Omheit, aber auch Abheit und Nebheit. Die Or-Omheit ist die Summe aller obigen formalen und inhaltlichen Beziehungen. […] Der Schwierigkeitsgrad für ein Verständnis erscheint nicht hoch.«[43] Für denjenigen, der dennoch Verständnisschwierigkeiten haben sollte, werden Übersetzungen angeführt. Der Satz »Dieser Mensch ist Gottes Sohn« wird in Krauses Verdeutschung zu: »Dieses ordendliche Geistleibinvereinwesen ist durch Wesen als gleichwesentliches Nebenausserwesen miteigenlebverursacht.«[44] Der Krause-Forscher Pflegerl meint, »dass mit zunehmendem Studium die Schwierigkeit des Verständnisses abnimmt. […] Wenn es daher heißt: ›Du sollst Wesen dir orinnigen, orwesenschaun, orwesenfühlen (orwesenin-gemüthen und orwesenlieben), orwesenwollen, orwesenschaufühlwollen, Wesen orendeigen darleben.‹ so verstehen wir nun, was das ›or-innigen (mo)‹ bedeutet. Wir sollen also Wesens, Gottes zuerst als Orwesen or-inne sein, dann Gott als Orwesen orschauen (erkennen, mi) als Orwesen orfühlen (me) und als Orwesen wollen. Das Innesein Gottes so-

Gegenstand und seine Gliederung

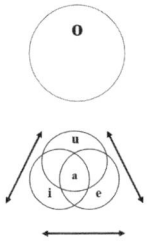

1. Gegenstand als einer, selber, ganzer, *Orheit*.
An sich ist der Gegenstand Einheit, Selbheit und Ganzheit.

2. Gegenstand *in* sich, in seiner inneren Gegenheit, *Antheit*.
Die Glieder u und i bzw. u und e sind über-unter-gegen, ab-ant; die Glieder i und e sind neben-gegen, neb-ant. Es gibt bei der Über-Unter-Gegenheit eine Richtung von oben nach unten und umgekehrt; bei der Neben-Gegenheit eine jeweilige Hin- und Her-Gegenheit.

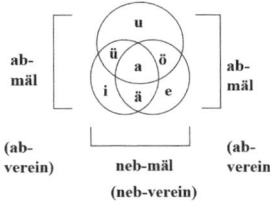

3. Gegenstand in seiner inneren Vereinheit, *Mälheit*. Die Glieder u und i bzw. u und e sind über-unter-verein, ab-mäl; die Glieder i und e sind neben-verein, neb-mäl. Es gibt bei der Über-Unter-Vereinheit eine Richtung von oben nach unten und umgekehrt; bei der Neben-Vereinheit eine jeweilige Hin- und Her-Vereinheit.

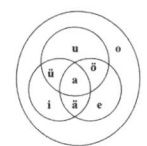

4. Fasst man alles, was der Gegenstand AN und IN sich ist, zusammen, erhält man die "Allheit" des Gegenstandes, die man als Omheit bezeichnen kann. Die Omheit ist an und in der Orheit.

Erläuterungen zu Krauses Wortbildungssystem.

weit Gott in sich sein Inwesentum ist, wird in folgenden weiter behandelt. Wir sollen Gott or-end-eigen darleben. Das soll heißen, dass wir mit Gott in dieser vollen Gliederung vereint Gott immer vollkommener als endliche Glieder in ihm darleben sollen.«[45] Die meisten Rezipienten haben Krause vorgeworfen, dass seine Sprache für die Rezeption seiner Werke in Deutschland eine zu große Hürde gesetzt habe. Doch Krause konterte: »Meine Wissenschaftsausdrücke mögen den an den herrschenden Sprachgebrauch Gewöhnten auffallen und [...] als geschmacklos und als pedantisch verlacht und verspottet werden; sie werden aber gleichwohl von Kennern verstanden und weil sie an sich reinschön und zugleich erziehungskunstgemäß und lehrkunstgemäß (lehrkunstlich) sind, auch angenommen werden.«[46]

Auch wenn, so schreibt die *Zeit*, »selbst mancher deutsche Philosophieprofessor (C4)« bei dem Namen Krause »in Verlegenheit kommen« dürfte, »in Philosophiegeschichten der Kant-Schüler Krause allenfalls als zweitrangiger Vertreter des deutschen Idealismus aufgeführt« und als »Mensch ohne jedes Maß von Lebensfähigkeit«[47] beschrieben wird, heißt das nicht, dass Krause keine Spuren hinterlassen hat. Vielmehr wird der bedingungslose Nonkonformist in Spanien als eine Art »Übervater« verehrt, der Pate für die spanische Moderne,[48] in der sich Krauses Philosophie zu einem Synonym für »Aufklärung ohne Religionsfeindlichkeit« verdichte, gestanden habe.[49] In Deutschland sind Fremdwortpurismus und Sprachreinigung Bestrebungen, die Krause überdauerten, vor allem in der Verwaltungssprache, denn: Ein »gutes Amtsdeutsch« sollte folgend jeden Deutschen befähigen, »möglichst rein und gut und deutsch zu sprechen und zu schreiben«.[50] Im 20. Jahrhundert wurde die Fremdwortjagd zeitweise gar zur Volksbewegung,[51] es kam darauf an, »deutsch zu sprechen, deutsch zu denken, deutsch zu sein«[52]. Heutzutage werden geifernde Debatten, etwa über geschlechtergerechte Sprache oder die Verwendung von Anglizismen, geführt, und auch das stete Lamento über den deutschen Sprachverfall dürfte jeder schon einmal in der Kneipe vernommen haben. Was jedoch definitiv bis heute von Krause geblieben und jedermann geläufig ist, ist der Begriff »Fremdwort«, den er um 1815 geprägt haben soll.[53] Das Fremdwort war für ihn und Jahn, den Mitbegründer der Berliner Gesellschaft, ein »Blendling ohne Zeugungskraft«, das die deutsche »Urkraft entmannen« würde.[54]

Da bleibt nur: Om.

Die Erfindung einer krausen Sprache 73

Anmerkungen

1 Vgl. Claus Dierksmeier, Ein Liberalismus für die ganze Welt. Von der Wiederentdeckung der Menschheitsgemeinschaft in Zeiten der Globalisierung, Beitrag vom 29.08.2013, online einsehbar unter https://www.deutschlandfunkkultur.de/ein-liberalismus-fuer-die-ganze-welt.1005.de.html?dram:article_id=259504 [eingesehen am 13.03.2019].
2 Egon Friedell, Kulturgeschichte der Neuzeit, Sonderausgabe, München 2007, S. 1015.
3 Eberhard Straub, Ureña, Enrique M.: K. C. F. Krause, Rezension, in: Frankfurter Allgemeine Zeitung, 19.08.1992.
4 Vgl. Klaus Kodalle, Karl Christian Friedrich Krause (1781–1832). Die paradox-absurde Existenz eines Philosophen. Anmerkungen zu Krauses Biographie, in: ders. (Hg.), Karl Christian Friedrich Krause. Studien zu seiner Philosophie und zum Krausismo, Hamburg 1985, S. 265–277, hier S. 270.
5 O. V., Karl Christian Friedrich Krause. Philosoph, Freimaurer und Revolutionär, online einsehbar unter http://www.stadt-eisenberg.de/kultur/beruehmt/krause.htm [eingesehen am 30.03.2019].
6 Kodalle, Karl Christian Friedrich Krause (1781–1832). Die paradox-absurde Existenz eines Philosophen, S. 270.
7 Ebd., S. 271.
8 Zit. nach ebd., S. 272.
9 Zit. nach Jörg H. Lampe, Die Schüler Karl Christian Friedrich Krauses und die Göttinger Unruhen von 1831. Legenden und Tatsachen, in: Göttinger Jahrbuch, Bd. 46 (1998), S. 47–70, hier S. 64.
10 Zit. nach Kodalle, Karl Christian Friedrich Krause (1781–1832). Die paradox-absurde Existenz eines Philosophen, S. 273.
11 Friedrich Mossdorf, Encyclopädie der Freimaurerei, Bd. 2, Leipzig 1824, S. 194.
12 Vgl. Rilo Chmielorz, ! Viva el Krausismo !, in: Die Zeit, 07.10.2010, online einsehbar unter https://www.zeit.de/2010/41/Philosoph-Krause [eingesehen am 14.04.2019].
13 Friedbert Holz, Krause, Karl Christian Friedrich, in: Neue Deutsche Biographie, Bd. 12 (1979), S. 704–707 [Online-Version], online einsehbar unter https://www.deutsche-biographie.de/pnd118566342.html#ndbcontent [eingesehen am 14.04.2019].
14 Vgl. Hans-Christian Lucas, Die Eine und oberste Synthesis. Zur Entstehung von Krauses System in Jena in Abhebung von Schelling und Hegel, in: Kodalle (Hg.), Karl Christian Friedrich Krause. Studien zu seiner Philosophie und zum Krausismo, S. 22–42, hier S. 28.
15 Stefan Groß, Unbekannte Thüringer Denker – Der Philosoph Karl Christian Friedrich Krause, in: tabularasa. Zeitung für Gesellschaft und Kultur, 17.03.2009, online einsehbar unter https://www.tabularasa

magazin.de/unbekannte-thringer-denker-der-philosoph-karl-christian-friedrich-krause/ [eingesehen am 14.04.2019].
16 Chmielorz.
17 Vgl. Meyers Konversations-Lexikon, 4. Aufl., Bd. 10: Königshofen-Luzon, Leipzig/Wien 1890, S. 167 ff., online einsehbar unter http://www.retrobibliothek.de/retrobib/seite.html?id=109801#Krause [eingesehen am 14.04.2019].
18 Vgl. Holz.
19 Mossdorf, S. 203.
20 URL: http://www.hermsdorf-regional.de/saale-holzland/personen/krause_cf.html [eingesehen am 14.04.2019].
21 Friedell, S. 1023.
22 URL: http://www.hermsdorf-regional.de/saale-holzland/personen/krause_cf.html [eingesehen am 14.04.2019].
23 Vgl. Jörg H. Lampe, »Freyheit und Ordnung«. Die Januarereignisse von 1831 und der Durchbruch zum Verfassungsstaat im Königreich Hannover, Hannover 2009, S. 293. Am Ende seiner Haftzeit nach der Revolution musste Plath das Haus sogar verkaufen. Vgl. Jörg H. Lampe, Einzelzellen und familiäre Katastrophen – die Untersuchungshaft der Göttinger und Osteroder »Aufrührer« von 1831 im Celler Zuchthaus (1831 bis 1836), in: Niedersächsisches Jahrbuch für Landesgeschichte, Bd. 82 (2010), S. 371–409, hier S. 395.
24 Vgl. Kodalle (Hg.), Karl Christian Friedrich Krause. Studien zu seiner Philosophie und zum Krausismo, S. 269.
25 Lampe, Die Schüler Karl Christian Friedrich Krauses, S. 60.
26 Ebd., S. 57.
27 Ebd., S. 58.
28 Kodalle, Karl Christian Friedrich Krause (1781–1832). Die paradox-absurde Existenz eines Philosophen, S. 266.
29 Vgl. Anja Stukenbrock, Sprachnationalismus. Sprachreflexion als Medium kollektiver Identitätsstiftung in Deutschland 1617–1945, Berlin 2005, S. 67.
30 Stukenbrock, S. 68
31 Karl Christian Friedrich Krause, Sprachwissenschaftliche Abhandlungen, hg. von Paul Hohfeld und August Wünsche, Leipzig 1901 (verfasst am 17. Dezember 1814), Vorrede.
32 Ebd., S. 1.
33 Alan Kirkness, Das Phänomen des Purismus in der Geschichte des Deutschen, in: Werner Besch et al. (Hg.), Sprachgeschichte. Ein Handbuch zur Geschichte der deutschen Sprache und ihrer Erforschung, 1. Teilbd., Berlin/New York 1998, S. 407–417, hier S. 410.
34 Stukenbrock, S. 241.
35 Vgl. Andreas Gardt, Die Sprachgesellschaften des 17. und 18. Jahrhunderts, in: Besch et al. (Hg.), Sprachgeschichte, S. 332–349, hier S. 338.
36 Vgl. ebd., S. 335.

37 Vgl. Joachim Gessinger, Berlinische Gesellschaft für deutsche Sprache [BGfdS], in: Uta Motschmann (Hg.), Handbuch der Berliner Vereine und Gesellschaften 1786–1815, Berlin 2015, S. 151 ff. Auch Leopold von Ranke gehörte der Gesellschaft zwischenzeitlich an. Alexander von Humboldt und die Gebrüder Grimm waren Ehrenmitglieder. Vgl. auch Hartmut Schmidt, Die Berlinische Gesellschaft für deutsche Sprache an der Schwelle der germanistischen Sprachwissenschaft, in: Zeitschrift für Germanistik, Bd. 3 (1983), S. 278–289.
38 Zit. nach Gessinger, S. 152.
39 Kirkness, S. 408.
40 Sprachwissenschaftliche Abhandlungen, S. 39 f., zit. nach: Erich Straßner, Deutsche Sprachkultur. Von der Barbarensprache zur Weltsprache, Tübingen 1995, S. 205.
41 Sprachwissenschaftliche Abhandlungen, S. 4.
42 Vgl. Siegfried Pflegerl, Lexikon der Begriffe der Wesenlehre Karl Christian Friedrich Krauses, Hamburg 2008, online einsehbar unter http://www.internetloge.de/krause/krause_lexikon_begriffe.pdf [eingesehen am 14.04.2019].
43 Siegfried Pflegerl, Der Philosoph Karl Christian Friedrich Krause. Krause und die Verständlichkeit seiner Werke, online einsehbar unter http://www.internetloge.de/krause/krspra.htm [eingesehen am 14.04.2019].
44 Straßner, S. 206.
45 Pflegerl, Lexikon, S. 133.
46 Zit. nach Pflegerl, Krause und die Verständlichkeit seiner Werke.
47 Thomas Neuner, Karl Krause (1781–1832) in der spanischsprachigen Welt: Spanien, Argentinien, Kuba, Leipzig 2004, S. 10.
48 Vgl. Chmielorz.
49 Kodalle (Hg.), Karl Christian Friedrich Krause. Studien zu seiner Philosophie und zum Krausismo, Vorwort VII.
50 Die Amtssprache. Verdeutschung von Fremdwörtern bei Gerichts- und Verwaltungsbehörden in der Bearbeitung von Karl Bruns, 3. Aufl., Münster 1987, Einleitung.
51 Vgl. Kirkness, S. 413.
52 Ebd., S. 414.
53 Das Wort ›Fremdwort‹ wurde dann durch Jean Paul im »Hesperus« (1819) verbreitet; zuvor waren meist zusammengesetzte Ausdrücke wie ausheimisches/ausländisches/fremdes Wort benutzt worden. Vgl. URL: http://www.internetloge.de/krause/krausismo.htm [eingesehen am 14.04.2019]. Vgl. außerdem C. J. Wells, Deutsch. Eine Sprachgeschichte bis 1945, Tübingen 1990, S. 421.
54 Friedrich Ludwig Jahn, zit. nach Stukenbrock, S. 248.

Der Staat als juristische Person
Eine verfassungsrechtliche Innovation
im Göttinger Symboljahr 1837

von Florian Finkbeiner und Julian Schenke

»Im Jahre 1837 entdeckte einer der Göttinger Sieben, der Staatsrechtslehrer Albrecht, daß der Staat eine Persönlichkeit ist.«[1] So beschreibt es nüchtern, aber doch bewundernd Carl Schmitt aus der Weimarer Retrospektive. Diese Erfindung sei, so Schmitt weiter, »keine mystische oder metaphysische Entdeckung« gewesen, »obwohl es mysteriös genug klingt, wenn man eine derartige These abstrakt hinstellt; es war nur der erste sichere Schritt, um den Monarchen zu depossedieren und ihm die Möglichkeit abzusprechen, seine Person mit dem Staat zu identifizieren.«[2] Auch aus der Sicht der heutigen Rechtswissenschaften erscheint die »Theorie der juristischen Persönlichkeit des Staates«[3] als eine richtungsweisende Leistung, ja als Kopernikanische Wende der deutschen Staatsrechtslehre.[4]

Insofern sind die wichtigsten Fakten schnell genannt: Wilhelm Eduard Albrecht, Staatsrechtler und Verfassungstheoretiker, Antreiber und Unterzeichner der mythenumwobenen Protestation der Göttinger Sieben im Symboljahr 1837 und liberaler politischer Aktivist, trug zur Herausbildung des modernen Rechtsstaats auf deutschem Boden bei. Doch wie so oft gibt es bei näherem Hinsehen mehr zu erzählen: Erstens verschwindet der bewegte Kontext einer sich rasch verändernden Gesellschaft im vorrevolutionären Deutschen Bund hinter einer für Nichtjuristen zunächst dröge erscheinenden Thematik. Zweitens ist man schlecht beraten, Albrecht als nationalliberalen Vorkämpfer einzustufen. Seine Geschichte und die seiner Erfindung sind auch ein kleines Lehrstück über das Vergessen historischer Zusammenhänge als Bestandteil von (Göttinger) Geschichtsbildern.

Die Erfindung: Albrecht und sein Entwurf

Beginnen wir klassisch: Geboren 1800 in Elbing (heute Elbląg), Königreich Preußen, und damit außerhalb der französischen Besatzung, studierte Albrecht in Königsberg und Göttingen. Mit 29 Jahren wurde er ordentlicher Professor für deutsches Recht in Königsberg, ab 1830 lehrte er in Göttingen. Mehrmals ist er den Göttinger Chroniken zufolge in jenen Jahren umgezogen.[5]

Wir dürfen einen jungen, preußisch-protestantisch sozialisierten und durchaus von sich und seiner intellektuellen Leistungsfähigkeit überzeugten Professor annehmen. Seine gesamte Biografie ist gekennzeichnet von der festen Loyalität zum Recht als konstitutionellem Prinzip, also der Verfassungsgebundenheit aller Staatsgewalt.[6] Bereits im Alter von 28 Jahren legte er sein Hauptwerk, »Die Gewere als Grundlage des ältern deutschen Sachenrechts«, vor, in welchem er das Ziel verfolgte, die deutsche Rechtsgeschichte als »zivilistisch« gleichwertig mit dem römischen Recht zu erweisen.[7] Argumentierte Albrecht hier noch eigentumsrechtlich – mit den »Geweren« bezeichnete man noch im frühen 19. Jahrhundert durch Volksgerichte geschützte Besitzverhältnisse, die Grundlage der Rechtspersönlichkeit von Individuen –, so setzte seine 1837 entworfene Lehre von der juristischen Staatspersönlichkeit an einem anderen Hebel der Verfassung an, der eine systematischere Begründung des Rechtsstaatsprinzips leisten sollte.

In einer zunächst unscheinbar anmutenden Rezension einer staatsrechtlichen Abhandlung Romeo Maurenbrechers, die im September 1837 in den *Göttingischen gelehrten Anzeigen* erschien, formulierte Albrecht diese Lehre erstmals.[8] Worum ging es hierbei? Maurenbrecher bekräftigte in seiner Abhandlung »Die Grundsätze des heutigen deutschen Staatsrechts« die Fürstensouveränität des Artikels 57 der Deutschen Bundesakte, um damit der ständischen Herrschaft neoabsolutistische Souveränität zu attestieren.[9] Albrecht scheint das reaktionäre Aroma dieser Schrift als willkommenen Anlass gesehen zu haben, seine eigene Lehre publikumswirksam zu platzieren: Die »Rezension« enthält genau genommen keine inhaltliche Auseinandersetzung mit Maurenbrecher, sondern nimmt dessen Traktat zum Anlass, um Albrechts »seit längerem entwickelte Staatskonzeption«[10] auszuführen.

Albrecht setzt sich hier mit dem Kampf zweier widerstreitender Grundideen im Staatsrecht seiner Zeit auseinander. Gegen die alte Auffassung des Patrimonialstaates (die das Staatsgebiet als Privateigentum des Herrschers begreift) spielt er seine neue Lehre aus, die vor allem die Bedeutung des Staatsgedankens im Verhältnis zu den Staatsdienern betont. Er formulierte: »Indem wir somit in Beziehung auf das erste Gebiet [den Staat, Anm. d. V.] dem Individuum alle selbständige juristische Persönlichkeit (das um seiner selbst willen Berechtigt-Seyn) absprechen, werden wir nothwendig dahin geführt, die Persönlichkeit, die in diesem Gebiete herrscht, handelt, Rechte hat, dem Staate selbst zuzuschreiben, diesen daher als juristische Person zu denken.«[11]

Der Staat selbst wird somit zum Rechtssubjekt unter anderen, d. h. mit den für solche Subjekte geltenden Rechten und Pflichten, der Monarch zum Staatsorgan – und zwar unter explizitem Ausschluss des menschlichen Würdenträgers. Die zugrunde liegende Absicht dieser Persönlichkeitslehre ist klar: An die Verfassung gebundene Fürsten und Könige sind keine ständischen Herren, keine Eigentümer des Landes mehr, sondern nur noch Eigentümer eines Herrschaftsrechts, mithin – ähnlich den Beamten – Staats*diener* im Namen des Gemeinwohls.[12] Der Spielraum von Herrschaft ist damit rechtlich beschränkt – was den Staat insgesamt bindet, vor allem aber den monarchischen und fürstlichen Amtsinhaber.[13] Insbesondere verliert der Monarch so die Fähigkeit, die bestehende Verfassung außer Kraft zu setzen.[14] Somit hatte Albrecht tatsächlich jenen Streich vollzogen, der ihm vorschwebte: Der Staat war zwar schon zuvor philosophisch als »ethische« Person den von ihm getrennten Individuen und ihrer Gesellschaft überstellt, um zu deren Wohl zu walten, wie etwa bei Hegel, der 1821 erstmals Staat und bürgerliche Gesellschaft als historisch auseinanderstrebende Sphären fasste.[15] Aber nun galt es, diese Konzeption auch juristisch zu fundieren.[16]

Dass uns Albrechts Erfindung wenig originell, ja selbstverständlich erscheint, ist dabei nachgerade Ausweis ihrer rich-

1489

Göttingische

gelehrte Anzeigen

unter der Aufsicht

der Königl. Gesellschaft der Wissenschaften.

150. 151. Stück.
Den 21. September 1837.

Frankfurt a. M.

Bey F. Varrentrap, 1837: Grundsätze des heutigen deutschen Staatsrechts, systematisch entwickelt von Dr Romeo Maurenbrecher, Prof. der Rechte zu Bonn.

Von den beiden Theilen des heutigen deutschen Staatsrechts, dem Bundesrechte und dem Landesstaatsrechte, ist bisher dem erstern verhältnißmäßig mehr, als den letztern, wissenschaftliche Pflege zu Theil geworden; ja man kann sagen, daß unter den Werken, die das Ganze dieses zweyten Theiles umfassen, die zweyte Abtheilung des Klüberschen öffentlichen Rechts des deutschen Bundes bisher die einzige namhafte literarische Erscheinung war, und dieser thut man wohl nicht Unrecht, wenn man behauptet, daß sie beynahe mehr staatswissenschaftlichen als eigentlich staatsrechtlichen Inhalts ist, und dabey mit einer Oberflächlichkeit verfährt, für die der, allerdings dankenswerthe, reiche literarische Apparat, den die Noten liefern, nicht als Ersatz

[113]

Die Titelseite von Albrechts Rezension über Maurenbrechers »Grundsätze des heutigen deutschen Staatsrechts«, erschienen 1837 in den *Göttingischen gelehrten Anzeigen*.

tungsweisenden Modernität: Ende des 19. Jahrhunderts wurde sie zur »zentralen Prämisse des Staatsrechts«.[17] Die Idee der juristischen Persönlichkeit des Staates, modifiziert durch die nachgeborenen Staatsrechtler Gerber, Laband und Jellinek, bestimmt unser Verständnis vom Rechtsstaat bis heute[18] – auch wenn eingewandt werden mag, dass diese Lehre zwar adäquater Ausdruck konstitutionell-monarchischer Verhältnisse sei, aber modernen demokratischen Verhältnissen kaum mehr entspreche.[19] Ein im Grunde partiell überholtes Relikt, eine Interimslehre, ein Übergangsdogma ist Albrechts Erfindung für uns heute sicherlich – doch offensichtlich auch bis heute eine leistungsfähige, somit veritable »staatsrechtliche Grundlage«.[20]

Von dieser schulbildenden Zukunft ahnten die skeptischen Zeitgenossen gleichwohl nichts.[21] Sie schenkten Albrechts Theorie zunächst wenig Aufmerksamkeit. Taten sie es doch, dominierte die Skepsis. Unsauber, ja fiktional – heute würden wir sagen: utopisch – erschienen die Vorstellungen Albrechts in den Augen von Romeo Maurenbrecher und Friedrich Julius Stahl; nur Wilhelm Roscher gestand ihnen Berechtigung im wissenschaftlichen Diskurs zu.[22] Gewiss: Vieles an der verhaltenen Rezeption ist dem Publikationszusammenhang zuzuschreiben.[23] Doch ein tiefer liegender Grund dürfte in der noch immer bestehenden Machtstellung der ständisch-monarchischen Ordnung und ihrer Eliten liegen: Es bedurfte der Ausweitung der nationalliberalen Massenbewegung in den 1840er Jahren und der gescheiterten Märzrevolution von 1848,[24] um Albrechts Theorie als zeitgemäße Antwort auf die verfassungsrechtlichen Grundfragen der konstitutionellen Monarchie erscheinen zu lassen.

Der stolze Autor aber fühlte sich – wie später noch oft – unverstanden: Er hielt seine Konzeption für schlicht à jour, an der Zeit, pointiere sie doch bloß einen Grundgedanken, den »jedermann« teilen müsse; im Grunde also gar nichts Neues, sondern nur eine Systematisierung verstreut bereitliegender und schon kursierender Ideen![25]

Aus dieser Perspektive ist wohl auch sein späteres politisches Engagement zu begreifen. Denn weder ist Albrecht vor 1837 politisch interessiert gewesen,[26] noch sind seine antreibende Rolle bei der Protestation der Göttinger Sieben oder seine Amtszeit als Abgeordneter in der Frankfurter Nationalversammlung 1848 als Ausfluss politischer Leidenschaften zu begreifen. Im Gegensatz zu den Nationalromantikern Jacob und Wilhelm Grimm unterschrieb er die Protestation zuvörderst aus Treue zum rationalen

Gestaltungsanspruch des Rechts – eine »innere Notwendigkeit« seines Verfassungsbegriffs.[27] Albrecht war also fraglos liberal, doch kein Gesinnungsgenosse der reüssierenden Nationalbewegung; wohl eher ein Aktivist wider Willen.

Mit Blick auf die bald folgenden zeitgenössischen Vereinnahmungsversuche und die heutigen Geschichtsbilder ist das durchaus lehrreich, sind wir es doch gewohnt, die Göttinger Sieben als vorbildliche und inbrünstige Phalanx einer liberal-aufgeklärten akademischen Intelligenz aufzufassen. Das mag ein kurzer Exkurs verdeutlichen.

Der Kontext: 1837 und die Göttinger Sieben

Der 1815 gegründete Deutsche Bund stand unter dem Eindruck der Französischen Revolution und der dort erwiesenen Möglichkeit breiter bürgerlicher Oppositionsbewegungen in Europa. Der Monarch, zuvor absolutistische Inkarnation des Staates, sah sich zunehmend von der Idee der Souveränität des Volkes bedrängt. Schon die Verfassungsstruktur war frühkonstitutionell-dualistisch: Zwar blieben Monarchen und Fürsten qua Verfassungsgrundsatz, dem Artikel 57 der Deutschen Bundesakte, nach traditionellem Prinzip Staatsoberhäupter und zentrale Staatsgewalt in allen Gliedstaaten des Deutschen Bundes.[28] Doch einen uneingeschränkten Souverän gab es hier schon nicht mehr: Die (bürgerliche) Bevölkerung hatte bereits weitreichende Mitwirkungsrechte an Gesetzgebung und Haushalt erstritten.

Der Geruch vorrevolutionärer Sammlung, der den politisch repressiven Jahren zwischen 1819 und 1848 ihren Namen gab, lag in der Luft. 1830 hatte es eine weitere Welle europäischer Revolutionen gegeben, erst in Frankreich, dann in Belgien und Polen; 1832 fand das öffentlichkeitswirksame Hambacher Fest statt. Die zeitgenössische Angst vor Umstürzlern führte zu den Karlsbader Beschlüssen, den preußischen Zensurgesetzen und damit auch zur wiederholten Zerschlagung (1819 und noch einmal 1833) der studentischen Burschenschaften, damals besonders aktive nationalliberale Vorkämpferorganisationen.[29] Das Herzogtum Braunschweig und das Königreich Hannover beispielsweise hatten bereits erbitterte Verfassungskonflikte zwischen Monarchisten und Konstitutionalisten erlebt.

Doch auf die Überholspur sollte der bürgerliche Emanzipationsimpuls hierzulande erst spät und dann auch nur unvollständig wechseln: Zwar hatte, pathetisch gesprochen, das Prinzip der Freiheit irreversibel Einzug gehalten in die Welt.[30] Bekanntlich aber misslang der Versuch, Deutschland zum liberalen Verfassungsstaat zu einigen; der Nationalstaat kam erst 1871 und in Gestalt des preußischen Erbkaisertums. Das deutsche Bürgertum, obwohl durch Vereine, Assoziationen, Zeitungen und andere Publikationsmedien gut vernetzt,[31] blieb hinsichtlich der politischen Interessenlagen zersplittert in bildungsbürgerliche Beamte, Wirtschaftsbürgertum und Stadtbürgertum – und viele von ihnen profitierten von der Kooperation mit staatlichen Institutionen.

Eine besondere Rolle nahm das gebildete Bürgertum ein. Zwar hatten die verbeamteten und angestellten Funktionseliten in den angewachsenen bürokratischen Apparaten Preußens und der deutschen Gliedstaaten erstmals ausreichend Gewicht und Einfluss, die aristokratisch-ständische Gesellschaft in Bedrängnis zu bringen. Leistung, durch Bildungszertifikate nachgewiesen, nicht mehr Herkunft oder Reichtum, sollte aus ihrer Sicht die führenden Positionen in Staat und Gesellschaft legitimieren.[32] Doch die deutschen Beamten und Professoren waren, von Ausnahmen abgesehen, keine prädestinierten Revolutionäre – und dies betrifft auch das damalige Göttingen, in dem Albrecht seine rechtswissenschaftlichen Vorlesungen hielt und in dem die Göttinger Sieben protestierten.

Das damals zum Königreich Hannover gehörige Göttingen befand sich 1837 mitten in dieser langen »Phase des Umbruchs« vom »fürstlich-patriarchalischen Staatswesen zum konstitutionellen Verfassungsstaat.«[33] Um eine kleine Universitätsstadt mit etwa 10.000 Einwohnern handelte es sich; von den universitären Strukturen war man ökonomisch wie kulturell abhängig.[34] Das politische Klima zu rekonstruieren, birgt allerdings Tücken: Gervinus, einer der Göttinger Sieben, beschreibt das städtische Klima bis etwa 1836 als ruhig, gemächlich und politisch überschaubar.[35] Auf der Landkarte politischer Unruhen hingegen taucht Göttingen nicht erst 1848 auf: Schon in den 1790er Jahren gebrauchten Studenten das Protestmittel des Auszugs; 1831 revoltierten die Privatdozenten angesichts magerer Berufsaussichten,[36] zufrieden gaben sie sich erst mit dem Staatsgrundgesetz von 1833.[37] Man wird also die lokale Mentalität jener Jahre – wie in allen kleineren Universitätsstädten – wohl als grundsätzlich liberal und burschenschaftlich, aber doch auch von einer arrivierten Hochschullehrerschaft geprägt beschreiben können.

Das Jahr 1837 nun, als der neue König von Hannover Ernst August I., der nach seinem Amtsantritt sogleich das vergleichsweise freiheitliche Staatsgrundgesetz,[38] jene »späte Nachwirkung der Julirevolution von 1830«[39], aufhob, und als die sogenannten Göttinger Sieben ihren Protest schriftlich festhielten, ist geradezu konstitutiv für die bildungsbürgerliche Patina Göttingens und seiner Universität. Verwundern sollte das auf den ersten Blick nicht: Die Protagonisten des Manifests setzten sich unter höchstem persönlichen Risiko für den Erhalt der Verfassung ein. Ihr Protestbrief hatte in der Tat etwas Heroisches, kostete sie alle vorübergehend Stellung und Rang, drei von ihnen zwang man gar ins Exil.

Dabei war die Protestation anfänglich gar nicht als öffentliches Manifest gedacht. Nach der Bekanntmachung der Verfassungsrevision mit einem Patent vom 1. November 1837 fanden sich allmählich die Professoren zusammen: Zu Beginn waren es vor allem der Historiker Friedrich Christoph Dahlmann, der 1833 am Verfassungsentwurf mitgewirkt hatte, die Brüder Grimm und Albrecht, später stießen Wilhelm Eduard Weber, Heinrich Ewald und Georg Gervinus hinzu.[40] Am 11. November traf sich die Runde dann in Albrechts Arbeitszimmer in der Weender Landstraße 8, um über eine mögliche Protestation zu beraten. Albrecht war es auch, der bei Dahlmann den Gedanken eines Protestbriefes anregte.[41] Nach mehreren Besprechungen schließlich setzte Dahlmann dann am 19. November die »Unterthänigste Vorstellung einiger Mitglieder der Landes-Universität, das Königliche Patent vom 01. November d. J. betreffend«, an das Universitätskuratorium in Hannover auf.[42]

Vor allem aber differenzieren die tatsächlichen politischen Nuancen das Bild einer freiheitlichen Akademikerschaft: Die

Göttinger Sieben exponierten sich 1837 explizit als »Konstitutionelle« im Sinne des Artikels 57; zu den »Hambachern«, also den radikalen Demokraten jener Tage, gehörten sie keineswegs.[43] Zudem zeigte sich sehr schnell, dass die anderen »fünfundzwanzig Göttinger Professoren«, von denen einige ihre prinzipielle Unterstützung versicherten, doch den Konflikt scheuten und ihre Unterschrift verweigerten.[44]

Die Ereignisse verselbstständigten sich: Liberale Studenten begannen noch in der Nacht, die Protestation zu kopieren und im gesamten deutschen Bundesgebiet zu verschicken.[45] Der Brief löste Bewunderung wie Empörung aus. Während die unter den Zensurmaßnahmen leidende frühliberale Presse versuchte, die Professoren für die nationale Bewegung zu vereinnahmen, wo sie konnte, dominierte in der Göttinger Bürgerschaft der Unmut: Man war besorgt um den Ruf der Universität und der Stadt, lud König Ernst August I. nach Göttingen ein. Dieser zeigte sich erfreut über den Einsatz der Bürgerschaft gegen die Göttinger Sieben, welche sich mittlerweile selbst an die Öffentlichkeit wandten. An seinen Staats- und Kabinettsminister Georg von Schele schrieb der König: »Hier habe ich die erfreuliche Nachricht eingezogen, dass die Göttinger Bürger die verbrecherische Handlung der Professoren verabscheuen.«[46] Am 11. Dezember 1837 unterschrieb er die Entlassungsurkunden der sieben Professoren.[47] Zwar erklärten noch am 13. Dezember sechs weitere Göttinger Professoren ihre Solidarität mit den Göttinger Sieben – doch diese Schützenhilfe kam zu spät.[48]

Das Prestige der Georgia Augusta war durch diese Vorkommnisse zunächst erheblich befleckt; erst später setzte jene Mythenbildung ein, die die »liebgewordene Vorstellung« der Göttinger Sieben als »Verkörperung der deutschen Universität par excellence«[49] etablierte. Selbst Rudolf Smend behauptete später, »[d]ie ganz überwiegende Mehrheit der Göttinger Universität« habe Ernst Augusts »Staatsstreich ablehnend gegenüber«[50] gestanden. Noch heute sind bisweilen jene Stimmen unverhältnismäßiger Idealisierung zu vernehmen, die den Mythos der Göttinger Sieben als Zeugnis wissenschaftlicher »Freiheit«[51] und »akademischen Stolzes«[52] anrufen.[53] Bekanntlich pflegt auch die Georgia Augusta dieses Gedenken durch eine von Günter Grass

Wilhelm Eduard Albrecht im Jahr 1848.

gestaltete Skulptur auf dem gleichnamigen Platz der Göttinger Sieben. Ein Geschichtsbild freilich, welches in den letzten Jahren durch neuere Forschungen Risse bekommen hat.[54]

Die Bedeutung

Was bleibt nach dieser Revision der Umstände von Albrechts Erfindung der juristischen Staatsperson? Man ist geneigt, Albrecht entweder als gescheiterten Strategen oder als zwischen die politischen Fronten geratenen Rationalisten aufzufassen. Einerseits muss es ihm 1837, ähnlich wie Dahlmann, um das eigene intellektuelle Vermächtnis gegangen sein. Unwahrscheinlich, dass er seine Unterschrift unter die Göttinger Protestation gesetzt hätte, hätte ihm der sich in diesen Jahren vollziehende Umschlag des Frühliberalismus (vom zuvor obrigkeitlich domestizierten bildungsbürgerlichen Projekt) hin zu einer modernen politischen Massenbewegung nicht klar vor Augen gestanden. Anderseits wirkt Albrecht wie hineingesogen in politische Auseinandersetzungen, in denen er nichts anderem als dem Pfad der Vernunft zu folgen glaubte. Zu seinen sporadischen Involviertheiten in politische Konflikte und parlamentarische Tätigkeiten 1848 und danach scheint er eher durch die Umstände genötigt gewesen zu sein; im Vordergrund stand für ihn offenbar stets die rechtswissenschaftliche Lehrtätigkeit.[55]

Dennoch ist Albrecht, den die Unterschrift von 1837 seine ordentliche Professur kostete und der erst 1840 in Leipzig wieder berufen wurde, immer wieder persönliche Risiken eingegangen. Ein prinzipienloser Opportunist war er, wenn auch eher konstitutioneller Monarchist als Radikaldemokrat, gewiss nicht: Wurde der einmal erreichte Stand der Verfassungsbindung staatlicher Herrschaft – oder mit dem Weimarer Staatsrechtler Hermann Heller gesprochen: der Fortschritt der modernen, rationalen »Herrschaft des Gesetzes«[56] – zurückgeworfen, gefährdete das die aus seiner Sicht zeitgemäße Ordnung. Dass Albrecht sich dabei immer und immer wieder missverstanden fühlte, bezeugt auch sein Überlaufen zur politischen Rechten nach 1848. Sein letztes Abgeordnetenamt in der Sächsischen Kammer erfüllte er lustlos, fühlte sich nicht sachverständig, warf schließlich hin.[57] Am 22. Mai 1876 starb Albrecht, der seit dem Tod seiner Frau weitgehend zurückgezogen von der Öffentlichkeit lebte, 76-jährig in Leipzig an den Folgen eines Schlaganfalls.

Tatsächlich ist es wohl keine Überzeichnung, Albrechts verfassungsrechtlicher Erfindung eine historische Schlüsselrolle zuzuerkennen, auch wenn sie erst posthum zu vollen Ehren kam. Auch die Verfassungskonflikte, darunter jener in Göttingen, veränderten langfristig die Legitimitätsanforderungen an die Verfassung: Zwar ging auf den ersten Blick der König als Sieger hervor, doch faktisch politisierte sich die Bevölkerung des Deutschen Bundes durch derartige Auseinandersetzungen. Dass »der Konstitutionalismus an Boden« gewann,[58] zeigte sich bereits am 6. August 1840 in einer neuen Hannoveraner Verfassung, welche bürgerliche Grundrechte verbriefte. Während der Märzrevolution 1848 trat Göttingen schließlich als Hochburg des nationalliberalen Protests hervor: Anders als 1837 zog die gesamte Universität allen staatlichen Drohgebärden zum Trotz aus und legte damit das dienstleistungsorientierte Leben der Stadt faktisch lahm – das brachte mit Heidelberg nur eine andere deutsche Universität fertig.[59] Staat und Fürsten wurden *de facto* zunehmend juristische Personen, die sich um politische Kompromisse bemühen mussten: Das monarchische Prinzip war seines absolutistischen Glanzes final verlustig gegangen.[60]

Somit erscheint Albrecht aus heutiger Sicht als intellektueller Wegbereiter des modernen Rechtsstaates und als Kirchenlehrer des deutschen Staatsrechts – jener akademischen Tradition, die Persönlichkeiten wie Hermann Heller oder eben Albrechts Lobredner Carl Schmitt, letzterer zugleich zynischer intellektueller Totengräber des Rechtsstaates, hervorbrachte.

Anmerkungen

1 Carl Schmitt, Hugo Preuss. Sein Staatsbegriff und seine Stellung in der deutschen Staatsrechtslehre, Tübingen 1930, S. 8.
2 Ebd.; siehe hierzu vor allem die ausführlichen Anmerkungen Schmitts über Albrechts Bedeutung in ebd., S. 27, Anm. 5.
3 Vgl. Henning Uhlenbrock, Der Staat als juristische Person. Dogmengeschichtliche Untersuchung zu einem Grundbegriff der deutschen Staatsrechtslehre, Berlin 2000, S. 39.
4 Vgl. ebd., S. 38 und die im Verlauf des zitierten Buches vorgestellten Adaptionsformen durch nachfolgende Staatsrechtler bzw. Juristen wie Carl Friedrich von Gerber, Paul Laband und Georg Jellinek.
5 Vgl. Walter Nissen/Siegfried Schütz, Göttinger Gedenktafeln. Ein biografischer Wegweiser, Göttingen 2016, S. 10; siehe auch Walter Nissen, Wilhelm Eduard Albrecht (1830–1837), in: Stadtarchiv Göttingen, Gedenktafeln, online einsehbar unter http://www.stadtarchiv.goettingen.de/frames/fr_personen.htm [eingesehen am 13.12.2018].
6 Der Titel der umfangreichsten Biografie Albrechts, der ihn als »Verfechter des Rechts« qualifiziert, zeigt das, wenn auch pathetisch, an, vgl. Anke Borsdorff, Wilhelm Eduard Albrecht. Lehrer und Verfechter des Rechts, Pfaffenweiler 1993, S. 234–259.
7 Vgl. ebd., S. 234–259, hier S. 234.

8 Vgl. Wilhelm Eduard Albrecht, Rezension über Maurenbrechers Grundsätze des heutigen deutschen Staatsrechts, in: Göttingische gelehrte Anzeigen (1837), S. 1489–1504 u. S. 1508–1515.
9 Vgl. Borsdorff, S. 294–320.
10 Gerhard Dilcher, Der Protest der Göttinger Sieben. Zur Rolle von Recht und Ethik, Politik und Geschichte im Hannoverschen Verfassungskonflikt, Hannover 1988, S. 10, Anm. 10.
11 Albrecht, S. 1492.
12 »Im Namen und Dienste des Staates« haben sie zu handeln, so Albrecht wörtlich in seiner Rezension (dort S. 1492). Siehe auch Uhlenbrock, S. 173: »Die rechtliche Bindung des Monarchen an die Verfassungsbestimmungen durch eine juristische Staatskonstruktion zu begründen, ist insofern der ursprüngliche Zweck der Persönlichkeitslehre.«
13 Ausführlicher zur staatsrechtlichen Bedeutung von Albrechts Idee vgl. Borsdorff, S. 295 ff.
14 »Vielmehr wurde durch die Lehre von der juristischen Staatsperson die Bindung des Monarchen an die Verfassung sowie die Verpflichtung der Beamten als Staatsdiener auf das Gemeinwohl widerspruchsfrei legitimiert und offengelegt.« (Uhlenbrock, S. 47)
15 »Die bürgerliche Gesellschaft ist die Differenz, welche zwischen die Familie und den Staat tritt, wenn auch die Ausbildung derselben später als die des Staates erfolgt; denn als die Differenz setzt sie den Staat voraus, den sie als Selbständiges vor sich haben muß, um zu bestehen. Die Schöpfung der bürgerlichen Gesellschaft gehört übrigens der modernen Welt an, welche alle Bestimmungen der Idee erst ihr Recht wiederfahren läßt.« (Georg Wilhelm Friedrich Hegel, Grundlinien der Philosophie des Rechts oder Naturrecht und Staatswissenschaft im Grundrisse [1821], Frankfurt am Main 1986, S. 339 [§ 182, Zusatz])
16 Vgl. Uhlenbrock, S. 43.
17 Ebd., S. 17.
18 Vgl. Borsdorff, S. 295.
19 Vgl. Uhlenbrock, S. 173.
20 Albrecht, S. 1496.
21 Zeigte sich doch erst später, dass der »Wert einer rechtswissenschaftlichen Theorie« daran zu bemessen ist, »ob sich mit ihrer Hilfe die praktischen Probleme und Widersprüche der Rechtswirklichkeit auflösen lassen, ohne zugleich den Boden des positiven Rechts zu verlassen und insofern freie Philosophie zu betreiben.« (Uhlenbrock, S. 52)
22 Vgl. ebd., S. 49–51.
23 Hierin kritisierte Albrecht seinen Kollegen Romeo Maurenbrecher. Vgl. ebd., S. 38.
24 Vgl. Wolfram Siemann, Die deutsche Revolution von 1848/49, Frankfurt am Main 1985.
25 So äußerte er, dass seine »Theorie bloß das juristische Gewand eines Gedankens ist, der als ethischer wohl von Jedermann zugegeben wird,

nämlich der Vorstellung von dem Berufe [!] des Monarchen für eine höhere, über ihm (dem Einzelnen) stehende Idee zu leben.« (Albrecht, S. 1513)
26 Vgl. Borsdorff, S. 77.
27 Ebd., S. 456.
28 »Da der Deutsche Bund, mit Ausnahme der freien Städte, aus souveränen Fürsten besteht, so muß dem hierdurch gegebenen Grundbegriff zufolge, die gesamte Staatsgewalt in dem Oberhaupte des Staats vereinigt bleiben, und der Souverän kann durch die landständische Verfassung nur in der Ausübung bestimmter Rechte an die Mitwirkung der Stände gebunden werden.« (zit. nach Uhlenbrock, S. 24)
29 Vgl. Konrad H. Jarausch, Deutsche Studenten 1800–1970, Frankfurt am Main 1984, S. 41 u. S. 43; ferner Friedrich Schulze/Paul Ssymank, Das deutsche Studententum von den ältesten Zeiten bis zur Gegenwart, München 1931, S. 234 f.
30 Vgl. Joachim Ritter, Hegel und die französische Revolution, Frankfurt am Main 1965.
31 Vgl. Thomas Nipperdey, Verein als soziale Struktur im späten 18. und frühen 19. Jahrhundert, in: Hartmut Boockmann et al. (Hg.), Geschichtswissenschaft und Vereinswesen im 19. Jahrhundert. Beiträge zur Geschichte historischer Forschung in Deutschland, Göttingen 1972, S. 1–44, hier insbesondere S. 29–34.
32 Vgl. Reinhart Koselleck, Preußen zwischen Reform und Revolution. Allgemeines Landrecht, Verwaltung und soziale Bewegung von 1791 bis 1848, Stuttgart 1967, S. 19.
33 Wolfgang Sellert, Die Aufhebung des Staatsgrundgesetzes und die Entlassung der Göttinger Sieben [1987], in: Edzard Blanke et al. (Hg.), Die Göttinger Sieben. Ansprachen und Reden anläßlich der 150. Wiederkehr ihrer Protestation, Göttingen 1988, S. 23–45, hier S. 38.
34 Vgl. Rüdiger vom Bruch, Die Universitäten in der Revolution 1848/49. Revolution ohne Universität – Universität ohne Revolution?, in: Wolfgang Hardtwig (Hg.), Revolution in Deutschland und Europa 1848/49, Göttingen 1998, S. 133–160, hier S. 143.
35 Vgl. Lars Geiges, Die Göttinger Sieben und der hannoversche Verfassungskonflikt 1837, in: Franz Walter/Teresa Nentwig (Hg.), Das gekränkte Gänseliesel. 250 Jahre Skandalgeschichten in Göttingen, Göttingen 2016, S. 65–81, hier S. 75.
36 Vgl. Siemann, S. 24–26.
37 Vgl. Bruch, S. 143.
38 Das Staatsgrundgesetz hatte dem Bürgertum und dem Bauernstand erstmals Zugang zur Ständeversammlung garantiert. Außerdem erhielt die Ständeversammlung zum ersten Mal ein Mitspracherecht im Haushaltsrecht. Der Göttinger Professor Dahlmann hatte ab 1831 selbst am Verfassungsentwurf mitgearbeitet, legte damals auch den ersten Verfassungsentwurf der Ständeversammlung vor. Vgl. Nicola Dis-

sen, Deutscher monarchischer Konstitutionalismus und verweigerte Rechtsentscheidungen. Das Beispiel der Verfassungskonflikte von 1830 und 1837 im Bereich des heutigen Niedersachsen, Baden-Baden 2015, S. 123.
39 Rudolf Smend, Die Göttinger Sieben. Rede zur Immatrikulationsfeier der Georgia Augusta zu Göttingen, am 24. Mai 1950, Göttingen 1951, S. 11.
40 Vgl. Borsdorff, S. 82f.
41 Vgl. ebd., S. 83.
42 Zit. nach Dissen, S. 186.
43 Vgl. Siemann, S. 99.
44 Rudolf von Thadden, Die Göttinger Sieben und der hannoversche Landtag, in: Blanke (Hg.), S. 85–101, hier S. 85. So bemerkt Jacob Grimm rückblickend: »Unter den Professoren thaten sich bald verschiedenartige Gruppen hervor, die Charactere, wie mein Bruder treffend bemerkte, fiengen an (in diesem Sturm) sich zu entblättern gleich den Bäumen des Herbstes bei einem Nachtfrost [...].« (Jacob Grimm, Jacob Grimm über seine Entlassung [1838], Göttingen 1985, S. 21)
45 Vgl. Borsdorff, S. 90.
46 Ernst August an Schele vom 28.11.1837, zit. nach Borsdorff, S. 103.
47 Vgl. ebd., S. 124.
48 Es handelte sich um Otfried Müller, Wilhelm Theodor Kraut, Heinrich Ritter, Johann Heinrich Thöl, Ernst von Leutsch und Friedrich Wilhelm Schneidewin.
49 Thadden, S. 85.
50 Smend, S. 13.
51 Ebd., S. 22.
52 Ebd., S. 16.
53 »So sind die Göttinger Sieben losgelöst von allen rechtlichen Verstrickungen zu einem Inbegriff und zeitlosen Symbol geworden: für Protest und Widerstandsrecht, für Verfassungstreue und Verfassungskampf, für Meinungs- und Gewissensfreiheit, für Eidestreue und Zivilcourage, für den politischen Professor und die Freiheit der Wissenschaft, für die Autonomie der Universitäten gegen staatliche Bevormundung, kurzum, sie stehen für den Sieg der Freiheit über die Unfreiheit.« (Sellert, S. 39)
54 So beispielsweise Miriam Saage-Maaß, Die Göttinger Sieben – demokratische Vorkämpfer oder nationale Helden? Zum Verhältnis von Geschichtsschreibung und Erinnerungskultur in der Rezeption des Hannoverschen Verfassungskonfliktes, Göttingen 2007, oder Klaus von See, Die Göttinger Sieben. Kritik einer Legende, Heidelberg 2000.
55 Im Jahre der Revolution 1848 wirkte er als Abgeordneter der moderat liberalen »Casino-Fraktion« in der Frankfurter Nationalversammlung als Repräsentant Oldenburgs und arbeitete am Entwurf des deutschen Reichsgrundgesetzes mit; danach, gemeinsam mit seinen Weg-

gefährten Dahlmann, Gervinus und Jacob Grimm, im sogenannten Siebzehnerausschuss. 1850/1851, als das Sächsische Staatsgrundgesetz aufgehoben und eine alte Verfassung von 1831 wiederhergestellt wurde, gehörte Albrecht zu den Protestierenden gegen diesen als Verfassungsbruch angeprangerten Akt und setzte sich für entlassene befreundete Professoren ein, die man für den Dresdener Maiaufstand verantwortlich machte. In seinem Ruhestand, ab 1869, wurde er zum lebenslänglichen Mitglied der Ersten Sächsischen Kammer ernannt, eine Tätigkeit, aus der er sich bald zurückzog. Vgl. Borsdorff, S. 165–190, die Albrecht mehr als einen Mitgerissenen denn als einen überzeugt Engagierten beschreibt.
56 Hermann Heller, Rechtsstaat oder Diktatur? Recht und Staat in Geschichte und Gegenwart. Eine Sammlung von Vorträgen und Schriften aus dem Gebiet der Gesamten Staatswissenschaften Nr. 68, Tübingen 1930, S. 5.
57 Vgl. Borsdorff, S. 185–190.
58 Dissen, S. 340.
59 Vgl. Bruch, S. 144.
60 Vgl. Ernst-Wolfgang Böckenförde, Der Verfassungstyp der deutschen konstitutionellen Monarchie im 19. Jahrhundert, in: ders. (Hg.), Moderne deutsche Verfassungsgeschichte (1815–1918), Köln 1972, S. 146–170, hier S. 150.

Große Entdeckungen und ihre Opfer
Auf der Suche nach dem nährenden Prinzip der Koka-Blätter

von Stine Marg und Michael Thiele

Die Göttinger Universität ist sehr stolz auf ihre Fakultät für Chemie. Immerhin war der Chemiker Otto Wallach im Jahr 1910 der erste Nobelpreisträger der Georgia Augusta. Weitere Vertreter dieses Faches sollten mit Walther Nernst (1920), Richard Zsigmondy (1925), Adolf Windaus (1928), Peter Debye (1936), Manfred Eigen (1967) und Stefan W. Hell (2014) folgen. Sie alle schrieben Kapitel der ruhmreichen Erzählung des »Göttinger Nobelpreiswunders«; eine weithin bekannte und beliebte Erzählung, während die Geschichten *hinter* diesem Siegeszug oftmals verborgen bleiben. Dass beispielsweise an der Georg-August-Universität im 19. Jahrhundert die Chemiker Friedrich Wöhler, Albert Niemann und Wilhelm Lossen die Grundlage dafür schufen, dass Kokain – *die* Droge der Boheme der Goldenen Zwanziger – für den Massenmarkt produziert werden konnte und Niemann, der als Entdecker dieser Base gilt, sich in einem Göttinger Universitätslabor offenbar mit einer Art »Senfgas« – das Gas, welches als »Lost« im Ersten Weltkrieg mit verheerender Wirkung eingesetzt wurde – kontaminiert hat, weshalb er im Alter von nur 27 Jahren verstarb, wird in der Stadt- und Universitätsgeschichte geflissentlich ausgelassen.

Die »Entdeckung« des Kokains, also die Entschlüsselung der einzelnen Stoffe aus den Kokablättern und ihre chemische Darstellung, fällt in die fabelhafte Aufbauphase der Chemie in Göttingen. Sie und ihre maßgeblichen Träger sind die Voraussetzung, um verstehen zu können, warum der 25-jährige Doktorand Albert Niemann als erster das reine Kokain in seiner kristallinen Form isolieren konnte. Während die historischen Wurzeln der Chemie im Altertum, der Metallurgie und auch in der Suche der Alchemisten nach dem »Stein der Weisen« liegen, sind die Arzneimittelherstellung sowie die Lehre von den Elementen und Stoffverbindungen, die später in der Atomtheorie mündeten, die Zweige, aus denen sich das Fach Chemie im 19. Jahrhundert entwickelte. In dieser Ausrichtung fungierte sie zunächst als eine Art Hilfswissenschaft der Medizin; die ersten Chemiker hatten eine medizinische Ausbildung oder waren Apotheker und Pharmazeuten. Es war deshalb durchaus üblich, dass Persönlichkeiten, die sich in der praktischen Herstellung von Medikamenten bewährt hatten – also Ärzte und Apotheker – Hochschullehrer für Chemie wurden. In Göttingen setzten sich maßgeblich Johann Friedrich Gmelin und Friedrich Strohmeyer für die Emanzipierung ihres Faches, mithin für seine Entfaltung hin zu einer modernen, ausdifferenzierten Wissenschaft mit eigenen Lehrstühlen ein, um die Chemie als eigenständiges Fach zu etablieren. Für Gmelin wurde 1783 in der Hospitalstraße das chemische Universitätsinstitut errichtet, dessen Unterrichts-Laboratorium von Strohmeyer als außerordentlichem Professor in Betrieb genommen wurde, sodass Göttingen seit 1805 als erste Universität in Deutschland eine Einrichtung besaß, in der moderne Analytische Chemie von den Studenten praktisch erlernt werden konnte.[1]

Strohmeyer, seit 1810 ordentlicher Professor, entdeckte in einer Zeit, als es für Chemiker noch viele Rätsel zu lüften gab, 1817 das Cadmium und beschrieb zahlreiche Minerale. Er bereitete schließlich den Boden für seinen Nachfolger Friedrich Wöhler, der 1836 einen Ruf nach Göttingen erhielt und unter dessen Ägide die Bestandteile der Kokablätter identifiziert wurden, was eine Voraussetzung für die Produktion von Kokain war. »Man war stolz darauf gewesen, daß dieser bedeutende Forscher […] an die Georgia Augusta gekommen war, und man war glücklich, daß der große Gelehrte, der bereits einen glanzvollen Namen hatte als Darsteller des Harnstoffes und Entdecker des Aluminiums, in Göttingen blieb. Er brachte hier die Chemie zu einer wissenschaftlichen Bedeutung, welche dem chemischen Institut zu einem internationalen Ruf verhalf«, wie Götz von Selle gravitätisch in seiner 200-jährigen Geschichte der Universität formulierte.[2] Dabei war es auf den ersten Blick alles andere als naheliegend, dass Wöhler nach Göttingen kommen würde: Schließlich war Leopold Gmelin, der Sohn von Johann Friedrich Gmelin, welcher in Heidelberg mit seinem Handbuch der theoretischen Chemie zu großem Ruhm gekommen war, eigentlich vor Wöhler die erste Wahl für den vakanten Lehrstuhl gewesen. Da Gmelin jedoch die Ruprecht-Karls-Universität nicht verlassen wollte und offenbar durch privatwirtschaftliche Unternehmungen örtlich gebunden war, zerschlugen sich die Verhandlungen. Und so ergab sich eine neue Kandidatenrunde für Besetzung des prestigeträchtigen Postens: Der Apotheker und in Berlin neu berufene Ordinarius für Chemie Heinrich Rose, der Physiker Heinrich Gustav Magnus, der aufgrund seiner Lehrmethoden und Entdeckungen weltweit bekannte Justus von Liebig und eben Wöhler. Auf besondere Empfehlung von Jöns Jakob Freiherr von Berzelius, Professor der Pharmazie und Medizin in Stockholm, der die Grundlage zu der heutigen quantitativen Analytischen Chemie legte und einer der Lehrer Wöhlers war, ging der Ruf 1836 schließlich an Wöhler.

Um den Lehrstuhl gleichsam aufzuwerten und das stiefmütterliche Verhältnis der Chemie als Hilfswissenschaft der Medizin zu beenden, schlug das Kuratorium in den Verhandlungen mit Wöhler vor, die Chemie in der Philosophischen Fakultät zu etablieren, was dieser allerdings entschieden ablehnte. So schrieb Wöhler: »Ich erkläre mich bereit, die Professur der Chemie und Pharmazie sowie die Direction des chemischen Laboratoriums an der Georg-Augustus-Universität zu übernehmen, indem ich mir zugleich erlaube, Euer Hochwohlgeboren gehorsamst bemerklich zu machen, daß die Versetzung der Professur der Chemie und Pharmazie aus der medicinischen in die philosophische Fakultät Übelstände mit sich bringen dürfte...«.[3] Wöhler begründete seine Position jedoch nicht etwa inhaltlich oder theoretisch, sondern – heute würde man sagen – aus wissenschaftspolitischen Erwägungen. Der ehrgeizige Chemiker fürchtete ohne die prüfungsrechtliche Einbindung der Mediziner einen unregelmäßigen Besuch seiner Vorlesungen, weniger Studierende und somit weniger begabte Nachwuchswissenschaftler für sein Labor.

Große Entdeckungen und ihre Opfer 95

Gruppenfoto der Arbeitsgruppe Wöhler 1856 in Göttingen (Personen größtenteils unbekannt, Niemann – von dem bisher kein Foto überliefert ist – ist wahrscheinlich nicht unter den Abgebildeten).

Wöhler, der am 31. Juli 1800 als Sohn eines Tierarztes in der Nähe von Frankfurt geboren wurde und u. a. in Heidelberg bei dem jungen Gmelin Chemie studiert hatte, war auch schon vor seinem Ruf nach Göttingen ein Mann der Praxis gewesen. Er hatte in Kassel an einer Höheren Schule für angewandte Wissenschaften (an der sogenannten Höheren Gewerbeschule bzw. polytechnischen Lehranstalt) unterrichtet und seine Position dazu genutzt, im Jahrhundert der Entdeckungen und Erfindungen seine Studenten zu einem »Forschungsstudium« anzuleiten, d. h. seine Schüler sollten nicht nur theoretisch in die Chemie eingeführt werden, sondern praktische Arbeitsschritte und Routinen im Labor erlernen – so wie Wöhler seinerzeit bei Berzelius in Stockholm. In der Tat: Obwohl sich Wöhler in späteren Jahren bei seinem Freund und Kollegen Justus von Liebig bitter darüber beklagte, dass er sich wie ein Pferd plage, ohne dass es ihm Vergnügen bereite, war seine Kraft für die experimentelle Ausbildung seiner Studierenden »aus purem Interesse für die Universität«[4] enorm: Rund 8.200 Studenten seien nach Göttingen gekommen, um bei Wöhler zu hören,[5] über achtzig Promotionen bei ihm abgelegt worden.[6]

Wöhler war selbst ein Mann des Labors. 1828 bekam er an der Berliner Gewerbeschule, wo er von 1825 bis 1831 lehrte, seine Professur dafür verliehen, dass er künstlichen Harnstoff herstellen konnte (Harnstoffsynthese), der identisch ist mit dem »Pisse-Harnstoff« – wie Wöhler in einem Brief an Berzelius nach Stockholm vermeldete.[7] Und natürlich profitierte Wöhler selbst davon, begabte Köpfe anzuziehen und diese in einem hervorragend ausgestatteten Labor nach seiner Anweisung experimentieren zu lassen. »Mit Wöhler hatte Göttingen einen hohen Rang als Standort eines der besten Unterrichtslaboratorien der Chemie auf dem Kontinent.«[8] Während noch in den 1840er Jahren rund fünfzig Chemie-Praktikanten unter dem »unermüdlichen Forscher« mit »meisterhaft experimentelle[m] Geschick« arbeiteten,[9] waren es in den 1850er Jahren bereits hundert junge Männer. Die Anfänger arbeiteten in dem älteren, von Gmelin und Strohmeyer eingerichteten Laboratorium unter der Aufsicht des ersten Assistenten und die Fortgeschrittenen experimentierten in dem seit 1842 neuen Laboratorium im Anbau unter der Aufsicht von Wöhler und seinem Privatassistenten, der ab 1844 auch planmäßig durch die Universität finanziert wurde. Unter Wöhlers begabten Studenten war auch Albert Niemann. Wöhler war offenbar erstmals in der Göttinger Ratsapotheke auf den jungen Apotheker aufmerksam geworden. Denn an den chemischen Lehrstuhl in Göttingen war die Inspektion der Apotheken des Königreichs Hannover gebunden, eine für Wöhler lästige Aufgabe, von der er sich trotz hartnäckiger Bemühungen in seinen Berufungsverhandlungen nicht befreien lassen konnte.

Albert Niemann wurde als jüngstes Kind des Lehrers Christoph Gotthilf Carl Niemann und seiner Frau Caroline am 20. Mai 1834 in Goslar geboren.[10] Er wuchs unter fünf Brüdern und einer Schwester auf und besuchte seit seinem sechsten Lebensjahr das von seinem Vater geleitete Gymnasium ohne Oberstufe, das sogenannte Progymnasium, in Goslar. Niemann beendete nach acht Jahren die Schulausbildung und begann im Januar 1848 in der ältesten Apotheke Deutschlands eine Ausbildung. Der Apothekerverordnung des Königreichs Hannover zur Folge musste er dafür mindestens das 14. Lebensjahr vollendet haben, eine leserliche Handschrift vorweisen und einfache Rechenaufgaben bewältigen können, sowie über so viel Lateinkenntnisse verfügen, dass er leichte Satzkonstruktion übersetzen könne. Um die fünfjährige Ausbildung, die bei besonderen Fähigkeiten um ein Jahr verkürzt werden konnte, anzutreten, musste Niemann überdies vor dem Stadtphysikus, Dr. Ruhstrat, und dem Apotheker, Dr. Jordan, gute Sitten und einen gesunden Körperbau unter Beweis stellen.[11]

Zusätzlich zu seiner Ausbildung in der Rats-Apotheke schrieb Niemann sich im Sommersemester 1852 in Göttingen für Pharmazie ein und besuchte bereits das Praktikum der Analytischen Chemie bei Wöhler. Von Herbst 1853 bis April 1858 unterbrach Niemann sein Studium, um seine Apothekerprüfung abzuschließen, da dies voraussetzte, mindestens vier Jahre als Geselle in anderen Apotheken beschäftig gewesen und mindestens 25 Jahre alt zu sein. Zurück in Göttingen erhielt er, der mit seinen »bisher erbrachten Leistungen« und »seinem Ehrgeiz […] vermutlich einen guten Eindruck« bei Wöhler hinterlassen habe, im Sommer 1858 offenbar erste Arbeitsaufträge von seinem Laborleiter.[12] Wöhler hatte, wie andere Kollegen auch, Versuche darüber angestellt, wie sich Elaylgas zu Chlorschwefel – heute würde man sagen: Ethen zu Schwefeldichlorid – verhält; es ging dabei wohl darum, wie Säuren hergestellt – fachlich: dargestellt – werden können. Niemann sollte dazu weiterarbeiten und publizierte bereits 1860 darüber. Während der Professor der Physik an der Sorbonne und Mitglied der Akademie der Wissenschaften zu Paris, César-Mansuète Despretz, das Ergebnis von Niemanns Experimenten als »übelriechende zähe Flüssigkeit, die weniger flüchtig als Wasser und schwierig verbrennbar« sei, beschrieb, habe Wöhler selbst wohl beobachtet, dass »der Halbchlorschwefel durch das Einleiten dieses Gases keine Veränderung erleidet.«[13] Niemann stellte in seiner Veröffentlichung ausführlich die experimentelle Anordnung dar und gab schließlich der Beobachtung seines Professors recht. Despretz habe »wahrscheinlich sehr feuchtes Elaylgas, oder keine trockenen Apparate angewandt«. Das Resultat des Experiments war schließlich ein dünnflüssiges Öl, dessen »charakteristischste Eigenschaft« von Niemann als äußerst gefährlich geschildert wurde: »Sie besteht darin, dass selbst die geringste Spur, die zufällig auf irgend eine Stelle der Haut kommt, anfangs zwar keinen Schmerz hervorruft, nach Verlauf einiger Stunden aber eine Röthung derselben bewirkt und bis zum folgenden Tage eine Brandblase hervorbringt, die sehr lange eitert und außerordentlich schwer heilt, unter Hinterlassung starker Narben, – eine Wirkung, welche dieser Körper auf gleiche Weise bei verschiedenen Individuen hervorbrachte.«[14] Niemann war einem Stoff auf der Spur, der heute Dichlordiäthylsulfid genannt wird und seit dem Ersten Weltkrieg landläufig als »Lost« oder auch »Senfgas« bekannt und folgenschwer eingesetzt wurde.

Weil Niemann sich mit seinen Experimenten und Beobachtungen bewährt hatte, übertrug Wöhler ihm sogleich eine weitere Aufgabe, an der zahlreiche Chemiker der Zeit tüftelten. Aus den Reiseberichten spanischer Priester und Konquistadoren aus Südamerika hatte man seit dem 16. Jahrhundert auch in Europa von der Wirkung des Kokablatt-Kauens gehört. Durch das beständige Vermischen der frischen Blätter mit Speichel, verspürte die indigene Bevölkerung der Anden, der Heimat des Kokastrauches, weder Hunger noch Durst und erlangte stattdessen große Kraft und Ausdauer. Diesem Geheimnis der leistungssteigernden Wirkung der Kokapflanze wollten zahlreiche Wissenschaftler auf den Grund gehen, sicher auch, um den Effekt zu reproduzieren. Große Verbreitung fanden schließlich die Schilderungen des deutschen Arztes Eduard Friedrich Poeppig aus dem Jahr 1835, der ausführte, wie der »gewohnte Trübsinn« von den kokakauenden Peruanern weiche und deren »schlaffe Phantasie« erfreue. Poeppig machte allerdings gleichzeitig auf die von ihm diagnostizierte Gefahr der Blätter aufmerksam. Der Kokakauer werde zum »Sklave seiner Leidenschaft, mehr noch als der Trinker, und setzt sich des Genusses wegen weit größeren Gefahren aus als dieser«[15]. Neben Poeppigs Berichten war Wöhler auch von den Beschreibungen des Schweizer Naturforschers Johann Jakob von Tschudi aus dem Jahr 1846 begeistert. Tschudi schrieb, dass durch das Kokakauen die »aufgeregte Phantasie die wunderbarsten Visionen« empfange und dass die Blätter wie ein narkotisches Mittel wirkten. Im Gegensatz zu Poeppig hielt Tschudi die Kokablätter keinesfalls für schädlich. Da die Indios ein hohes Alter erreichten sowie über große Ausdauer und Leistungsfähigkeit verfügten, müssten die Blätter ein »nährendes Prinzip« enthalten.[16]

Und genau diese Identifizierung und später auch künstliche Herstellung des aufbauenden Stoffes war Wöhlers Ziel. Dafür brauchte man jedoch eine hinreichende Menge frischer Blätter. Wöhler nutzte sogleich seine internationalen Kontakte und gab der einzigen österreichischen Weltumseglungsexpedition der Novara Fregatte einen Auftrag mit: »Schon vor meiner Abreise von Europa hatte einer unserer berühmtesten deutschen Chemiker, Obermedizinalrath Wöhler in Göttingen, den Wunsch ausgesprochen, durch den Besitz einer größeren Quantität von Cocablättern in die Lage gesetzt zu werden, die chemischen Bestandtheile dieser höchst merkwürdigen Pflanze genauer als dies bisher geschehen, untersuchen zu können […] wenngleich die wunderbar stimulierenden Eigenschaften der Coca bereits seit mehr als einem halben Jahrhundert die Aufmerksamkeit europäischer Reisender auf sich gezogen haben, so sind doch die Blätter dieser Pflanze […] bisher nur in sehr kleiner Menge nach Europa gebracht worden […] einem Mitgliede der Novara-Expedition blieb die Freude vorbehalten, die erste größere Quantität von ungefähr 60 Pfund der Deutschen Wissenschaft zur Verfügung stellen zu können. Die Hälfte dieser Menge brachte ich selbst mit nach Europa, die andere Hälfte wurde mir später durch die besondere Güte von zwei in Lima ansässigen befreundeten Deutschen […] zugesandt.«[17]

Im September 1859 traf die erste Ladung der Koka-Blätter in Göttingen ein und so konnte Wöhler freudig an seinen Freund Justus von Liebig nach München berichten: »Ich lasse jetzt eine Untersuchung der berühmte Coca vornehmen, von der Tschudi so fabelhafte Dinge erzählt. Ich habe eine ganze Kiste voll erhalten, die auf meine Veranlassung Scherzer mit der Novara mitgebracht hat, ich lege dir einige Blätter zu den Cigarren.«[18] Wöhler vergab die Isolierung des Kokains, dem berauschenden Stoff aus den Koka-Blättern, als Dissertationsthema an den jungen Albert Niemann, der sich durch seine Experimente mit der senfgasähnlichen Substanz bewährt hatte. Er sollte versuchen, die »physiologisch wirksame Base in den Blättern«[19] zu identifizieren, also chemisch korrekt zu bestimmen, was die vitalisierende Wirkung der Blätter verursacht, um in einem zweiten Schritt diesen Stoff selbst herstellen zu können.

In dem Vorwort seiner im Jahr 1860 erschienenen Dissertation (zur Erlangung der Doktorwürde an der Philosophischen Fakultät – schließlich blieb nur Wöhler das Privileg der Zugehörigkeit zur philosophischen *und* medizinischen Fakultät vorbehalten, während sich seine Schüler an der philosophischen Fakultät promovierten und habilitierten) schrieb Niemann: »Ich war daher hoch erfreut, als mich Herr O. Med. Rath Wöhler zu dieser Untersuchung aufforderte und mir dazu eine reichliche Menge echter, unverdorbener Cocablätter zur Verfügung stellte, die auf seinen Wunsch unter gütiger Vermittlung des Directors der geologischen Reichsanstalt in Wien, Herrn Hofrath W. Haidinger, Herr Dr. Scherzer auf der Weltfahrt der K. K. österreichischen Fregatte Novara in Lima anzuschaffen und nach Europa mitzubringen die grosse Gefälligkeit hatte.«

Wöhler nahm regen Anteil an dem Verlauf der Experimente, die er Niemann übertragen hatte. So schrieb er im Februar wieder an von Liebig: »Ich weiß nicht, ob ich Dir gesagt habe, dass in der Coca eine dem Antropin ähnliche Base enthalten ist. Ihr Gold-Doppelchlorid giebt [sic!] beim Erhitzen viel Benzoelsäure.«[20] Zu diesem Zeitpunkt arbeitet Wöhler bereits an der ersten Veröffentlichung über die Ergebnisse von Niemanns Arbeit. In den »Nachrichten von der Georg-August-Universität und der Königl. Gesellschaft der Wissenschaften zu Göttingen« vom 21. März 1860 veröffentlichte Wöhler die Erkenntnisse seines »zweiten Gehilfen«[21], noch bevor dessen Dissertation gedruckt vorlag.[22] Aber offenbar war noch nicht alle Arbeit getan. Auch im Mai 1861 berichtet Wöhler an Liebig über weitere Versuche mit den Kokablättern und dass er aufgrund der geringen Menge »Coca«, die aus den Blättern extrahiert werden konnte, leider noch nicht die »physiologische Wirkung der Base« zu erforschen imstande sei.[23] Im Dezember 1861 schreibt Wöhler: »Habe ich Dir gesagt, dass das Cocain durch Kochen mit Salzsäure in Benzoelsäure und eine neue Base zerfällt?«[24] Woran der Professor in seiner Gier nach Erkenntnis jedoch keinen Anteil nahm, war das Schicksal seines Doktoranden. Niemann gelang es noch gerade so in der ersten Jahreshälfte 1860 seine Dissertationsschrift abzuschließen, bevor er sich schwerkrank in sein Elternhaus in Goslar zurückziehen musste, wo er am 19. Januar 1861 verstarb. Die Todesursache im Goslarer Sterberegister ist mit »Lungenvereiterung« angegeben,[25] es ist jedoch anzunehmen, dass er tödliche Dosen des Gases eingeatmet hat, dass bei seinen Versuchen von Ethen und Schwefeldichlorid im Wöhler'schen Labor entstanden ist. Während er auf der Jagd nach einem leistungssteigernden Stoff war, verfiel Niemanns Körper aufgrund der zuvor zugezogenen Vergiftung mit Senfgas.

Ein Blick in die Geschichte der Naturwissenschaften zeigt, dass derartige Laborunfälle auf der Suche nach Erkenntnis keinesfalls Ausnahmen waren. Robert Wilhelm Bunsen verlor beispielsweise die Sehkraft seines rechten Auges, auch die schädlichen Auswirkungen der ionisierenden Strahlung auf Marie Curie sind bekannt. Doch sollte es heutzutage mit dem Wissen der Gegenwart an einer Universität möglich sein, den Geschichten über die Entdeckungen, Nobelpreiswunder und herausragenden Leistungen der ordentlichen Professoren gleichfalls die Perspektive ihrer Assistenten, Probanden oder Opfer hinzuzufügen.

Aus heutiger Sicht ist gleichsam zweierlei bemerkenswert: Wöhler war von 1836 bis 1880 der Direktor des allgemeinen chemischen Laboratoriums, dass nach seinen Wünschen mit der modernsten Ausstattung in den Jahren 1842 und 1860 zwei Mal erweitert wurde. Der Professor konnte mit seinem unermüdlichen Fleiß, seinem außerordentlichen Geschick im Labor und seinem Talent als akademischer Lehrer, der Begeisterung und Kraftanstrengung der Studierenden wecken konnte,[26] nur deshalb so nachhaltig die Entwicklung der Chemie beeinflussen, weil ihm die Universität die nötigen Rahmenbedingungen dafür zur Verfügung stellte. Und es war nicht der Rückzug der Wissenschaft in den berühmten Elfenbeinturm, sondern die enge Verbindung zwischen praktisch-angewandter Forschung und der Göttinger Stadtgesellschaft, genauer der altehrwürdigen Göttinger Rats-Apotheke, die sich die begabtesten Anwärter auf eine Lehrlingsstelle aussuchen konnte, die hier befruchtend wirkte.

Der gelernte Apotheker und an der Universität promovierte Dr. phil. Albert Niemann konnte seine Arbeiten über die chemischen Bestandteile der Kokablätter nicht abschließen. Die Aufgabe übertrug Wöhler nach Niemanns Tod Wilhelm Lossen, dem die zweite Hälfte der Koka-Blätter von der Novara-Expedition zur Verfügung stand und der ein sparsameres Verfahren zur Gewinnung des rohen Kokains aus den Blättern entwickelte, das sich für eine kommerzielle Gewinnung besser eignete. Dessen genaue Beschreibung und die Korrektur der von Niemann entwickelten Summenformel des Kokains publizierte Lossen 1862 in seiner Dissertationsschrift. Im selben Jahr begann die Firma Merck ihre kommerzielle Produktion von Kokain – und machte damit eine aus der Symbiose von Praxis und Wissenschaft in Göttingen gewonnene Droge gesellschaftsfähig.

Anmerkungen

1 Vgl. Günther Beer, Die Geschichte der chemischen Institute der Fakultät für Chemie der Georg-August-Universität Göttingen, Fassung für den Evaluationsbericht 1996, online einsehbar unter http://www.museum.chemie.uni-goettingen.de/historie.htm [eingesehen am 28.01.2019].
2 Götz von Selle, Universität Göttingen. Wesen und Geschichte, Göttingen 1953, S. 110.
3 Wöhler zit. in: Johannes Valentin, Friedrich Wöhler, Stuttgart 1949, S. 82.
4 Friedrich Wöhler an Justus Liebig, 27.04.1860, in: Wilhelm Lewicki (Hg.), Wöhler und Liebig. Briefe von 1829–1873, Göttingen 1982, S. 87f., hier S. 87.
5 Vgl. Günther Meinhardt, Die Universität Göttingen. Ihre Entwicklung und Geschichte von 1734–1974, Göttingen 1977, S. 59.
6 Vgl. Georg Schwedt, Der Chemiker Friedrich Wöhler (1800–1882). Eine biographische Spurensuche: Frankfurt am Main, Marburg und Heidelberg, Stockholm, Berlin und Kassel, Göttingen, Seesen 2000, S. 81.
7 Wöhler an Berzelius, 22.02.1828, in: Otto Wallach (Hg.), Briefwechsel zwischen J. Berzelius und F. Wöhler, mit Kommentar von J. von Braun, Leipzig 1901.
8 Beer.

9 Zur Charakterisierung von Wöhler vgl. Valentin, S. 83.
10 Vgl. zu Niemann im Folgenden: Thomas Riedl, Albert Niemann und die Kokainforschung in Göttingen, Göttingen 1989, S. 37–54.
11 Vgl. ebd., S. 41.
12 Ebd., S. 51.
13 Albert Niemann, Ueber die Einwirkung des braunen Chlorschwefels auf Elaylgas, in: European Journal of Organic Chemistry, Jg. 28 (1860), H. 3, S. 288–292, hier S. 288.
14 Ebd., S. 292.
15 Zit. nach Riedl, S. 14.
16 Ebd., S. 18.
17 (Karl von Scherzer), Die Reise der Oesterreichischen Fregatte Novara um die Erde in den Jahren 1857, 1858, 1859 unter den Befehlen des Commodore B. von Wüllerstorf-Urbair, Beschreibender Theil 3. Bd., Wien 1862, S. 348.
18 Friedrich Wöhler an Justus Liebig, Oktober 1959, in: Briefwechsel, S. 73.
19 Andreas Hentschel, Vor 150 Jahren starb der Entdecker des Cocains, in: Deutsche Apotheker Zeitung, H. 5/2011, S. 98.
20 Friedrich Wöhler an Justus Liebig, 09.02.1860, in: Briefe, S. 85.
21 Riedl, S. 72.
22 Hentschel.
23 Friedrich Wöhler an Justus Liebig, 31.05.1861, in: Briefe, S. 104.
24 Friedrich Wöhler an Justus Liebig, Dezember 1861, in: Briefe, S. 108.
25 Nach Riedl, S. 54.
26 Vgl. hierzu die Ausführungen des ehemaligen Wöhler-Schülers A. W. Hofmann in: Schwedt, S. 81.

Der Jurist als Gesetzgeber
Gottlieb Planck und das Bürgerliche Gesetzbuch

von Danny Michelsen

Der Göttinger Jurist Gottlieb Planck (1824–1910) wird heute oft als »›Vater‹ des Bürgerlichen Gesetzbuchs« (BGB) bezeichnet[1] – nicht nur, weil ihm in der zweiten BGB-Kommission, die den zweiten und abschließenden dritten Entwurf des Gesetzeswerkes erarbeitete, als Generalreferent die »absolute Führungsrolle« zukam,[2] sondern auch, weil unter seiner Leitung und Mitarbeit der erste umfassende Kommentar zum BGB entstanden ist.[3] Planck, der in Göttingen geboren wurde, an der Georgia Augusta studierte und später als Honorarprofessor an der dortigen Juristischen Fakultät lehrte, hat daher nicht nur den Text des BGB selbst, sondern auch dessen Deutung und praktische Anwendung durch Richter und Behörden entscheidend geprägt.

Dennoch mag diese Zuschreibung einer »Vaterrolle« insofern übertrieben erscheinen, als es sich bei dem BGB selbstverständlich um ein Gemeinschaftswerk handelt, an dessen Erarbeitung vor allem juristische Praktiker, aber auch Politiker der im Reichstag vertretenen Parteien beteiligt waren.[4] Auch Planck selbst war vor seiner Berufung in die erste Kommission zur Erarbeitung des BGB im Jahr 1874 nicht an der Universität, sondern als Richter in Celle tätig. Zunächst war seine Karriere im Staatsdienst des Königreichs Hannover nach dem Studium in Göttingen und Berlin sehr schleppend verlaufen, da er aufgrund seiner nationalliberalen Überzeugungen mehrfach strafversetzt worden und vier Jahre lang, von 1859 bis 1863, gar ohne jedes Amt geblieben war, weil ihn der Staat Hannover nicht weiter als Richter beschäftigen wollte.[5] Doch seit Mitte der 1860er Jahre erwarb sich Planck schließlich den Ruf eines hervorragenden Juristen, der sich für jene vielfältigen Gesetzgebungsaufgaben empfahl, die nach der Reichsgründung 1871 anstanden.

Anfangs war die zivilrechtliche Gesetzgebungskompetenz des Reiches zunächst auf überschaubare Teilbereiche wie das Schuldrecht sowie das Handels- und Wechselrecht beschränkt. Durch eine Änderung der Reichsverfassung, die sogenannte Lex Miquel-Lasker, wurde die gemeinsame Gesetzgebung im Jahr 1873 jedoch auf »das gesamte bürgerliche Recht« ausgedehnt.[6] Daraus ergab sich die heikle Aufgabe, den bis dato bestehenden deutschen Rechtspluralismus, der aus der Existenz unterschiedlicher privatrechtlicher Standards resultierte, durch die Ausarbeitung eines einheitlichen Regelwerkes zu ersetzen. Planck und die anderen Mitglieder der 1874 zusammengetretenen ersten BGB-Kommission mussten daher aus der Fülle der diversen Rechtsmaterien das »allen Rechten Gemeinsame« herausfiltern.[7]

Planck war in der ersten BGB-Kommission als Redakteur für das Familienrecht tätig. Die Arbeit an dem BGB-Entwurf zog sich 13 Jahre, bis 1887, hin. Ein Jahr später wurde der Entwurf veröffentlicht. Planck, der während dieser Zeit in Berlin gelebt hatte, zog nach dem Abschluss der Arbeit in seine Heimatstadt Göttingen zurück, wo er im Juli 1889 zum »ordentlichen Honorarprofessor« an der Juristischen Fakultät berufen wurde.[8] Zu diesem Zeitpunkt war er bereits 65 Jahre alt und vollständig erblindet. Bei Planck war Mitte der 1860er Jahre eine Degeneration der Netzhaut diagnostiziert worden, die zu einer zunehmenden Sehschwäche und bis 1873 schließlich zu einem völligen Verlust der Sehkraft führte.[9] Dass Planck trotz dieser schweren Behinderung ein Jahr später in die erste Kommission zur Erarbeitung des BGB berufen wurde, zeigt, was für ein ausgezeichneter Ruf ihm als Juristen seinerzeit vorauseilte.

Als Wissenschaftler widmete sich Planck primär der Kommentierung des BGB-Entwurfs und dessen Verteidigung gegenüber kritischen Stimmen aus der juristischen Fachwelt. Denn der Entwurf war schon kurz nach seiner Veröffentlichung aus allen möglichen Richtungen attackiert worden. Besonders wirkmächtig waren seinerzeit die Kritik Otto von Gierkes und Anton Mengers an dem aus ihrer Sicht allzu individualistischen, unsozialen Charakter des Entwurfs. Menger, der wohl wichtigste sozialistische Rechtstheoretiker des 19. Jahrhunderts, warf Planck und den anderen Legislatoren der ersten Kommission

Titelbild des von Gottlieb Planck verfassten BGB-Kommentars, hier der erste Band in der 3. Auflage von 1903.

vor, die Arbeiterschicht allein schon dadurch zu benachteiligen, dass sie einen für privatrechtliche Statuten üblichen rein »formalistischen Standpunkt« einnahmen, wonach »für Reich und Arm dieselben Rechtsregeln auf[zu]stell[en]« sind, »während die völlig verschiedene soziale Lage beider auch eine verschiedene Behandlung erheischt«.[10] Vor allem aber bemängelte Menger das mangelnde »schöpferische« und erzieherische Potential des neuen Gesetzeswerkes:[11] Aus seiner Sicht sollte sich der ideale Gesetzgeber »als Erzieher seiner Nation fühlen«.[12] Die Arbeit der BGB-Kommission habe sich jedoch darauf beschränkt, aus dem Mosaik der bestehenden Partikulargesetze deutscher Bundesstaaten einen Kompromiss zu fertigen, der den sozioökonomischen Veränderungen, die die industrielle Revolution mit sich bringe, nicht gerecht werde und damit noch hinter die Bismarck'sche Sozialgesetzgebung zurückfalle. Dieser Vorwurf sollte auch die spätere Rezeption des BGB im Laufe des 20. Jahrhunderts bestimmen. So bemerkte der Göttinger Rechtshistoriker Franz Wieacker in seinem erstmals 1952 erschienenen Standardwerk zur Geschichte des Privatrechts, dass das BGB »als fachjuristische Leistung [...] ein Meisterwerk« und seinerzeit als das »fortgeschrittenste Gesetzbuch der Welt begrüßt« worden sei; es sei jedoch überwiegend Ausdruck eines konservativen Liberalismus, der »in Wahrheit einen vollen Sieg über den alten Obrigkeitsstaat nicht errungen hatte«.[13]

Planck nahm den Vorwurf der mangelnden Originalität und Fortschrittlichkeit des BGB-Entwurfs jedoch gelassen hin, da er als Vertreter der historischen Rechtsschule die Ansicht vertrat, dass die Aufgabe des Gesetzgebers – zumal wenn dieser in Form einer Kommission juristischer Experten auftritt – nicht darin besteht, das Volk zu erziehen. Nicht so sehr die Schöpfung inhaltlich neuer Regeln, sondern die Vereinheitlichung der bestehenden Rechtsmaterie zu einem in sich kohärenten Gesetzeswerk müsse das Ziel einer Gesetzgebung sein, die dem Rechtsempfinden des Volkes Rechnung trägt:[14] »Nur in seltenen Fällen wird es überhaupt die Aufgabe der Gesetzgebung sein, von oben herab neue Rechtssätze aufzustellen; sie geht am sichersten, wenn sie sich darauf beschränkt, die im Volke bereits lebenden Rechtsgedanken aufzufinden und ihnen durch die Gesetzesform nur die größere Bestimmtheit zu geben, sowie ihre Anwendung zu sichern.«[15] Die Kodifizierung von Rechtssätzen sei daher auch nur dann legitim, wenn »Verhältnisse und Anschauungen schon so weit geklärt sind, daß auch über die Art und Form der Regelung kein erheblicher Zweifel mehr obwalten kann«.[16]

Nun wurde den Autoren des ersten BGB-Entwurfes von ihrem seinerzeit einflussreichsten Kritiker, dem berühmten Berliner Rechtshistoriker Otto von Gierke, jedoch vorgeworfen, dass ihr Werk gerade nicht im Einklang mit der deutschen Rechtstradition stehe, sondern mit dieser geradezu breche. Als Vertreter der »germanistischen« Richtung der historischen Rechtsschule betrachtete Gierke eine Gesetzgebung nur dann als legitim, wenn sie in einem von der römischen Rechtstradition unbeeinflussten germanischen Gewohnheitsrecht verwurzelt war. Dagegen sah Gierke im BGB-Entwurf eine »vom germanischen Rechtsgeiste in der Tiefe unberührte romanistische Doktrin« angelegt, die der »organische[n] Gestaltenfülle unserer vaterländischen Rechtsbildung« widerspreche.[17]

Planck hat seine vielbeachtete Schrift zur Verteidigung des Entwurfs, die er im Sommer 1889 kurz nach seiner Rückkehr von Berlin nach Göttingen verfasst hat, explizit als Replik auf Gierkes Einwände angelegt. Die mystische Volksgeistlehre der »Germanisten« aufs Korn nehmend, fragte er dort scharfzüngig: »[L]iegt in den altdeutschen Ausdrücken, wie Schlüsselrecht u.s.w., eine geheime Kraft, welche alle Technik der Gesetzgebung überflüssig macht und die zur Erreichung des Zweckes erforderlichen Rechtssätze durch Intuition zu erkennen lehrt?«[18] Planck bezog sich hier auf Gierkes Einwand, dass die eherechtlichen Bestimmungen des BGB die ökonomische Autonomie der Frau über deren traditionelles »Schlüsselrecht« – also ihr Recht, »über die zur Bestreitung der Kosten des gemeinsamen Haushaltes bestimmten Mittel selbständig zu verfügen«[19] – hinaus allzu sehr erweitern würde. Gierke hatte beklagt, dass der BGB-Entwurf Frauen nicht nur die Prozessfähigkeit, sondern auch die uneingeschränkte Geschäftsfähigkeit zuspricht: Dadurch werde der Ehemann »zum passiven Zuschauen bei allen möglichen geschäftlichen Operationen seiner Frau […] verurteil[t]«, was aber der »deutsche[n] Auffassung der Ehe« zuwiderlaufe.[20] Planck konterte diesen Einwand mit der Bemerkung, dass Gierkes »Bestreben [...], auf Kosten der praktischen Bedürfnisse der Gegenwart, die alten, für andere Zustände berechneten Formen wieder zu beleben«[21], auf ein eherechtliches System hinauslaufe, »welches der Ehefrau die Geschäftsfähigkeit entzieht und sie in die Stellung eines Minderjährigen hinabdrückt« – gerade dies aber »würde dem wahren Geist des jetzigen deutschen Rechtes nicht entsprechen«.[22] Denn: »Eine solche Gestaltung würde [...] das Interesse der Ehefrauen in solchem Maße gefährden und den wirtschaftlichen Bedürfnissen, wie den Anschauungen des Lebens so wenig genügen, daß der Gewinn eines einfacheren Systems um diesen Preis als zu teuer bezahlt erscheint.«[23]

Dass Planck die Interessen der Frauen gegen konservative Juristen wie Gierke verteidigt hat, sollte jedoch nicht darüber hinwegtäuschen, dass die von ihm formulierten eherechtlichen Grundsätze des BGB-Textes von 1896 aus heutiger Sicht bestenfalls als »altbürgerlich-patriarchalisch« bewertet werden können.[24] So wurde z.B. in dem von ihm formulierten § 1354 BGB das alleinige Entscheidungsrecht des Ehemannes »in allen das gemeinschaftliche eheliche Leben betreffenden Angelegenheiten« festgeschrieben. Und § 1363 sah vor, dass das Vermögen der Frau in der Ehegemeinschaft »der Verwaltung und Nutznießung des Mannes unterworfen [wird]«. Aus heutiger Sicht ist der familienrechtliche Teil des ursprünglichen BGB somit als in höchstem Maße frauenfeindlich zu bewerten, und es wird vermutet, dass die Verabschiedung des BGB wesentlich zur Formierung der ersten deutschen Frauenrechtsbewegung beigetragen hat.[25]

Planck selbst hat die öffentliche Auseinandersetzung mit der von den Frauenrechtlerinnen vorgetragenen Kritik am BGB allerdings nicht gescheut. Seine ausführlichste Replik hat er 1899 in einem Vortrag vor dem Göttinger Frauenverein formuliert, der im selben Jahr bei Vandenhoeck & Ruprecht in Buchform erschien. Die darin formulierte Position, das BGB beruhe »principiell auf dem Standpunkte der vollständigen Gleichberechtigung der Männer und Frauen«[26], mag angesichts der eben zitierten Paragrafen zynisch erscheinen. Sie wird überhaupt erst verständlich, wenn man sich zwei Maximen vergegenwärtigt, auf die Planck seine Überlegungen zum Eherecht gegründet hat. Die erste Maxime besteht in seinem oben bereits erwähnten Postulat, dass das Recht »nicht nach den subjektiven Ansichten der Verfasser über das theoretisch Beste, sondern [...] auf Grund der bisher in Deutschland geltenden Rechte« formuliert werden müsse.[27] Planck hielt der Frauenrechtsbewegung entgegen, dass das »Rechtsbewußtsein des Volkes« von ihren progressiven Forderungen (insbesondere der Forderung nach einer Einführung der Gütertrennung als familienrechtlicher Güterstand) noch nicht erfasst worden und dass dies vom Gesetzgeber zu akzeptieren sei[28] – er bemerkte allerdings, dass in Zukunft eine Änderung des BGB gemäß des Ideals der »völlige[n] Selbständigkeit der Frau« erfolgen sollte, sobald die Mehrheit des Volkes dies wünsche.[29]

Die zweite Maxime ist in dem Teilentwurf zum Familienrecht, den Planck als Mitglied der ersten BGB-Kommission erstellt hat, zumindest indirekt enthalten: Weil Planck von einer strengen Trennung von Recht und Sittlichkeit ausging und annahm, dass »die persönlichen Rechte und Pflichten der Ehegatten gegen einander [...] in erster Linie sittlicher Natur [sind]«, forderte er, dass das Eherecht lediglich abstrakte, im Stile von Generalklauseln formulierte Grundsätze, die der freien Entfaltung des Systems der Ehe dienen, enthalten soll – auf keinen Fall dürfe der Gesetzgeber den Fehler begehen, die Pflichten der Ehegatten im Einzelnen zu normieren.[30] Als ein politisch dem nationalliberalen Lager nahestehender Jurist ist Planck davon ausgegangen, dass sich die aus seiner Sicht im BGB angelegte »Gleichberechtigung« von Mann und Frau gerade aus diesem Verzicht auf Regulation, dem Vertrauen auf die sittliche Selbstregulation der Ehe ergeben würde. Dabei ließ er aber die simple Tatsache unbeachtet, dass sich die tradierte Herrschaft des Mannes in der Haushaltssphäre natürlich umso freier entfalten kann, je weniger diese Sphäre rechtlichen Regeln unterworfen ist.[31]

Angesichts der Kritik, die der Entwurf der ersten BGB-Kommission hervorgerufen hatte, blieb dessen Zukunft Ende der 1880er Jahre zunächst ungewiss. 1890 wurde vom Reichstag

Gottlieb Planck.

schließlich eine zweite Lesung beschlossen und eine personell deutlich erweiterte zweite Kommission einberufen. Wie bereits erwähnt, diente Planck in dieser Kommission als »Generalreferent«; ihm kam also eine wesentlich wichtigere Funktion zu als noch in der ersten Kommission. Nachdem die zweite Kommission ihre Arbeit im Jahr 1895 abgeschlossen hatte, wurde der zweite, überarbeitete BGB-Entwurf schließlich 1896 nach dritter Lesung vom Reichstag beschlossen. Von den 48 Abgeordneten, die gegen die Vorlage stimmten, waren 42 Mitglieder der sozialdemokratischen Fraktion.[32] Nach Beendigung der Kommissionsarbeit konnte Planck im Wintersemester 1897/1898 seine Lehrtätigkeit in Göttingen wieder aufnehmen, die er bis zu seinem Tod fortsetzen und sehr ernst nehmen sollte. Im Mai 1910 verstarb er im Alter von 85 Jahren in Göttingen.[33]

Anmerkungen

1 Stephan Meder, Opposition, Legislation, Wissenschaft: Gottlieb Planck zum 100. Todestag, in: Jahrbuch der Juristischen Zeitgeschichte, Bd. 11 (2010), S. 163–184, hier S. 163. Vgl. auch Michael Coester, Gottlieb Planck (1824–1910): Ein Vater des neuen bürgerlichen Rechts, in: Fritz Loos (Hg.), Rechtswissenschaft in Göttingen. Göttinger Juristen aus 250 Jahren, Göttingen 1987, S. 299–315.
2 Stephan Meder, Gottlieb Planck und die Kunst der Gesetzgebung, Baden-Baden 2010, S. 12.
3 Vgl. ebd., S. 27 f.
4 Vgl. Susanne Hähnchen, Rechtsgeschichte. Von der römischen Antike bis zur Neuzeit, 4. Aufl., Heidelberg u. a. 2012, S. 333.
5 Vgl. Coester, S. 299, und Arne Duncker, Gleichheit und Ungleichheit in der Ehe. Persönliche Stellung von Mann und Frau im Recht der ehelichen Lebensgemeinschaft 1700–1914, Köln u. a. 2003, S. 185.
6 Gesetz, betreffend die Abänderung der Nr. 13 des Artikels 4 der Verfassung des Deutschen Reichs vom 20.12.1873, in: Reichsgesetzblatt, S. 379.
7 Gottlieb Planck, Zur Kritik des Entwurfes eines bürgerlichen Gesetzbuches für das deutsche Reich, in: Archiv für die civilistische Praxis, Bd. 75 (1889), S. 327–429, hier S. 332.
8 Vgl. Ferdinand Frensdorff, Gottlieb Planck. Deutscher Jurist und Politiker, Berlin 1914, S. 347.
9 Vgl. Meder, Gottlieb Planck und die Kunst der Gesetzgebung, S. 24 f.
10 Anton Menger, Das Bürgerliche Recht und die besitzlosen Volksklassen, 5. Aufl., Tübingen 1927, S. 19.
11 Ebd., S. 15.
12 Ebd., S. 14.
13 Franz Wieacker, Privatrechtsgeschichte der Neuzeit: Unter besonderer Berücksichtigung der deutschen Entwicklung, 2. Aufl., Göttingen 1967, S. 479 u. S. 481.
14 Vgl. hierzu Meder, Gottlieb Planck und die Kunst der Gesetzgebung, S. 67 ff.
15 Planck, Zur Kritik des Entwurfes eines bürgerlichen Gesetzbuches für das deutsche Reich, S. 331.
16 Ebd., S. 332.
17 Otto von Gierke, Der Entwurf eines bürgerlichen Gesetzbuchs und das deutsche Recht, Leipzig 1889, S. 3.
18 Planck, Zur Kritik des Entwurfes eines bürgerlichen Gesetzbuches für das deutsche Reich, S. 354.
19 Ebd., S. 353.

20 Von Gierke, S. 403 f.
21 Planck, Zur Kritik des Entwurfs eines bürgerlichen Gesetzbuches für das deutsche Reich, S. 352.
22 Ebd., S. 350 f.
23 Ebd., S. 352.
24 Wieacker, S. 480.
25 Vgl. Duncker, S. 180.
26 Planck, Die rechtliche Stellung der Frau nach dem bürgerlichen Gesetzbuche. Vortrag zum Besten des Göttinger Frauenvereins, 2. Aufl., Göttingen 1899, S. 4.
27 Ebd., S. 25.
28 Ebd. Vgl. hierzu auch Meder, Gottlieb Planck und die Kunst der Gesetzgebung, S. 69, und Coester, S. 309.
29 Planck, Die rechtliche Stellung der Frau nach dem bürgerlichen Gesetzbuche, S. 26.
30 Gottlieb Planck, zit. nach: Meder, Gottlieb Planck und die Kunst der Gesetzgebung, S. 70.
31 Vgl. hierzu die Kritik von Meder, Gottlieb Planck und die Kunst der Gesetzgebung, S. 72.
32 Vgl. Ulrich Eisenhardt, Deutsche Rechtsgeschichte, 2. Aufl., München 1995, S. 384.
33 Vgl. Meder, Gottlieb Planck und die Kunst der Gesetzgebung, S. 28 sowie Coester, S. 305.

Vitamin D für die Massen
Adolf Windaus versorgt die Welt mit dem Sonnenvitamin

von Pauline Höhlich

In den dunklen Wintermonaten hat das sogenannte Sonnenvitamin Hauptsaison. Dann werden die Stimmen lauter, die einen Vitamin-D-Mangel bei eigentlich gesunden Menschen zur Volkskrankheit heraufbeschwören. In einem Artikel auf *Focus Online* beispielsweise wird ein »Vitamin-D-Mangel in der Überflussgesellschaft«[1] diagnostiziert, denn über die Hälfte der deutschen Bevölkerung sei unterversorgt. Eine derartige Hysterie hängt eng zusammen mit dem Hype, der um das Vitamin D betrieben wird – es gilt als wahres Wundermittel: Vitamin D soll u. a. Knochen und Muskeln kräftigen, die Gefahr, an Krankheiten wie Diabetes oder Krebs zu erkranken, senken, gut für das Herz und gegen Depressionen sein.[2]

Das Vitamin kann als einziges vom Körper selbst produziert werden; jedoch fällt die Vitamin-D-Erzeugung im Winter bis zu neunzig Prozent – in Anbetracht der heutzutage so verbreiteten sonnenarmen Schreibtischarbeiten ein scheinbar ernstes Problem. Dementsprechend haben Vitamin-D-Präparate aus Apotheken oder Drogeriemärkten gegenwärtig Hochkonjunktur. Neuestens bietet die Supermarktkette Kaufland sogar gezüchtete Champignons an, die mittels UV-Bestrahlung mit Vitamin D angereichert wurden.[3] (Tatsächlich ist diese »Neuheit« gar nicht so neu, doch dazu später mehr.)

Doch keine Panik: Durch Sonnenstrahlen werden im Körper etwa achtzig bis neunzig Prozent des Bedarfs an Vitamin D selbst erzeugt; die restlichen zehn bis zwanzig Prozent können durch Vitamin-D-reiche Lebensmittel gedeckt werden. Das überschüssige Vitamin D wird während der sonnenreichen Jahreszeit im Körper insbesondere im Fett- und Muskelgewebe gespeichert und in den Wintermonaten angezapft. Weiter wird von ärztlicher Seite davon abgeraten, eigenverantwortlich Vitamin-D-Präparate zu schlucken. Dies sei in den meisten Fällen nicht nötig. Stattdessen wird empfohlen, regelmäßig an die frische Luft zu gehen und dabei das Gesicht und die Hände ohne UV-Schutz für einige Minuten der Sonne auszusetzen.[4] Zudem wird der Rummel um das Vitamin D als Allheilmittel von aktuellen Ergebnissen aus der Forschung gedämpft: Es könne weder das Risiko einer Krebserkrankung senken, noch vor Herzproblemen schützen. Auch bei der Vorbeugung und Behandlung von Osteoporose ließen sich keine Auswirkungen feststellen.[5]

Offensichtlich sind bis heute die Folgen eines Vitamin-D-Mangels und die wirklichen Vorteile einer zusätzlichen Einnahme noch nicht vollständig erforscht. Gewiss ist allerdings, dass Vitamin D vor Rachitis und Osteomalazie schützt. In diesen beiden Erkrankungen, die früher weitverbreitet waren, liegt nämlich der Ursprung der Entdeckung des Heilmittels Vitamin D. Hierzu leistete auch der Göttinger Chemiker Adolf Windaus einen bahnbrechenden Beitrag, für den er im Jahre 1928 mit dem Nobelpreis belohnt wurde. Doch die Entdeckung des Vitamin D hatte bereits eine lange Vorgeschichte, bevor Windaus die letzten Puzzleteile identifizieren konnte. Machen wir also eine Zeitreise und beginnen ganz von vorn.

Rachitis und Osteomalazie traten mit zunehmender Urbanisierung der Menschen auf. Eine der ersten wissenschaftlichen Abhandlungen hierüber lässt sich auf das Jahr 1645 zurückdatieren. Am schlimmsten nämlich war der Krankheitsbefall bei Kindern, die in den dunklen, schmalen Gassen der ärmlichen Viertel der mittelalterlichen Großstädte wie London und Paris hausten. Die auch als *Englische Krankheit* bekannte Rachitis breitete sich im 19. Jahrhundert auf die Industrienationen Europas und in den USA epidemisch aus. Nach dem Ersten Weltkrieg und seinen schweren wirtschaftlichen Folgen im frühen 20. Jahrhundert litten in manchen Großstädten ca. 50 bis 75 Prozent der Bevölkerung unter den Symptomen. Der Zusammenhang gesellschaftlicher und geografischer Einflüsse war nicht mehr von der Hand zu weisen.[6]

Bei Rachitis handelt es sich um eine Störung der Bildung und des Umbaus der Knochenstrukturen. Unter normalen Umständen ermöglichen der konstante Knochenaufbau und -umbau die mittel- bis langfristige Anpassung des Skeletts an die alltäglichen Belastungen. Ist aber die Mineralisierung der neu aufgebauten Knochenmatrix eingeschränkt, werden die Knochen weich. Dies äußert sich dann in Symptomen wie Schmerzen und (dauerhaften) Verformungen. Ursächlich sind in der Regel ein Vitamin-D-Mangel oder Beeinträchtigungen des Vitamin-D-Stoffwechsels. Bei Kindern wird von einer Rachitis gesprochen, bei Erwachsenen von einer Osteomalazie.[7]

In der heutigen Zeit, in der man ganz hysterisch auf alle möglichen Formen und Gefahren eines jedweden Mangels reagiert, ist es kaum mehr vorstellbar, dass Mangelkrankheiten einst ein Novum in der medizinischen Diagnose darstellten. Doch bis Anfang des 20. Jahrhunderts hielt die Medizin ihr Augenmerk durch die mikrobiologischen und bakteriologischen Entdeckungen von Louis Pasteur und Robert Koch vor allem auf Bakterien als Krankheitserreger gerichtet. Neu war also der Ansatz, dass sich die jeweiligen Krankheitssymptome aufgrund eines Defizits an einer lebensnotwendigen Substanz einstellten, die »normalerweise« ausreichend im Körper vorhanden sein sollte. Auch wuchs damals ein neuartiges Bewusstsein für den Einfluss der Ernährung auf die Gesundheit. Es waren bis dahin bereits viele Ursachen und Heilmittel für die Rachitis erprobt worden.[8] Hierunter war Lebertran, der schon lange in Teilen Europas als effektives medizinisches Elixier bekannt war, jedoch erst gegen Ende des 18. Jahrhunderts von dem Londoner Arzt Thomas Percival als Medizin gegen Rachitis verschrieben worden war. 1906 schließlich postulierte Sir Frederick G. Hopkins die Existenz essenzieller lebensmittelbedingter Faktoren, die als Prävention von Krankheiten wie Skorbut oder Rachitis erforderlich wären.[9]

Der erste praktische Forschungsansatz wurde schließlich von Elmer V. McCollum und seinen Mitarbeiterinnen und Mitarbeitern unternommen. Ihnen gelang es, einen fettlöslichen Stoff aus Butterfett zu isolieren, der für ein normales Wachstum bei jungen Ratten notwendig war. Sie nannten den Stoff »fettlöslicher Faktor A«, später »Vitamin A«.[10] Indes hatte das Fischleberöl aufgrund seiner wenig angenehmen geruchlichen und geschmacklichen Eigenschaften als Heilmittel gegen Rachitis einen schweren Stand und war in Vergessenheit geraten. So sahen sich die Medizinerinnen und Mediziner wieder und wieder der durch die Ausbreitung der Städte beständig um sich greifenden Epidemie ratlos gegenüber. Bis 1919 hielt man eisern an der Überzeugung fest, dass Rachitis eine Infektionskrankheit sei. Nicht zufälligerweise markierte dasselbe Jahr einen Wendepunkt im Umgang mit der Krankheit. Das große Leid der Kinder war angesichts der durch den Ersten Weltkrieg schwer angeschlagenen Nationen Europas omnipräsent, weshalb verzweifelt nach einer Lösung des immensen Problems gesucht wurde.

Dieser ein Stück näher kam Edward Mellanby am King's College for Women in London. Mellanby experimentierte mit Welpen und konnte durch eine Diätfütterung aus Magermilch und Brot eine Knochenkrankheit herbeiführen, die der kindlichen Rachitis in ihren Symptomen sehr ähnelte. Die Hunde zeigten ein vermindertes Wachstum, krumme Rücken, instabile und schiefe Beine sowie verkümmerte Brustkästen. Bei seiner Suche nach einem heilenden Fett oder Öl erwies sich Fischleberöl als äußerst wirksam.[11] Da die Verabreichung von Butter ebenfalls einen positiven Effekt auf die Heilung hatte, wenn auch in geringerem Ausmaß als der Lebertran, kam Mellanby zunächst fälschlicherweise zu dem Schluss, dass der Wirkstoff mit dem zuvor von McCollum ermittelten fettlöslichen Vitamin A identisch sein müsse.

Währenddessen hatte McCollum dank unzähliger ausgetüftelter Fütterungsversuche an Ratten herausgefunden, dass zwei unterschiedliche Formen von Rachitis existierten; eine wurde ausgelöst durch einen mangelnden Kalziumgehalt im Futter, die andere aufgrund eines Phosphormangels. Doch beides konnte mithilfe derselben Fischleberöltherapie behandelt werden. Über eine von dem bereits erwähnten Biochemiker Hopkins ausgearbeitete Methode machte McCollum das Vitamin A im Fischleberöl inaktiv. So konnte bewiesen werden, dass der heilende Wirkstoff nicht das Vitamin A sein konnte, denn der Lebertran behielt weiterhin seine Wirkung. McCollum grenzte den Faktor weiter ein und konnte ihn 1922 schließlich bestimmen. Der amerikanische Biochemiker erkannte, dass die Rachitis bei Ratten von dem Gehalt und der Relation von Kalzium und Phosphor im Futter sowie dem Nichtvorhandensein eines weiteren, bisher unbekannten fettlöslichen Vitamins bedingt war. In diesem Zuge wurden wasserlösliche Faktoren entdeckt: zum einen der als Vitamin B benannte Stoff und zum anderen das als antiskorbutisch bekannte Vitamin C. Blieb also noch das antirachitische und von McCollum benannte Vitamin D.[12]

In der Zwischenzeit war man auf einen ganz anderen Ansatz zur Behandlung der Rachitis gestoßen. Eine langjährige Tradition besagte, dass frische Luft und Sonnenlicht gut zur Vorbeugung von Rachitis seien. So berichteten Alfred F. Hess und Lester J. Unger im Jahr 1921 von ihren klinischen Beobachtungen, dass das saisonale Auftreten der Rachitis auf jahreszeitlich bedingte Veränderungen des Sonnenlichts zurückzuführen sei. Daher empfahlen sie, Sonnenlicht zur Verhinderung und Heilung der kindlichen Rachitis einzusetzen.[13] Der Berliner Kinderarzt Kurt Huldschinsky hatte bereits zwei Jahre zuvor versucht, seine kleinen Patientinnen und Patienten mit der sogenannten Höhensonne, d. h. mithilfe ultravioletter Lampen aus der Elektroindustrie zu behandeln. Er probierte dieses Verfahren anfänglich bei vier rachitischen Kindern und bestrahlte sie zweimal täglich. Zudem wurde darauf geachtet, dass die Kinder in dieser Zeit keinem natürlichen Sonnenlicht ausgesetzt waren oder irgendwelche Ergänzungen zu ihrer Diät erhielten. Nach zwei Monaten zeigte sich die erfolgreiche Wirkung der ultravioletten Bestrahlungstherapie.[14]

Von da an existierten zwei verschiedene Therapieansätze zur Heilung der Rachitis: einerseits der Lebertran und andererseits das Sonnen- bzw. UV-Licht. Für Letzteres wurden eigens Stationen in Krankenhäusern und Arztpraxen eingerichtet, wo die Haut der Kinder unter Schutzbrillen mit der künstlichen Höhensonne bestrahlt wurde. Es war einzig darauf zu achten, dass die Kinder dabei nicht versehentlich eine schiefe Körperhaltung einnahmen, da dies sonst zu dauerhaften Verkrümmungen führen konnte.[15]

Doch wie passten diese unterschiedlichen praktischen Methoden theoretisch zusammen? Durch einen Zufall konnte 1924 der amerikanische Physiologe und in New York praktizierende

Kinderarzt Alfred Hess gemeinsam mit Mildred Weinstock eine wichtige Entdeckung machen. Sie forschten weiterhin an der Rachitis und begannen nach den Erfolgen Huldschinskys, unterschiedlich gefütterte Ratten zu bestrahlen.[16] Dabei wurden auch leere Käfige mitbestrahlt. Als diese wieder mit rachitischen Ratten gefüllt wurden, verbesserte sich deren Zustand unverhofft. Eine mögliche Erklärung waren die in den leeren Käfigen übrig gebliebenen Futterreste. Also wurden gezielt Lebensmittel, hierunter auch Milch, die Butterfett enthält, der UV-Bestrahlung ausgesetzt, um zu testen, ob diese hierdurch aktiviert bzw. in antirachitische Heilmittel verwandelt werden konnten – sie konnten. Für die weitere Rachitistherapie und das Gesundheitswesen bedeutete diese Entdeckung einen immensen Fortschritt. Es folgten zahlreiche Patentanmeldungen zur Bestrahlung von Lebensmitteln und als das Verfahren auch in Deutschland massenweise angewandt wurde, konnte die Zahl rachitiskranker Kinder rapide gesenkt werden.[17]

Dass Lebensmittel selbst durch ultraviolettes Licht aktivierbar sind, führte zu dem Schluss, dass sowohl in der Haut wie auch in der Nahrung ein Stoff vorhanden sein muss, der sich durch UV-Strahlung in Vitamin D verwandelt, sprich die Merkmale einer Vitamin-Vorstufe bzw. eines Provitamins aufweist. Nach weiteren Versuchen fanden Alfred Hess und die beiden Biochemiker Harry Steenbock (University of Wisconsin, Madison) und Otto Rosenheim (National Institute for Medical Research, London) heraus, dass das aktivierbare Provitamin zur Sterinfraktion der Nahrung gehörte. Zunächst wurde angenommen, dass es sich bei der rätselhaften Substanz um das Cholesterin handelte. Daher baten Hess und Rosenheim 1925 den seinerzeit »besten Kenner auf dem Gebiet der Sterine«[18] um Hilfe, Adolf Windaus.

Dies ist also die lange Vorgeschichte, bis sich Adolf Windaus[19] mit dem Vitamin D und seiner Entschlüsselung befasste. Windaus war 1915 als Nachfolger des ersten Göttinger Nobelpreisträgers Otto Wallach nach Göttingen berufen worden. Dort leitete er das Allgemeine Chemische Laboratorium bis zu seiner Emeritierung 1944 und »verkörperte in seiner Person gleichsam die Größe und Kontinuität der Göttinger Chemie«[20], die insbe-

Adolf Windaus 1921 in dem von ihm geleiteten Allgemeinen Chemischen Laboratorium der Universität Göttingen.

sondere in den 1920er Jahren einen außerordentlichen internationalen Ruhm besaß. Windaus fokussierte sogleich alle wissenschaftliche Arbeit seines Instituts auf das Cholesterin-Problem. In einem informellen Gespräch zog er den Göttinger Physiker Robert W. Pohl zurate. Dieser half Windaus mit einer physikalischen Methode weiter. Sie erkannten, dass sich der aktivierbare Stoff durch eine Absorption im Ultraviolett auf 270 bis 280 Nanometer verkleinerte, »d. h. die Hälfte des Cholesterins mußte photochemisch umgesetzt sein, wenn man wie bisher das Cholesterin mit dem Provitamin identifizierte«[21]. Zudem zeigte sorgfältig gereinigtes Cholesterin nach der Bestrahlung keine antirachitische Wirkung mehr. Dies ließ darauf schließen, dass reines Cholesterin eine kleine Menge einer Verunreinigung enthält, welche als unmittelbare Vorstufe des Vitamin D erscheint.

Windaus fand weiter heraus, dass es sich bei dem gesuchten Provitamin um das in der Hefe vorkommende Ergosterin handelte. Es wies die charakteristische Absorption auf und war durch ultraviolette Strahlung aktivierbar, d. h. es ging in das Vitamin D über. Im Rattenversuch war nur noch eine tägliche Dosis von einem hunderttausendstel Milligramm nötig, um die Tiere vor Rachitis zu bewahren. »Windaus, der sich nach seinen eigenen Worten nie um praktische Erfolge, sondern nur um wissenschaftliche Erkenntnisse bemüht hat, war hiermit ein praktischer Erfolg von unschätzbarem Wert beschieden.«[22] Er hatte nun einen Weg gefunden, das antirachitische Vitamin herzustellen.

Im Jahre 1927 wurden zwischen Windaus, der I.G. Farbenindustrie AG Frankfurt und der Chemischen Fabrik E. Merck Darmstadt der sogenannte Windaus-Vertrag abgeschlossen. Hiermit ermächtigte Windaus die beiden Unternehmen, sein Verfahren zur Herstellung des Vitamins D durch die UV-Bestrahlung u.a. von Ergosterin zu uneingeschränkten Zwecken anzuwenden und das Präparat weltweit zu vertreiben. Windaus erhielt eine einmalige Zahlung von 50.000 Reichsmark und wurde außerdem zu 25 Prozent am kommerziellen Reingewinn beteiligt. Für die beiden Firmen sollte es kein Leichtes werden, das Therapeutikum Vigantol zu produzieren und weltweit zu vermarkten. So mussten sie vielzählige Patentstreite und Produktüberschneidungen ausfechten.[23]

Bald darauf konnte Windaus auf chemische Weise aus Cholesterin ein wasserstoffärmeres Cholesterin, das sogenannte 7-Dehydrocholesterin, herstellen. Dieses war ähnlich gebaut wie das Ergosterin und wurde als dasjenige Provitamin identifiziert, welches sich durch UV-Licht in das vorwiegend im Lebertran enthaltene Vitamin D transformiert. Windaus benannte das sich aus Ergosterin bildende Vitamin »Vitamin D_2«, das aus Dehydrocholesterin zu erzeugende »Vitamin D_3«. Hans Brockmann, der Windaus' Professur nach dessen Emeritierung übernahm, gelang schließlich im Jahr 1936 die Isolierung des natürlichen Vitamins aus Thunfisch-Lebertran; es erwies sich als identisch mit dem Vitamin D_3.

Wie bereits erwähnt, erhielt Windaus für seine Entdeckungen hohe wissenschaftliche Ehren: 1928 wurde er »for the services rendered through his research into the constitution of the sterols and their connection with the vitamins«[24] mit dem Nobelpreis ausgezeichnet. In diesem Zusammenhang könnte angemerkt werden, dass angesichts der analogen wie gemeinsamen Zusammenarbeit der Nobelpreis auch von Windaus, Rosenheim und Hess hätte geteilt werden können. Gleichwohl hat

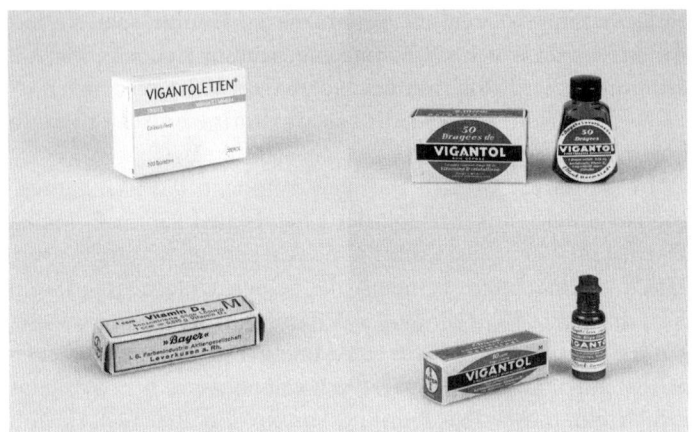

Vigantol-Fertigpräparate über die Jahrzehnte hinweg: Tabletten, Dragees, (konzentrierte) ölige Lösungen.

Windaus auch seiner Meinung nach einen zentralen Beitrag zur Vitamin-D-Forschung geleistet.[25] Neben den bereits genannten Erfolgen konnte Windaus die chemische Zusammensetzung des Vitamin D identifizieren; er trug zur Erweiterung des Wissensbestands über die Sterine bei und konnte neue Erkenntnisse bezüglich photochemischer Prozesse gewinnen.

Windaus grundlegende Forschungen ebneten vielen neuen Entdeckungen den Weg, die u. a. auch von seinen Schülern geleistet wurden. Hierunter fallen die Forschungen zu den Keimdrüsen- und den Nebennierenrindenhormonen. Hierzu zählen aber auch die von Adolf Butenandt entdeckten und »für die Fortpflanzung des Menschen und der Säugetiere, also für die Erhaltung der Art unentbehrlichen weiblichen und männlichen Sexualhormone Östradiol, Progesteron und Testosteron«[26].

Praktisch konnte die Rachitis dank Adolf Windaus und allen anderen hier aufgeführten (und noch weiteren) Forschern durch die Vitamin-D-Präparate nun erfolgreich bekämpft werden. Bis heute empfiehlt die Deutsche Gesellschaft für Kinder- und Jugendheilkunde, Säuglingen bis zum Abschluss ihres ersten Lebensjahres täglich zusätzlich Vitamin D zu verabreichen.[27] Und auch in der Veterinärmedizin kam bzw. kommt Vigantol zum

Einsatz. Interessanterweise hängt die Jahrzehnte später erfolgende Erfindung der Sonnenbank ebenfalls mit dem Vitamin D zusammen. Doch dies ist eine andere Geschichte.[28]

Anmerkungen

1 Monika Preuk, Vitamin D schützt vor Krebs und Depressionen – doch jeder zweite hat Mangel, in: Focus Online, 01.02.2019, online einsehbar unter https://www.focus.de/gesundheit/ernaehrung/gesundessen/nicht-nur-wichtig-fuers-immunsystem-vitamin-d-multitalent-unter-den-vitalstoffen_id_9932913.html [eingesehen am 12.02.2019].
2 Vgl. ebd.
3 Vgl. Ralph Kaiser, Vitamin-D-Pilze: Halten diese Champignons, was sie versprechen?, in: test.de, 14.01.2019, online einsehbar unter https://www.test.de/Vitamin-D-Pilze-Halten-diese-Champignons-was-sie-versprechen-5419461-0/ [eingesehen am 12.02.2019].
4 Vgl. Christine Throl, Lieber in die Sonne, in: ÖKO-TEST Magazin, Jg. 33 (2018), H. 12, S. 44–49, hier S. 45 f.
5 Vgl. Mark J. Bolland/Andrew Grey/Alison Avenell, Effects of Vitamin D supplementation on musculoskeletal health: a systematic review, meta-analysis, and trial sequential analysis, in: The Lancet. Diabetes & Endocrinology, Jg. 6 (2018), H. 11, S. 847–858; Curt Diehm, Der Hype um Vitamin D ebbt ab – zum Glück, in: Handelsblatt.com, 01.06.2018, online einsehbar unter https://www.handelsblatt.com/meinung/kolumnen/expertenrat/diehm/expertenrat-prof-dr-curt-diehm-der-hype-um-vitamin-d-ebbt-ab-zum-glueck/v_detail_tab_print/22633688.html?ticket=ST-52676-voyvKf3JNcdycGZoos77-ap6 [eingesehen am 25.02.2019].
6 Vgl. Jochen Haas, Vigantol. Adolf Windaus und die Geschichte des Vitamin D, Stuttgart 2007, S. 16.
7 Vgl. Ulrich Kraft/Martin Waitz, Was versteht man unter Rachitis und Osteomalazie?, in: Techniker Krankenkasse Online, 04.10.2018, online einsehbar unter https://www.tk.de/techniker/service/gesundheit-und-medizin/behandlungen-und-medizin/orthopaedische-erkrankungen/rachitis-und-osteomalazie-2013380 [eingesehen am 26.02.2019].
8 Vgl. Haas, S. 13 f.
9 Vgl. George Wolf, The Discovery of Vitamin D: The Contribution of Adolf Windaus, in: The Journal of Nutrition, Jg. 134 (2004), H. 8, S. 1299–1302, hier S. 1299.
10 Vgl. ebd.
11 Vgl. Haas, S. 16 ff.
12 Vgl. Wolf, S. 1299.
13 Vgl. Alfred F. Hess/Lester J. Unger, The cure of infantile rickets by

artificial light and by sunlight. Proceedings of the Society for Experimental Biology and Medicine, Jg. 18 (1921), H. 8, S. 298–298.
14 Es ließ sich keine Skandalisierung dieser heute als Kinderversuche einzustufenden Forschungen auffinden. Heute wäre eine solche Vorgehensweise wohl undenkbar.
15 Vgl. Haas, S. 19.
16 Die folgende Beobachtung wurde in derselben Zeit simultan in Laboren von Goldblatt und Soames sowie Hume and Smith gemacht. Siehe hierzu Wolf, S. 1299 f. Darüber hinaus wird auch Harry Steenbock unabhängig von Hess die Entdeckung zugeschrieben, siehe hierzu: Adolf Butenandt, Das wissenschaftliche Lebenswerk von Adolf Windaus, in: Rudolf Schoen/Adolf Butenandt/Hans Brockmann, Adolf Windaus zum Gedenken. Ansprachen gehalten bei der Gedächtnisfeier der Georg-August-Universität und der Akademie der Wissenschaften zu Göttingen am 28. November 1959, Göttingen 1960, S. 7–19, hier S. 12.
17 Vgl. Haas, S. 20.
18 Adolf Butenandt, Zur Geschichte der Sterin- und Vitamin-Forschung. Adolf Windaus zum Gedächtnis, in: Angewandte Chemie, Jg. 72 (1960), H. 18, S. 645–718, hier S. 645.
19 Adolf Windaus (1876–1959) wurde als Sohn einer bürgerlichen Familie aus dem Fabrikanten- und Handwerkermilieu in Berlin geboren. Obwohl er die Fabrik seines Vaters hätte übernehmen können, entschied sich Windaus für ein Medizinstudium. Dieses erfüllte ihn weniger als gehofft, sodass er sein Wissen zusätzlich in Chemie vertiefte. Nach seinem Physikum in Berlin promovierte er in Freiburg mit der chemischen Arbeit »Neue Beiträge zur Kenntnis der Digitalisstoffe« an der Medizinischen Fakultät. 1903 habilitierte Windaus mit dem für ihn zukunftsweisenden Thema »Über Cholesterin« und hatte damit allen schnell absehbaren Erfolgen zum Trotz ein langwieriges und noch vollkommen unbekanntes Gebiet der Chemie gewählt. Dieses beschäftigte ihn bis 1935. Sein wissenschaftliches Wirken fällt auch in die Zeit des Nationalsozialismus. In dieser Phase war Windaus stets bemüht, jedoch nicht immer erfolgreich, sein Institut unpolitisch und von den politischen Einflüssen unberührt zu lassen. Als ihm dieses zunehmend schlechter gelang, stellte er 1935 an den Kultusminister ein vorzeitiges Rücktrittsgesuch, das er wieder zurückzog, als man ihm entgegenkam. Bis zuletzt machte Windaus keinen Hehl aus seiner Abneigung gegenüber der nationalsozialistischen Gesinnung. Vgl. hierzu ausführlich u. a. Karl Dimroth, Das Portrait: Adolf Windaus 1876–1959, in: Chemie in unserer Zeit, Jg. 10 (1976), H. 6, S. 175–179, hier S. 175; Ulrich Majer, Vom Weltruhm der zwanziger Jahre zur Normalität der Nachkriegszeit: Die Geschichte der Chemie in Göttingen von 1930 bis 1950, in: Heinrich Becker/Hans-Joachim Dahms/Cornelia Wegeler (Hg.), Die Universität Göttingen unter dem Nationalsozialismus, 2., erw. Ausgabe, München 1998, S. 589–629.

20 Majer, S. 592.
21 Hans Werner Schütt, Pohl für Windaus: »Zum optischen Nachweis eines Vitamins«, in: Sudhoffs Archiv, Jg. 72 (1988), H. 1, S. 98–105, hier S. 103.
22 Dimroth, S. 177.
23 Diese betreffen sowohl das Herstellungsverfahren und die Produktzusammensetzung als auch die Bezeichnung Vigantol. Zu den bedeutendsten und schwierigsten rechtlichen Einigungen zählt die zwischen der Wisconsin Alumni Research Foundation, Harry Steenbock, der I. G. Farbenindustrie und der Winthrop Chemical Company geschlossene Vertrag, welcher die Produktion und den Vertrieb des Vitamin D festlegte. Siehe mehr hierzu bei Haas, S. 99 ff.
24 O. V., The Nobel Prize in Chemistry 1928, Adolf Windaus, online einsehbar unter https://www.nobelprize.org/prizes/chemistry/1928/windaus/facts/ [eingesehen am 11.03.2019].
25 Vgl. Wolf, S. 1301.
26 Butenandt, S. 649.
27 Vgl. Harro Albrecht, Streit ums Sonnenvitamin, in: Die Zeit, 02.01.2019.
28 Vgl. Fabienne Hurst, Erfindung der Sonnenbank. Wer rastet, der röstet, in: Spiegel Online, 02.02.2016, online einsehbar unter http://www.spiegel.de/einestages/sonnenbank-erfinder-friedrich-wolff-geschichte-des-solariums-a-1065420-druck.html [eingesehen am 11.03.2019].

Fritz Lenz
Wie ein Vordenker der NS-Rassenlehre
nach Göttingen kam und zum Neubegründer
der deutschen Humangenetik wurde

von Niklas Schröder

Nur wenig erinnert heute noch an die klinische Vergangenheit der gelblich geklinkerten Gebäude, die sich längs der Göttinger Humboldtallee erstrecken. Doch wo heute Studierende der Philosophischen Fakultät über Kant, Hegel und Marx, über das das Richtige und Falsche, das ethisch Vertretbare und Verwerfliche diskutieren, führten Göttinger Ärzte im Nationalsozialismus an der Universitätsklinik über tausend Zwangssterilisationen an Frauen und Männern durch.[1] Die Grundlage für diese medizinischen Verbrechen schaffte das 1934 in Kraft getretene *Gesetz zur Verhütung erbkranken Nachwuchses*, in dessen Zuge das NS-Regime die Vererbung »unwerten«, kranken und behinderten Lebens verhindern wollte. Aktiv beteiligt an der Formulierung dieses Gesetzes war auch einer der damals führenden Rassenhygieniker, Fritz Lenz, der schon im Mai 1933 der Einladung vom Reichsinnenminister gefolgt war, um in einem Sachverständigenbeirat über die Ausgestaltung des Gesetzestextes zu beraten.

Dreizehn Jahre samt dem verheerenden deutschen Zivilisationsbruch später, im Jahr 1946, richtet die Universität Göttingen unter Kontrolle der britischen Militärregierung den ersten Lehrstuhl für Menschliche Erblehre in Nachkriegsdeutschland ein. Erster Lehrstuhlinhaber: ein gewisser Prof. Dr. Fritz Lenz. Im Ringen mit der Universität Münster hatte sich die Georg-August-Universität durchgesetzt[2] und Lenz zuerst als außerordentlichen Professor gewinnen können, bevor er ab 1952 zum Ordinarius der Göttinger Humangenetik benannt wurde. Die Geschichte um die Professorenschaft von Fritz Lenz zeigt nicht nur personelle Kontinuitäten zwischen der akademischen Elite im Nationalsozialismus und der Universitätslandschaft in den Nachkriegsjahren auf. Sie wirft auch ein Licht auf die ideologische Persistenz eugenischer Vorstellungen in der (west-)deutschen Humangenetik in den Jahrzehnten nach 1945.[3] Abseits dessen markiert der Fall letztlich eines: Ein schwer belastetes Kapitel in der Geschichte der Universität Göttingen und ihrer medizinischen Fakultät, die den Rassenhygieniker damals zuerst hofierte und später selbst dann noch an der Personalie festhielt, als diese ob ihrer Stellung im Nationalsozialismus öffentlich in die Kritik geraten war, die sich auch nach dem Tod von Lenz im Jahr 1976 nicht mit Ehrbekundungen gegenüber der Person und ihrem Lebenswerk zurückhielt und die bis heute eine kritische Auseinandersetzung mit diesem Teil ihrer jüngeren Geschichte vermissen lässt.

Fritz Lenz wird im März 1887 im pommerschen Pflugrade geboren. Nach dem Abitur in Stettin zieht es ihn zum Medizinstudium nach Berlin, das er aber nach nur einem Semester verlässt, um nach Freiburg zu gehen. Hier trifft er noch als Student auf den Rassenhygieniker Eugen Fischer, mit dem er sich ab 1909 in der Freiburger Ortsgruppe der *Gesellschaft für Rassenhygiene* engagiert. 1912 promoviert Lenz, danach verschlägt es ihn an das Hygienische Institut in München, wo er 1919 beim Leiter des Instituts Max von Gruber zum Thema »Erfahrungen über Erblichkeit und Entartung an Schmetterlingen« habilitiert. Nur zwei Jahre später, im Jahr 1921, hat Lenz die Welt der Falter jedoch hinter sich gelassen und wendet sich wieder den Fragen menschlicher Erbgesundheitslehre zu. Gemeinsam mit seinem ehemaligen Lehrer Eugen Fischer und dem Genetiker Erwin Baur veröffentlicht er in diesem Jahr das Buch »Grundriss der menschlichen Erblichkeitslehre und Rassenhygiene«, welches zum »Standardwerk«[4] einer rassenhygienischen Bewegung avanciert, die zu dieser Zeit auch in vielen anderen Ländern Europas und den USA weiter an Einfluss gewinnt. In einer späteren Bemerkung zum Buch wird Lenz – nicht ohne seine Anerkennung zum Ausdruck zu bringen – darauf verweisen, dass vermeintlich auch Adolf Hitler die zweite Auflage des »Baur–Fischer–Lenz« während der Anfertigung von »Mein Kampf« gelesen und sich die »wesentlichen Gedanken zur Rassenhygiene und ihrer Bedeutung mit großer geistiger Empfänglichkeit und Energie zu eigen«[5] gemacht habe.

Generell begegnet er, der 1923 den ersten deutschen Lehrstuhl für Rassenhygiene in München übernommen hatte, dem Aufstieg der Nationalsozialisten schon vor der Machtergreifung Hitlers mit auffälligem Wohlwollen. Seiner Auffassung nach verbirgt sich in der NSDAP nicht nur die überhaupt erste politische Kraft, die die Bedeutung der Rassenhygiene in ihr programmatisches Zentrum gestellt habe, sondern die ebenso dazu bereit sei, dem »rassischen Niedergang Europas« Einhalt zu gebieten.[6] Für Lenz, der die »nordische Rasse« als »Spitze der Menschheit« und damit als geistig und kulturbegabt höherwertig als alle anderen »Rassen« der Welt begreift,[7] und der sich schon in einem Briefwechsel von 1931 dafür ausspricht, um des Vaterlands willen das »untüchtigste Drittel der Bevölkerung«[8] zu sterilisieren, birgt der Aufstieg des Nationalsozialismus somit auch eine konkrete Gelegenheitsstruktur zur Umsetzung seiner rassenhygienischen Vorstellungen.

So überrascht auch die Aufzählung der Stationen nicht, die die Schlüsselgestalt zum Zwecke der Herausbildung einer NS-rassenhygienischen Agenda im faschistischen Staat durchläuft. Noch im Oktober 1933 wird er Abteilungsleiter für Eugenik im *Kaiser-Wilhelm-Institut für Anthropologie, menschliche Erblehre und Eugenik* in Berlin-Dahlem, 1937 erfolgt der Eintritt in die NSDAP, 1940 die Mitgliedschaft im Nationalsozialistischen Deutschen Ärztebund. In seiner Position als Sachverständiger berät er das Hitler-Regime nicht nur in eugenischen Fragen zur Aussonderung unerwünschter Erbanlagen durch Sterilisationsmaßnahmen, sondern wirkt ab Oktober 1940 auch an der Ausarbeitung eines (letztlich nicht in Kraft getretenen) Euthanasiegesetzes mit, mit dem über den normativen und rechtlichen Rahmen der »Vernichtung unwerten Lebens« entschieden werden sollte.[9]

Darüber hinaus leistet er der NS-Rassenideologie Vorschub, indem er Maßnahmen zur Auslese des »Unwerten« auf ein vermeintlich naturwissenschaftlich-begründbares Fundament zu stellen versucht. 1933 erscheint mit »Die Rasse als Wertprinzip« die Neuauflage seiner Denkschrift »Zur Erneuerung der Ethik«

»Informationsplakat« aus der Ausstellung *Wunder des Lebens* 1935 in Berlin.

(1917), für die er im selben Jahr reklamiert, dass sie einen Beitrag »zur Vorbereitung der nationalsozialistischen Weltanschauung« geleistet habe.¹⁰ Seine Schriften über die »biologischen Grundlagen der Erziehung« werden zum Ankerpunkt für das Einfließen rassenhygienischer Standpunkte in die NS-Pädagogik; sein Postulat über die Notwendigkeit eines »germanischen gesunden Bauerntums« bindet der Reichsminister für Ernährung und Landwirtschaft Walther Darré in die Besiedlungspläne Osteuropas ein.¹¹

In den letzten Jahren des Zweiten Weltkriegs zieht sich Lenz jedoch weitestgehend von seinen wissenschaftlichen Tätigkeiten zurück. Im Winter 1944 lässt er sich aufgrund einer depressiven Verstimmung beurlauben und reist zu Verwandten seiner Frau in die Nähe des westfälischen Lübbecke. Doch rasch nach der deutschen Niederlage sucht er den Weg zurück in die Gemeinschaft der Hochschullehrer. Bei seinem ehemaligen Kollegen am KWI, Hans Nachtsheim, erbittet er 1946 die Anfertigung eines Leumundszeugnisses, das seine Entnazifizierung voranbringen soll. Darin beschwört er: »Sie wissen ja aus unserer gemeinsamen Zeit in Dahlem, daß ich alles andere als ein Aktivist oder ein Fanatiker war. Ich habe viele Maßnahmen Hitlers und des nat.soz. Systems aufs tiefste bedauert und war stets kritisch und skeptisch eingestellt.«[12]

Vergessen schienen zu dieser Zeit Lenz' Postulate über die Unterlegenheit anderer Rassen gegenüber der »nordischen«, vergessen die kundgetanen Befürwortungen des Nationalsozialismus und seine Mitwirkung an der Eugenikpolitik der Nazis. Entsprechend erfüllt auch Nachtsheim die Bitte des ehemaligen Kollegen und attestiert den alliierten Behörden, dass Lenz durch eine kritische Haltung, die stets ein »selbstständiges Urteil« umfasst habe, keine Freunde in der deutschen Parteispitze gewonnen hätte.[13] Mit solchen Affidavits wird 1946 die Linie festgelegt, die für Jahrzehnte den Umgang der deutschen Humangenetik mit ihrer Rolle im Nationalsozialismus bestimmen sollte: Selbst für öffentlich weitestgehend als unbelastet geltende Personen wie Nachtsheim scheint der Korpsgeist Vorrang vor einer moralischen und politischen Verurteilung der ehemaligen Kollegen zu haben.[14] Diese Haltung verhindert nicht nur eine kritische Auseinandersetzung mit der eigenen Disziplin – sie stattet darüber hinaus etliche belastete Wissenschaftler mit Persilscheinen aus, sodass nach 1945 sowohl eine personelle Kontinuität gewährleistet als auch ein Fortleben von bevölkerungsselektionistischen Vorstellungen in den akademischen Debatten sichergestellt wird.[15] Die Personalie Fritz Lenz und sein Göttinger Wirkungsfeld sind eines der eindrücklichsten Beispiele für die Abwesenheit einer »Stunde Null«[16], illustrieren sie doch, wie hinter der vermeintlichen »Neu-Erfindung« der deutschen Humangenetik in weiten Teilen ein Überdauern alter Seilschaften, Muster und Ideen stand.

Dabei könnte der Standort Göttingen als Ausgangspunkt für diese »Neu-Erfindung« auf den ersten Blick verwundern. Zwar erwies sich auch die Medizinische Fakultät der Georgia Augusta ab 1933 in weiten Teilen als williger Partner für die Umsetzung der nationalsozialistischen Agenda – anders als an vielen anderen Hochschulstandorten im Reichsgebiet gelang die Einrichtung eines Lehrstuhls für Rassenhygiene aufgrund politischer Unstimmigkeiten mit dem damals vorgesehen Kandidaten Karl Saller jedoch nicht.[17] Umso grotesker erscheint deshalb das Engagement der Göttinger Hochschulleitung, diesem Versäum-

Fritz Lenz.

nis scheinbar bereits kurz nach dem Ende des Krieges begegnen zu wollen. Schon im Oktober 1945 hatte die Universität Kontakt zu Fritz Lenz aufgenommen, um mit ihm über die Aufnahme einer Lehrtätigkeit zu verhandeln. Als im Juni 1946 der außerordentliche Professor für medizinische Physik, Johannes Küstner, verstirbt, tritt die Leitung der Georgia Augusta in konkrete Berufungsverhandlungen mit Lenz zur Umwidmung des freigewordenen Lehrstuhls zugunsten eines Extraordinariats für menschliche Erblehre.[18] Lenz, der kurze Zeit später dank des Dafürhaltens prominenter Kollegen im Zuge seines Entnazifizierungsverfahrens nur als *Mitläufer* (Stufe IV) eingruppiert wird,[19] willigt ein und tritt ab Oktober 1946 eine außerordentliche Professur in Göttingen an. 23 Jahre nachdem er in München die überhaupt erste Professur für Rassenhygiene erhalten hatte, ist es also wieder Lenz, der fortan für knapp fünf Jahre den einzigen Lehrstuhl für Menschliche Erblehre in Nachkriegsdeutschland bekleiden wird[20] – obgleich die Berufung nicht unwidersprochen bleibt: Während Universitätsrektor Hermann Rein (selbst ein prominentes Beispiel der Elitenkontinuität über die NS-Zeit hinaus[21]) noch 1946 in Korrespondenzen auf den Vorwurf einer Begünstigung von Lenz reichlich euphemistisch mit dem Argument reagiert, dass man einem »Flüchtlingsprofessor« (er rekurriert auf Lenz' »Flucht« von Berlin nach Westfalen) die Möglichkeit zur Wiederaufnahme der wissenschaftlichen Arbeit geben wolle,[22] scheint der öffentliche Druck auf die Universitätsleitung ob der Personalie im April 1947 zu groß zu werden. Neben einem Zeitungsartikel, der sich kritisch über die geplante Aufnahme der Lehrtätigkeit durch Lenz geäußerte hatte, werden dem *Unterausschuss für die politische Überprüfung des Lehrkörpers* auch die Durchschläge zweier Briefe zugespielt, mit denen sich Lenz 1937 für die Mitgliedschaft in der NSDAP beworben hatte, was eine Untersuchung des Falls auslöst.[23] Noch während die Personalie Thema in der angesprochenen Kommission ist, lässt sich Lenz krankschreiben und reicht bereits einen Antrag auf vorzeitige Pensionierung ein.[24] Doch sowohl ein ausführliches Rechtfertigungsschreiben von Lenz selbst als auch mehrere »Unbedenklichkeitserklärungen und Ehrenbezeugungen«[25] anderer – auch ausländischer – Genetiker führen nach Absprache mit dem britischen Kontroll-Offizier schließlich dazu, dass Lenz seine Professorentätigkeit an der Universität Göttingen doch fortsetzen kann.

Von seinem Büro im Dachgeschoss des damaligen Hygiene-Instituts aus unterrichtet er nicht nur Studierende in Fragen menschlicher Erblehre, sondern prägt auch fachliche Debatten der Zeit mit, in denen er gemeinsam mit ehemaligen Kollegen wie Hans Nachtsheim auch weiterhin die Notwendigkeit selektionistischer Maßnahmen vertritt.[26] Noch 1951 macht er in einem Brief an Nachtsheim deutlich, dass der Holocaust nicht von den »sachlichen« Fragen im Fach ablenken dürfe: »Mir ist auch das Schicksal, das Millionen von Juden betroffen hat, sehr schmerzlich; aber das alles darf uns doch nicht bestimmen, biologische Fragen anders als rein sachlich zu betrachten.«[27] 1955 wird Lenz pensioniert, 1961 erfolgt seine nachträgliche Emeritierung. Glaubt man seinem Nachfolger auf dem Lehrstuhl, Peter Emil Becker (ebenfalls NSDAP- und SA-Mitglied[28]), nehmen die Göttinger vom zurückgezogen lebenden Lenz in dessen Jahren nach der Emeritierung nur dann Notiz, wenn er seine Wohnung für kurze Spaziergänge verlässt.[29] Dies ändert sich nur noch einmal im Jahr 1976. Nachdem Lenz unerwartet im Juli an einem Herzinfarkt verstirbt, verfasst die Universität Göttingen einen ehrenden Nachruf auf den »Pionier der deutschen Humangenetik an Universitäten«, der einer »Bewertung von ›Rassen‹ niemals zugestimmt habe«[30] – und setzt damit die Reinwaschung des Rassenhygienikers fort, die ihren Anfang schon dreißig Jahre vorher mit der Berufung auf den Lehrstuhl für Menschliche Erblehre genommen hatte.

Gerade mit Blick auf diese jahrzehntelange Schönfärbung mutet der unkritische Umgang mit dem Thema, der von Seiten der Universitätsmedizin und -leitung bis heute kultiviert wird, unverständlich an. So sorgte erst ein Brief der damaligen Göttinger Studierendenvertretung dafür, dass das Institut für Humangenetik im Jahr 2016 den Eintrag zur eigenen Geschichte, der selbst einen völlig unkritischen Bezug auf die Gründung des Institutes durch Lenz enthielt, von der eigenen Homepage entfernte und eine Aufarbeitung des Falles versprach.[31] Ein Versprechen, dessen Einlösung die Verantwortlichen bis heute aber schuldig geblieben sind. Mehr noch: Wer sich davon überzeugen möchte, wie stiefmütterlich der Sachverhalt nach wie vor behandelt wird, dem sei eine simple Online-Recherche mit den Suchbegriffen »Institut für Humangenetik Göttingen Geschichte« empfohlen – findet man so doch schon mit wenigen Klicks die unkritische Darstellung der Institutsgeschichte wieder, die auch im Jahr 2019 noch über eine veraltete Seite der Göttinger *Gesellschaft für Wissenschaftliche Datenverarbeitung* (GWDG) für jedermann einsehbar ist.[32]

Anmerkungen

1 Vgl. Geschichtswerkstatt Göttingen e. V., Medizin im Nationalsozialismus am Beispiel Göttingen. Ein Rundgang, Göttingen 2006, S. 13, und Katharina Trittel/Stine Marg/Bonnie Pülm, Weißkittel und Braunhemd. Der Göttinger Mediziner Rudolf Stich im Kaleidoskop, Göttingen 2014.
2 Vgl. Heiner Fangerau/Thorsten Halling, Fritz Lenz, in: Michael Fahlbusch et al. (Hg.), Handbuch der völkischen Wissenschaften: Akteure, Netzwerke, Forschungsprogramme, Berlin 2017, S. 442–444, hier S. 444.
3 Vgl. Anne Cottebrune, Eugenische Konzepte in der westdeutschen Humangenetik, 1945–1980, in: Journal of Modern European History, Jg. 10 (2012), H. 4, S. 500–518, hier S. 506.
4 Heiner Fangerau/Irmgard Müller, Das Standardwerk der Rassenhygiene von Erwin Baur, Eugen Fischer und Fritz Lenz im Urteil der Psychiatrie und Neurologie 1921–1940, in: Der Nervenarzt, Jg. 4 (2002), H. 11, S. 1039–1046, hier S. 1039.
5 Fritz Lenz, Die Stellung des Nationalsozialismus zur Rassenhygiene, in: Archiv für Rassen- und Gesellschaftsbiologie, Jg. 25 (1931), H. 3, S. 300–308, hier S. 302.
6 Ebd., S. 303.
7 Erwin Baur/Eugen Fischer/Fritz Lenz, Menschliche Erblehre und Rassenhygiene (Eugenik), 4. Aufl., München 1936, S. 737.
8 Rudolf Bultmann/Paul Althaus, Briefwechsel 1929–1966, Tübingen 2012, S. 70.
9 Hans-Walter Schmuhl, Rassenhygiene, Nationalsozialismus, Euthanasie. Von der Verhütung zur Vernichtung »lebensunwerten Lebens« 1890–1945, Göttingen 1987, S. 295 ff.
10 Fritz Lenz, Die Rasse als Wertprinzip. Zur Erneuerung der Ethik, München 1933, S. 7.
11 Hans-Christian Harten/Uwe Neirich/Matthias Schwerendt, Rassenhygiene als Erziehungsideologie des Dritten Reichs. Bio-bibliographisches Handbuch, Berlin 2006, S. 8.
12 Zit. nach Peter Weingart/Jürgen Kroll/Kurt Bayertz, Rasse, Blut und Gene. Geschichte der Eugenik und Rassenhygiene in Deutschland, Frankfurt am Main 1988, S. 566.
13 Ebd., S. 567.
14 Vgl. ebd.
15 Vgl. Cottebrune, S. 502.
16 Weingart et al., S. 562.
17 Vgl. Andreas Lüddcke, Der Fall Saller und die Rassenhygiene. Eine Göttinger Fallstudie zu den Widersprüchen sozialbiologistischer Ideologiebildung, Marburg 1995, S. 85.
18 Vgl. Anikó Szabó, Vertreibung, Rückkehr, Wiedergutmachung. Göt-

tinger Hochschullehrer im Schatten des Nationalsozialismus, Göttingen 2000, S. 191.
19 Vgl. Peter Emil Becker, Zur Geschichte der Rassenhygiene. Wege ins Dritte Reich, Stuttgart 1988, S. 202.
20 Vgl. ebd.
21 Vgl. Katharina Trittel, Hermann Rein und die Flugmedizin. Erkenntnisstreben und Entgrenzung, Paderborn 2018.
22 Vgl. Szabó, S. 193.
23 Vgl. Becker, S. 202.
24 Vgl. Ulrich Beushausen et al., Die Medizinische Fakultät im Nationalsozialismus, in: Heinrich Becker (Hg.), Die Universität Göttingen unter dem Nationalsozialismus, 2. Aufl., München 1998, S. 183–286, hier S. 247.
25 Fangerau/Halling, S. 444.
26 Vgl. Cottebrune, S. 506.
27 Ernst Klee, Das Personenlexikon zum Dritten Reich. Wer war was vor und nach 1945, Hamburg 2016, S. 367.
28 Vgl. Frank Hill, Dr. Emil Becker and the Third Reich, in: American Journal for Medical Genetics. Part A, H. 8 (2013), S. 1983–1984, hier S. 1983.
29 Vgl. Becker, S. 210.
30 Franz Walter, Schweigen der Honoratioren, in: INDES. Zeitschrift für Politik und Gesellschaft, Jg. 4 (2014), H. 2, S. 107–118, hier S. 117.
31 Vgl. AStA der Universität Göttingen, Offener Brief: Keine Huldigung für Antisemiten an der Universität Göttingen, 25.07.2016, online einsehbar unter https://asta.uni-goettingen.de/offener-brief-keine-huldigung-fuer-antisemiten-an-der-universitaet-goettingen/ [eingesehen am 22.01.2019].
32 Vgl. Institut für Humangenetik Universität Göttingen, Zur Geschichte des Instituts, 22.09.1999, online einsehbar unter http://wwwuser.gwdg.de/~humangen/Seiten/Geschichte%20Institut.html [eingesehen am 22.01.2019].

Unter die Räder gekommen

Der Schlörwagen

von Philip Dudek

Verließe man sich lediglich auf den etwas ulkig anmutenden Klang des Wortes, käme man vermutlich nicht auf die Erfindung, die sich hinter dem Namen »Schlörwagen« verbirgt.[1] Auch mit dem – zugegebenermaßen kreativen – Spitznamen »Göttinger Ei« weiß man nicht so recht etwas anzufangen. Denn die zunächst etwas seltsam anmutenden Bezeichnungen verraten nicht, dass es sich beim Schlörwagen tatsächlich um das vermutlich »windschnittigste Familienauto der Automobilgeschichte«[2] made in Göttingen handelt. Sein an zwei Flugprofilen orientiertes Design, das ihn wie einen Tropfen aussehen lässt und ihm seinen Beinamen verlieh, erreichte Messungen zufolge einen Strömungswiderstandskoeffizienten (c_w-Wert)[3] von 0,186 – ein Wert, an den selbst moderne Pkw nicht herankommen. Da der Aspekt der Nachhaltigkeit mittlerweile zu einem wesentlichen Bestandteil der Automobilbranche geworden ist,[4] strahlt das Projekt, für das der Schlörwagen steht, geradezu Aktualität aus. Doch ein Blick in die Vergangenheit zeigt, dass die Stromlinienforschung ihre Wurzeln bereits in den Anfängen des 20. Jahrhunderts hat und nahezu gleich alt wie das Automobil selbst ist.[5] Benannt nach seinem Erfinder Dipl.-Ing. Karl Schlör von Westhoffen-Dirmstein (1910–1997) sorgte der »Flügel auf Rädern« somit bereits 1939 das erste Mal für öffentliches Aufsehen.

Die ersten Versuche zur Verminderung des Luftwiderstandes am Automobil wurden schon Anfang des 20. Jahrhunderts unternommen. Weniger wissenschaftlich und mehr intuitiv orientierte sich die zu dieser Zeit noch als Nischenforschung zu bezeichnende Wissenschaft an den Erkenntnissen des Schiffsbaus und der Luftfahrt, sodass strömungsgünstige Karosserieformen bis 1920 häufig torpedo-, boots- oder auch luftschiffförmige Züge annahmen.[6] Doch gerade zu dieser Zeit waren die Anforderungen an Automobile andere: Die bürgerliche Mittelschicht verlangte sichere, geräumige und meist kastenförmige Fahrzeuge, mit denen sie bequem von A nach B reisen konnte. Zusätzlich war die damalig vorhandene Infrastruktur nicht auf hohe Geschwindigkeiten ausgelegt, sodass die Nachfrage nach windschnittigen Gefährten eher begrenzter Natur war. Konsequenterweise bestand auch aus wirtschaftlicher Sicht kein Interesse darin, in die Entwicklung aerodynamischer Karosserien zu investieren.[7]

All dieser Umstände zum Trotz führten die wenigen Erkenntnisse, die man aus dem Schiffsbau und der Luftfahrt auf den Karosseriebau übertragen konnte, in den 1920ern zu einer intensiveren Forschungsphase, die in den 1930ern ihren Kulminationspunkt erreichte.[8] Maßgeblich angetrieben wurde die Forschung durch das durch den Versailler Vertrag auferlegte Bauverbot von Luftfahrzeugen nach dem Ersten Weltkrieg. Widmeten sich die Forscher zuvor in erster Linie der Luftfahrt, rückte mit der Einführung des Verbots der Autorennsport verstärkt in den Fokus: Piloten waren oftmals auch Rennfahrer. Das in diesem Spezialforschungszweig schlummernde Potential wurde in den Folgejahren politisch und infrastrukturell gefördert: Verbesserte Straßenverhältnisse, der Ausbau von Schnellstraßen und Autobahnen, aber auch die stärker motorisierten und sicherer gewordenen Fahrzeuge bewegten Forscher und Konstrukteure dazu, die Idee der Stromlinie neu aufleben zu lassen. Dem schlechten Image von Stromlinienwagen – laut, eng, teuer – wirkte man entgegen, indem man Zugeständnisse an den Geschmack des Publikums machte.[9] Zwar war den ersten Prototypen in den 1920ern immer noch kaum Erfolg beschieden, doch stieg ihre Akzeptanz infolge des Kompromisses zwischen der Massen- bzw. Absatztauglichkeit und der Wissenschaft in den 1930ern zunehmend, auch wenn der gemütliche Kastenwagen nach wie vor nicht wegzudenken war.[10] In diesem Kontext kam auch Göttingen als »Wiege der Strömungsforschung«[11] eine entscheidende Rolle zu: Die Aerodynamische Versuchsanstalt (AVA) betrieb im Zuge der Ausweitung des Gebiets der Aerodynamik von Kraftfahrzeugen eigene Untersuchungen.[12] Die AVA stellte sich der Aufgabe, eine Wagenform zu entwickeln, »die einen möglichst geringen Luftwiderstand besitzt, dabei aber doch allen Anforderungen an ein Gebrauchsfahrzeug«[13] nachkommt. Unter der Leitung von Dr. Ing. Karl Schlör von Westhoffen-Dirmstein wurde im Auftrag des Reichsverkehrsministeriums unter dem dröge klingenden Projektnamen »AVA Gebrauchswagen« eben jenes Vorhaben umgesetzt.

Als Karl Schlör das Industrieunternehmen Krauss-Maffei bei München 1936 verließ und zur AVA stieß, wurde dort bereits unter der Leitung von Dipl.-Ing. Adolf Lange an einem Stromlinienmodell, dem sogenannten Lange-Wagen, geforscht.[14] Doch da Lange alsdann die AVA verließ, konnte er das Projekt nicht zu Ende führen. Von nun an übernahm Karl Schlör und entwickelte auf Grundlage von Langes Erkenntnissen eine eigene Karosserieform. Da allerdings die strömungstechnischen Ergebnisse des Lange-Wagens nicht den Vorstellungen entsprachen, entschied sich Schlör für eine einvolumige Karosserieform. An Göttinger Flügelprofilen orientiert, nahm das Schlör-Karosseriemodell eine geschlossene und rundliche Form an, die in ihrer zusammengesetzten Form optisch einer heutigen Computermaus ähnelte. Die erfolgten Modell-Messungen (Maßstab 1:5) ergaben, dass der Lange-Wagen trotz einer ähnlich großen Widerstandsfläche und einem ca. 30 Prozent kleineren Rauminhalt einen c_W-Wert von 0,141 aufwies, während der Schlörwagen unter gleichen Bedingungen einen Widerstandskoeffizienten von nur 0,113 erreichte.[15] Damit kam der Schlörwagen nicht nur den Ansprüchen an einen Gebrauchswagen wesentlich näher, sondern war zeitgleich windschnittiger und folglich auch effizienter. Folgerichtig führten die zufriedenstellenden Ergebnisse zum Bau eines Versuchswagens.

In erster Linie sollte der Versuchswagen aufschlüsseln, inwiefern er sich zum kleineren Modell hinsichtlich des Luftwiderstandswertes verhält. Folglich spielten bei der Realisierung des Prototyps eher kosten- und nutzeneffiziente Gründe eine entscheidende Rolle, infolge derer auf die Herstellung eines eigenen Fahrgestells verzichtet wurde. Man musste sich mit einer mehr schlechten als rechten »Kompromißlösung«[16] begnügen und entschied sich für das serienmäßig hergestellte Fahrgestell des Mercedes-Benz 170H, freilich mit einigen baulichen Veränderungen. Nachdem das Fahrgestell und die Karosserie einander angepasst worden waren, prüfte man zunächst das Fahrgestell auf Herz und Nieren, ehe man die in der Essener Firma Gebr. Ludewig angefertigte Karosserie draufsetzen ließ.

Das fertige Endprodukt sucht vermutlich bis heute (nicht nur in wissenschaftlicher Hinsicht) seinesgleichen: Mit einer Gesamthöhe von knapp 148 Zentimeter bei einer Bodenfreiheit von 20 Zentimetern und einer Breite von 210 Zentimetern erinnert der Schlörwagen an ein plattgedrücktes Brötchen. Die enorme Breite ist den Reifen geschuldet, die aus aerodynamischen Gründen in die Karosserie miteingefasst wurden. Eine weitere Besonderheit ist die mittige Vorverlegung des Fahrers mit der entsprechenden Fußpedal- und Schaltanordnung zugunsten einer umfangreicheren Sicht.[17] Dank der tiefliegenden Sitze war der Schlörwagen zudem äußerst geräumig – bis zu sieben Personen passten in das Göttinger Ei.[18] So eigenartig das Design auch wirken mag, der Erfolg des Versuchswagens ist nicht zu bestreiten. Im 1938 in Betrieb genommenen Windkanal erreichte der Versuchswagen einen Sensations-c_w-Wert von 0,186. Dies zeigte sich auch auf der Straße: Trotz des stolzen Gewichts von 1350 Kilogramm erreichte der Schlörwagen im Vergleich zum 250 Kilogramm leichteren Serienmodell des Mercedes 170H nicht nur eine höhere Endgeschwindigkeit, sondern auch eine Kraftstoffersparnis zwischen zwanzig und vierzig Prozent.[19] Seine hohe Seitenwindanfälligkeit und die erschwerte Manövrierbarkeit – der Preis für die Windschnittigkeit – waren dabei aber nicht unproblematisch.[20] Trotzdem resümiert Schlör (der sich zu diesem Zeitpunkt der Seitenwindproblematik nicht bewusst war) in einem Zwischenbericht an das Reichsverkehrsministerium, dass »[d]ie erzielten Ergebnisse […] recht zufriedenstellend« seien und auch für eine »eventuelle spätere serienmäßige Erstellung gute Resultate«[21] erhoffen ließen. Doch trotz des geäußerten Optimismus sollte dieser Schritt aus verschiedenen Gründen scheitern.

Nach den absolvierten Testfahrten und den daraus gewonnenen Ergebnissen sollte der Schlörwagen der breiten Öffent-

Das Göttinger Ei vor Haus 7 auf dem Gelände der AVA (Person: vermutlich Michael Hansen).

lichkeit nicht vorenthalten werden. Auf der 29. Internationalen Automobilmesse (IAA) im Frühjahr 1939 in Berlin konnte das Experimentalauto bestaunt werden.[22] Was zunächst wie eine gradlinige Erfolgsgeschichte anmutet, bietet jedoch spätestens ab diesem Zeitpunkt Anlass zum Zweifel. Denn zur gleichen Zeit wurde der von den Nationalsozialisten protegierte »Kraft-durch-Freude-Wagen« (KdF-Wagen) ausgestellt, der bereits vor der IAA als erschwingliches »Geschenk des Führers« an das Volk kräftig beworben wurde.[23] Schon mit der Ersteinführung des Typs 60 erreichte der KdF-Wagen 1938 nahezu Kultstatus, der durch ein eigens entwickeltes Sparsystem (welches die Vorfinanzierung des KdF-Wagens ermöglichen sollte) zusätzlich angekurbelt wurde.[24] Auch wenn der Schlörwagen sogar über die Landesgrenzen hinweg Aufmerksamkeit erregte,[25] ist davon auszugehen, dass er aufgrund der politisch motivierten »sales promotion« des KdF-Wagens bereits im Vorhinein schlechte Aussichten auf eine erfolgreiche Serienproduktion hatte.

Mit dem Ausbruch des Zweiten Weltkrieges spielte dies jedoch sowieso keine Rolle mehr: Die zivile Forschung musste an der AVA zugunsten der Luftwaffentechnik eingestellt werden. Folglich wurde »die Weiterentwicklung des Forschungsgebietes

›Deutsche Kraftfahrtforschung im Auftrag Reichsverkehrsministeriums‹ abgebrochen«[26], sodass auch der Schlörwagen in der Schublade verschwand. Obwohl die AVA weder vom Haushaltsvolumen noch von der Belegschaftsstärke die größte Luftfahrtforschungsanstalt darstellte, spielte sie bei der Ressourcenmobilisierung durch ihre Außenstellen in den besetzten Ländern für die Luftfahrtforschung eine zentrale Rolle.[27] »Es gehörte zu den Aufgaben, daß ins besetzte Ausland entsandte Ingenieure sich umzusehen hatte [sic], was an technischen Entwicklungen oder Fabrikaten für die Heimat und speziell für die Wehrmacht von Interesse sein könnte«[28], hält der nicht mehr in Göttingen ansässige Ingenieur Schlör in seinen Reisememoiren fest. Nach einigen Zwischenstationen in Norwegen übernahm Schlör dann die Leitung der AVA-Außenstelle in Riga, wo Versuche zur Verbesserung von Kampfschlitten für den Einsatz im Krieg unternommen wurden.[29] Reparaturen an in Norwegen oder Russland erbeuteten Motorschlitten ließen die Mitarbeiter der Außenstelle dabei von Kriegsgefangengen, die den Heine-Propellerwerken und nicht der AVA angehörten, ausführen.[30]

Eben ein solcher Motorschlitten holte den Schlörwagen ein letztes Mal aus der Versenkung. Aufgrund seines geringen Luftwiderstandes eignete sich der Schlörwagen zur Messung des Propellerschubs, sodass man sich kurzerhand dazu entschloss, einen erbeuteten Motor nach Göttingen zu transportieren und ihn auf das Heck des Stromlinienwagens zu montieren.[31] Über die darauffolgende Testfahrt auf der A7 schreibt Schlör sichtlich begeistert: »Bis zur Groner Landstraße konnte man durchfahren [...]. Mittlerweile füllten sich die Bürgersteige mit Jung und Alt und Männlein und Weiblein und als alle da waren, hob der Polizist seinen Arm und gab die Fahrt frei [...]. [D]röhnend und fauchend blies der Propeller [...] wie ein Orkan und die Hüte flogen, die Röcke hoben sich und die gaffende Menschheit stand bloß und frei solange, bis der Spuk vorbei war. Das Göttinger Tageblatt hatte für den nächsten Tag seine Sensation und das trug – wieder einmal – zum Ruhm des Kaiser-Wilhelm-Instituts und der Aerodynamischen Versuchsanstalt in Göttingen in populärster Weise bei.«[32]

Der Schlörwagen mit russischem Flugzeugpropeller auf dem AVA-Gelände.

Mit diesem fulminanten Finish verabschiedete sich der Schlörwagen in seinen den Umständen geschuldeten Winterschlaf, aus dem er nicht mehr erwachen sollte. Denn nach dem Zweiten Weltkrieg schwand das Interesse für den Schlörwagen nahezu vollständig. Auch wenn sich der ein oder andere Mythos um das Verschwinden des Prototyps rankte und man dessen Beschlagnahmung und Ausfuhr nach England durch die Alliierten vermutete, verwilderte das Modell mindestens bis Ende August 1948 im fahruntüchtigen Zustand in der AVA Göttingen. Der Versuch Schlörs, zumindest an die Überbleibsel seines Prototyps zu gelangen, scheiterte am Aushändigungsverbot der britischen Militärverwaltung. Die Wahrscheinlichkeit, dass das Göttinger Ei im Nachhinein schlichtweg verschrottet wurde, ist sehr hoch.[33]

In ganzheitlicher Betrachtung kann man beim Schlörwagen weder von Erfolg noch von Misserfolg sprechen; eine Bewertung hängt maßgeblich von der Perspektive ab. Gewiss: Der für die Zivilgesellschaft entsprungene Nutzen hält sich stark in Grenzen. Der Schlörwagen war vorerst nur als Experimentalauto gedacht und die nachträglich entwickelte Idee einer Serienproduktion sollte aufgrund seiner mangelhaften Fahrsicherheit und aus den bereits genannten Gründen scheitern. Doch als Produkt neugieriger, ja vielleicht sogar spielerischer Wissenschaft ist der Schlörwagen in jedem Fall erwähnenswert. In der Stromlinienforschung setzte der Schlörwagen mit der konsequenten aerodynamischen Umsetzung und Konstruktion einen Meilenstein, der seinesgleichen sucht. Bis heute.

Anmerkungen

1 Ein herzlicher Dank geht an die Leiterin des Zentralen Archivs des Deutschen Zentrums für Luft- und Raumfahrt (DLR) in Göttingen, Jessika Wichner, die mit Rat und Tat zur Seite stand.
2 DLR, Vor 70 Jahren: Das windschnittigste Familienauto der Automobilgeschichte, in: dlr.de, 06.05.2009, online einsehbar unter https://www.dlr.de/desktopdefault.aspx/tabid-5105/8598_read-17286/8598_page-5/ [eingesehen am 10.01.2019].
3 Der Widerstandsbeiwert c_w beschreibt, wie strömungsgünstig die Luft um den Körper strömt. Je kleiner er ist, desto windschnittiger ist der PKW.
4 Vgl. René Bormann et al., Die Zukunft der deutschen Automobilindustrie, in: WISO-Diskurs, H. 3/2018, S. 6.
5 Vgl. Christian Binnebesel, Vom Handwerk zur Industrie – Der Pkw-Karosseriebau in Deutschland bis 1939, Berlin 2008, S. 92.
6 Vgl. Reinhard Koenig-Fachsenfeld, Aerodynamik des Kraftfahrzeugs, Frankfurt am Main 1951, S. 35 f.
7 Vgl. Binnebesel, S. 93 f.
8 Vgl. ebd., S. 119 f.
9 Vgl. Jens Wucherpfennig, Unter dem Wind, in: DLR Nachrichten, H. 124/2009, S. 58–61, hier S. 60.
10 Vgl. Binnebesel, S. 122 ff.
11 Wucherpfennig, S. 59.
12 Vgl. Zentrales Archiv des DLR e. V., AK-3181, S. 1.
13 Ebd., S. 2.
14 Vgl. Wolf-Heinrich Hucho, Einführung, in: Thomas Schütz (Hg.), Aerodynamik des Automobils, Wiesbaden 2013, S. 1–62, hier S. 21 f.
15 Vgl. DLR, AK-3177, S. 11 ff.
16 Ebd., S. 17.
17 Vgl. ebd., S. 33.
18 Vgl. DLR, AK-3181, S. 11.
19 DLR, Forscher lösen Rätsel des »Flügels auf Rädern«, in: dlr.de, 01.08. 2014, online einsehbar unter https://www.dlr.de/dlr/desktopdefault. aspx/tabid-10122/333_read-11160/year-2014/#/gallery/15918 [eingesehen am 10.01.2019].
20 Vgl. Wucherpfenning, S. 61.
21 DLR, AK-3177, S. 37.
22 Vgl. IAA, Die Internationale Automobilausstellung in Deutschland –

Ihre Zündfunken, ihre Meilensteine, in: iaa.de, o. D., online einsehbar unter https://www.iaa.de/iaa/historie/ [eingesehen am 10.01.2019].
23 Vgl. Gert Selle, Geschichte des Design in Deutschland, Frankfurt am Main u. a. 2007, S. 204 f.
24 Vgl. ebd.
25 In einer Anfrage des *monkemeyer press photo service* im März 1939 wird beispielsweise nach Lichtbildern für eines der führenden U. S.-amerikanischen Automagazine angefragt, vgl. DLR, AK-L 221/39.
26 DLR, AK-3261, S. 1.
27 Vgl. Florian Schmaltz, Luftfahrtforschung auf Expansionskurs. Die Aerodynamische Versuchsanstalt in den besetzten Gebieten, in: Sören Flachowsky/Rüdiger Hachtmann/Florian Schmaltz (Hg.), Ressourcenmobilisierung: Wissenschaftspolitik und Forschungspraxis im NS-Herrschaftssystem, Göttingen 2016, S. 326–382.
28 DLR, AK-3261, S. 5.
29 Vgl. ebd., S. 2 ff.
30 Vgl. ebd., S. 34.
31 Vgl. ebd., S. 18.
32 Ebd., S. 19.
33 Vgl. DLR, Flügel auf Rädern.

»Dafür stehen Sie sogar nachts auf!«
Die Geschichte der Bihunsuppe

von Teresa Nentwig und Michael Thiele

Nach einer kurzen Unterbrechung steht sie wieder in den Regalen vieler Supermärkte: die Bihunsuppe.[1] Der Werbespruch »Dafür stehen Sie sogar nachts auf!« ziert noch heute die Konservendosen mit der würzig-scharfen Suppe aus Glasnudeln, Hühnerfleisch, Paprika, Champignons, Sojasoße und verschiedenen Gewürzen. Inspiration schöpfte Joachim Seeckts als Urheber des Slogans aus einer Situation, die sich in den 1960er Jahren an einem späten Abend in der Göttinger Sternstraße 13 ereignet haben soll. Demnach kam zur nächtlichen Stunde ein junges Paar in das dort von den Gebrüdern Seeckts betriebene Restaurant »Indonesia-Bar«. Als Beweggrund für den späten Streifzug führten die Frau und der Mann den plötzlich eingetretenen Appetit auf die Bihunsuppe an, der ihnen sprichwörtlich den Schlaf geraubt hatte.

Das hier symbolisch zu verstehende Fundament für die Indonesia-Bar in Form eines dünnen chinesischen Reispapiers war den Seeckts in Indonesien überreicht worden. Mit der Intention, sich aus der DDR abzusetzen und einen finanziellen Grundstein für den Neubeginn in der Bundesrepublik Deutschland zu legen, arbeiteten die Brüder Seeckts im Jahr 1958 zunächst an Bord eines ostdeutschen Frachters mit angepeiltem Ziel Indonesien, Dieter Seeckts als Koch und Joachim Seeckts als Steward. In Jakarta tauchten sie erfolgreich unter, verdienten ihr Geld zwei Jahre lang auf Java in Hotels, Restaurants und Garküchen und verließen Indonesien 1960 wieder – mit Geld gefüllten Taschen und mit dem handgeschriebenen Originalrezept zur Zubereitung der Bihunsuppe in den Händen, welches ihnen der Besitzer eines Restaurants in Bandung auf dünnem chinesischen Reispapier als Abschiedsgeschenk anvertraut hatte. »Bihun« ist denn auch ein indonesisches Wort, welches »Glasnudel« bedeutet – und mit »Huhn« nichts zu tun hat.

Das in Fernost verdiente Geld investierten die beiden Seeckts, die aus dem Erzgebirge stammten, Ende 1960 oder Anfang 1961 in ihrer neuen Heimatstadt Göttingen, genauer: in eine freigewordene Studentenkneipe in der Sternstraße 13. Hier verzauberten die beiden Brüder ihre Gäste nun mit indonesischen Gerüchen und Geschmacksrichtungen, darunter Prominente wie Uschi Glas, Götz George und Bill Ramsey (siehe Abbildung nächste Seite). Dass die fernöstliche Küche zu dieser Zeit als exotisch galt, bekräftigt Thomas Loibl – die Markenrechte für die Bihunsuppe liegen seit 1998 im Besitz der Familie Loibl: »Erdnusssoße über Hühnchen – das war ja für die Deutschen etwas sehr Merkwürdiges.«[2] Doch gerade das schien den Reiz des neuen Restaurants auszumachen.

Von einem im Laufe der Jahre expandierenden Bekanntheits- und Beliebtheitsgrad der Bihunsuppe zeugt Anfang der 1970er Jahre die stetig steigende Nachfrage von anderen Restaurants. Die Produktion der Auslieferungen ließ sich jedoch nicht mehr lange parallel zum eigenen Gastronomiebetrieb in der Indonesia-Bar bewältigen – die räumlichen Kapazitäten des Restaurants waren zunehmend begrenzt. Daher gründeten die Seeckts 1971 die Indonesia Bihunsuppen GmbH. Mit dieser Firma produzierten sie die Bihunsuppe fortan in einer ehemaligen Schlachterei in Lenglern, einem kleinen Dorf bei Göttingen. Rasch entwickelte sich aus zwei Tagen Extraschicht für die frische Herstellung und Belieferung der Bihunsuppe an andere Gastronomiebetriebe eine volle Arbeitswoche.

Zur Jahreswende 1971/1972 verzeichneten die Seeckts dann den »eigentlichen Durchbruch am Markt«[3]: Sie konnten die Bihunsuppe tiefgefroren, d. h. für die damalige Zeit auf innovative Art und Weise, in der Feinkostabteilung der Göttinger Karstadt-Filiale platzieren. Wie weit diese Verkaufsform ihrer Zeit und potenzieller Konkurrenz im Suppensegment voraus war, betont Thomas Loibl: »[Die] Bihunsuppe tiefgekühlt war früher in den deutschen Tiefkühltruhen, als sich die Pizza tiefgekühlt durchgesetzt hat.«[4] Mit Auslieferungsausweitungen an sämtliche Kaufhäuser, Abholgroßmärkte und die Gastronomie stieß

Die Geschichte der Bihunsuppe 147

Auszug aus dem Gästebuch der Indonesia-Bar.

die Bihunsuppe – und so das mittelständische Unternehmen der Seeckts – bis dato konkurrenzlos in eine Marktlücke vor und konnte sich nationaler Bekanntheit und Popularität erfreuen. In Berlin beispielsweise standen die Kundinnen und Kunden in den Karstadt-Filialen der Stadt Schlange, um die Suppe zu probieren und zu kaufen (siehe Abbildung nächste Seite).

In den darauffolgenden Jahren entwickelte sich die Marke im Suppensegment zu einer wahren Lichtgestalt in deutschen und ausländischen Tiefkühltruhen, deren Antlitz sich durch bald folgende Nachahmerprodukte von Großbetrieben nicht eintrüben ließ, und stattdessen die Werbeeffekte der Konkurrenz für sich nutzte und absorbierte. Überhaupt war es nicht notwendig, das ohnehin geringe wirtschaftliche Kapital in überregionale Werbemaßnahmen zu investieren: Das im Laufe der Jahre aufgebaute Sozialkapital – der treue Kundenstamm – sorgte mit Mund-zu-Mund-Propaganda für die Sicherung und Ausweitung der etablierten Position am Markt.

Doch eine Werbemaßnahme darf wegen ihrer Nachhaltigkeit nicht unerwähnt bleiben: das »Bihunfest«, das rasch zu einer Art »Volksfest«[5] wurde. Die Basis hierfür hatten Dieter und Joachim Seeckts mit dem 1976 erfolgten Umzug in das rund zehn Kilometer von Lenglern entfernte Barterode gelegt. Dort besaßen sie

Andrang beim »Exclusiv-Verkauf« der Bihunsuppe Anfang der 1970er Jahre bei Karstadt in Berlin.

seit 1975, etwas abseits des kleinen Ortes, eine stillgelegte Molkerei, die sie für die Suppenproduktion modernisierten. Das konventionelle Marketing und den Vertrieb übergaben die Seeckts an ein in Gelsenkirchen ansässiges Unternehmen, während sie selbst das Bihunfest erfanden, welches erstmals 1976 stattfand. Es zog so viele Besucherinnen und Besucher an, dass es nach der Wiedervereinigung nicht nur an einem Tag im Jahr, sondern fortan zweitägig am ersten Freitag und Samstag im Oktober organisiert wurde. Zum Teil kamen in den ersten Jahren weit mehr als 20.000 Gäste aus allen Altersklassen auf das Firmengelände. Anfangs für einen Pfennig, konnten die Bihunfestbesucherinnen und -besucher so viel Bihunsuppe löffeln, wie sie wollten.[6]

Ihr »Spezialitäten-Restaurant«[7] in Göttingen hielten die Seeckts noch bis 1975 aufrecht; danach war es aus Zeitgründen nicht mehr möglich. In Verbindung mit dem Auszug aus der alten Schlachterei im Jahr 1976 führte dies zwar zum Verlust des Fundaments der eigenen Entstehungsgeschichte; doch mit dem Einzug in die ehemalige Molkerei nach Barterode im selben Jahr konnten die Seeckts die Suppenproduktion weiter an die stetig steigende Nachfrage anpassen, die 1977 nochmals Erweiterungen der Kapazitäten erforderlich machte.

Dies war auch wieder Mitte der 1990er Jahre zum 25-jährigen Firmenjubiläum der Fall: Dieter und Joachim Seeckts investierten 1996 in ein Gebäude zur Tiefkühlproduktion und erhielten zudem die Zulassung als EU-Betrieb – eine Voraussetzung für den fortbestehenden Verkauf der eigenen Produkte außerhalb des Unternehmensstandorts. Zwei Jahre später verkauften die Seeckts ihre Firma an den Münchener Unternehmer Thomas Loibl und gingen mit Anfang bzw. Mitte sechzig in Rente. Loibl hatte in seiner eigenen Vertriebsfirma für Nahrungs- und Genussmittel ausschließlich Aufgaben im Vertrieb und Marketing wahrgenommen und nun für die Idee gebrannt, »das mit einer eigenen Produktion zu unterfüttern.«[8]

Die Entscheidung für den Ort Barterode, den Loibl zusammen mit einer Gebäckfabrik am Bodensee und einer Tiefkühlproduktion in Frankfurt/Oder als potenzielle Produktionsstätte in die engere Auswahl genommen hatte, begründet er folgendermaßen: »Da gab es keinen Vertrieb, da gab es kein Marketing, sondern da hat man sich immer fremder Leute bedient, sodass in Barterode produziert und die Ware sofort auf einen LKW geladen wurde. Und dann hat sie das Haus verlassen. Wir kamen genau von der anderen Seite und haben gesagt: Wir können Vertrieb und Marketing. Und da passte es einfach deutlich besser. Und so gesehen war das die Entscheidung, zu sagen: ›Ja, das machen wir so.‹«[9] In jedem Fall war sich der neue Inhaber der Attraktivität der Bihunsuppe bewusst: Thomas Loibl rief im Jahr 1998 die Marke »Indonesia« ins Leben, unter der die Bihunsuppe bald zusammen mit anderen asiatischen Produkten, wie den Reisgerichten »Indonesia Minuten-Menüs«, vermarktet wurde. Außerdem benannte er 2001 seine Firma in »Barteroder Feinkost GmbH« um und setzte überregional auf Produktneuheiten, darunter die kalorienarme Kohlsuppe »Magic Soup« und Milchreis mit Sahne und Vanille.[10]

Auf dem von Loibl fortgeführten Bihunfest, das auch immer die regionale Verwurzelung der Marke pflegte wie auch repräsentierte, sorgten die neuentwickelten Produkte auf kulinarischer Ebene für mehr Vielfalt. Abwechslungsreicher erschien das Bihunfest im Laufe der Zeit zudem durch neue Elemente im Rahmenprogramm, wie dem Küren des »Bihunsuppen-Königs« und dem Singen des »Bihunsuppen-Songs«. Das Bihunfest musste kaum noch beworben werden und fand seit 2001 sogar noch einen Tag länger statt. In jenem Jahr zog es insgesamt 35.000 Besucherinnen und Besucher in das ländlich gelegene Barterode. Mit anderen Worten: Die Bihunsuppe hatte sich zum Kultprodukt entwickelt.

Nachdem sich der Umsatz in zehn Jahren verdoppelt hatte und die Aufträge mit der bestehenden Produktion nicht mehr gestemmt werden konnten, kündigte Loibl schließlich 2010 eine Expansionsstrategie an. Eines der Ziele – ein jährliches Wachstum von zwanzig bis dreißig Prozent – wurde bereits in den Jahren 2012 und 2013 erreicht.[11] Daneben sah die Expansionsstrategie eine nochmalige Sortimentsausweitung und den Bau einer neuen Lagerhalle vor. Auch diese Ziele wurden rasch umgesetzt: Die Gäste des 35. Bihunfests im Jahr 2011 konnten aus einem Sortiment ihre Schüsseln füllen, das »bis zu 160 unterschiedliche Kreationen in verschiedenen Kategorien«[12] umfasste. Die neugebaute Lagerhalle, die mit 3,8 Millionen Euro bis hierhin größte Investition der Firmengeschichte, feierte in jenem Jahr mit der Unterbringung der Besucherinnen und Besucher des Bihunfests ihre Einweihung, bevor sie als Produktionshalle ihrem Hauptzweck diente.[13]

Doch im Jahr 2013 fand das Bihunfest in seiner bisherigen Form ein jähes Ende: Die immer weiter gestiegenen Auflagen für Großveranstaltungen konnten mit den Vorschriften für eine industrielle Produktion nicht mehr in Einklang gebracht werden; Produktionsstillstände von bis zu zwei Wochen wären notwendig gewesen – für ein mittelständisches Unternehmen unmöglich.[14] Lediglich ein kleines Bihunfest, verlegt in das Göttinger Einkaufszentrum »Kauf Park«, konnte im November 2013 realisiert werden.[15] Dass sich die Barteroder Feinkost GmbH dennoch weiter auf der Erfolgsspur befand, zeigen u. a. die Auszeichnungen durch die *Lebensmittel Zeitung*: 2013 wurde die Marke »Indonesia«, 2014 die Marke »Barteroder Feinkost« aufgrund ihres Erfolgs bei den Verbraucherinnen und Verbrauchern als »Top-Marke« prämiert.[16] Damit hatte der mittelständische Betrieb, der zu Spitzenzeiten mehr als hundert Mitarbeiterinnen und Mitarbeiter beschäftigte, in zwei aufeinanderfolgenden Jahren eine der wichtigsten Auszeichnungen der Lebensmittelbranche erhalten.

Zu jener Zeit jedoch traten die Auswirkungen der veränderten Handelslandschaft immer mehr zutage: Klein- und Mittelstandsbetriebe, die im Suppenmarkt tätig waren, wurden von den großen Supermarktbetreibern (wie etwa Lidl und Rewe) nicht mehr berücksichtigt; sie waren wirtschaftlich immer weniger überlebensfähig. Die Barteroder Feinkost GmbH hatte darauf bereits mit den schon erwähnten Produkterweiterungen reagiert, um neue Zielgruppen zu erschließen und damit Marktanteile gegenüber den großen Konzernen zu erkämpfen.[17]

Gleichzeitig bemühte sich das Barteroder Unternehmen weiterhin um Aufträge für die Eigenmarken der großen Handelsketten, deren Produktion jährlich europaweit neu ausgeschrieben wird. Im Laufe der Zeit nahm die Zahl dieser Ausschreibungen allerdings ab, was sowohl den Wettbewerb als auch die Planungsunsicherheit verschärfte. Als schließlich ein Kunde aus dem Discountbereich wegfiel, für den die Barteroder Feinkost GmbH bisher eine Eigenmarke produziert hatte, war die Basis für die Insolvenz im Jahr 2015 gelegt. Denn darüber hatte das Barteroder Unternehmen bisher einen erheblichen Teil seines Umsatzes gemacht.[18]

Die finanzielle Schieflage brachte Entlassungen von Mitarbeiterinnen und Mitarbeitern mit sich. Jedoch konnten auch während des Insolvenzverfahrens Angestellte weiterbeschäftigt werden und im Zuge einer relativ schnellen Übereinkunft zwischen der Geschäftsführung, der Gläubigergesellschaft sowie der Hausbank ihre Arbeit wiederaufnehmen. Die verbliebenen Mitarbeiterinnen und Mitarbeitern wechselten dann im Frühjahr 2016 in die neu gegründete Athalevo Foods GmbH, welche unter Federführung des alten und neuen Geschäftsführers Thomas Loibl den Betrieb in Barterode aus dem Insolvenzverfahren heraus übernahm.

Loibl setzte nun vor allem auf die Bihunsuppe: Auf die Konservendosen ließ er das Originaletikett kleben, welches erstmals 1971 die Verpackung einer tiefgefrorenen Bihunsuppe geziert hatte und auch lange auf den Konserven zu sehen war.[19] Durch diese Rückbesinnung konnten die Probleme der alten Gesellschaft jedoch nicht bereinigt werden. Diese schienen nach der Insolvenz der Barteroder Feinkost GmbH im Gegenteil präsenter denn je zu sein. Und sie boten die Grundlage für Entwicklungen, die die Athalevo Foods GmbH im Mai 2018 veranlassten, ebenfalls einen Insolvenzantrag zu stellen.[20]

Zwar erwies sich die Marktstellung der Bihunsuppe auch nach der Insolvenz der Barteroder Feinkost GmbH als gesichert, nicht zuletzt durch die Identifizierung der Kundinnen und Kunden mit dem Produkt, die möglicherweise durch den neuen Retrolook noch gefördert wurde. Allerdings waren bei vielen anderen Produkten, die im Suppensegment der Athalevo Foods GmbH angeboten wurden, die Stagnation bzw. der Rückgang im Absatz auch nicht durch die Reaktion auf Markttrends zu stoppen. So gab Insolvenzverwalter Jens Köke an, dass die Strategie, auf den sinkenden Konsum von Fertig- und Dosenprodukten mit dem Vertrieb von Suppen im Glas zu reagieren, bei den Kundinnen und Kunden keine besondere Resonanz hervorgerufen habe. Nachdem kein Käufer bzw. Investor gefunden werden konnte, mussten die Produktion und der Geschäftsbetrieb der Athalevo Foods GmbH schließlich im August 2018 endgültig beendet werden. Kündigungen aller Beschäftigten folgten; die Bihunsuppe verschwand aus den Regalen.

Thomas Loibl suchte daraufhin nach Investoren und Produzenten, die »die Firmen-DNA der Bihunsuppe fortführen wollen […]. Jemand, der die Qualität beherrscht, der sich mit dem Produkt identifiziert, der sich mit der Marke identifiziert, der bereit ist, die Geschichte mit zu übernehmen.«[21] Die Dreistern-Konserven GmbH & Co. KG aus dem brandenburgischen Neuruppin erfüllte die Kriterien – seit Oktober 2018 produziert sie die Bihunsuppe nach dem Originalrezept wieder unter der Marke »Indonesia Bihunsuppe«. Das Markenrecht liegt weiterhin im Besitz der Familie Loibl. Thomas Loibl vermarktet die Bihunsuppe nun im Rahmen seiner neugegründeten Cenabis GmbH mit Sitz in Göttingen. In der südniedersächsischen Stadt, wo die Geschichte der Bihunsuppe zu Beginn der 1960er Jahre ihren Lauf nahm, befindet sich seit Ende 2018 auch der Werksverkauf, wo Loibl die »berühmte Kult-Suppe«[22] sowie einige andere Produkte aus dem früheren Sortiment anbietet.

Die Absätze der Bihunsuppe sind stabil geblieben. Darin zeigt sich die Weitergabe des Geschmacks, der Tradition und der Markenbindung der Kundinnen und Kunden auf der Grundlage eines generationsübergreifenden Konsums – ein Muster, welches sich schon in den 1970er Jahren abgezeichnet hatte und die Bihunsuppe trotz der großen Konkurrenz durch Nachahmerprodukte auf dem Markt bestehen ließ. Sie wirkt bindend, vertraut, fast zeitlos. Mit ihr schwelgt man in Erinnerungen an vergangene Tage und Bihunfeste. Und auch in der Familie Loibl, die mit der Bihunsuppe nun schon über zwanzig Jahre verbunden ist, kam kürzlich die jüngste Generation auf den Geschmack.[23] Dies kann die Familie hoffen lassen, das Originalrezept der Bihunsuppe weiterreichen und so eine Geschichte fortführen zu können, die damals mit der Übergabe des dünnen chinesischen Reispapiers an die Seeckts auf Java ihren Anfang nahm.

Diese Geschichte – das zeigt der vorliegende Text – ist eine wechselvolle Geschichte: In weiten Teilen von großen Erfolgen geprägt, handelt sie gleichzeitig auch von Tiefen und schwierigen Kämpfen. Sie bedeutete für z. T. langjährige Mitarbeiterinnen und Mitarbeiter den Arbeitsplatzverlust, gingen doch zwei Firmen, die die Bihunsuppe produzierten, insolvent. Und doch sieht derzeit wieder alles nach Aufbruch aus: Die Loibls ließen sich nicht unterkriegen und forcieren jetzt den Absatz »ihrer« Suppe.

Und so soll ein Zitat von der langjährigen Göttinger Bundestagsabgeordneten Rita Süssmuth diesen Beitrag beschließen. 1994, anlässlich ihres Besuchs beim Bihunfest, schrieb die damalige Bundestagspräsidentin über die Indonesia Bihunsuppen GmbH ins Gästebuch: »Ein Unternehmen, das aus einer Idee heraus Ungewöhnliches gewagt und geschaffen hat. Das Wichtigste sind Kreativität, Mut und Teamgeist. Herzlichen Glückwunsch und stets innovativen Geist!«[24] Diese Eigenschaften sind auch 25 Jahre später noch wichtige Grundlagen für den Erfolg von besonderen Ideen, von Entdeckungen, von neuen Produkten.

Anmerkungen

1 Wenn nicht anders angegeben, stützt sich der vorliegende Aufsatz auf die folgenden Quellen, die z. T. im Firmenarchiv vorhanden sind: Michael Brakemeier, Bihunsuppe »Indonesia« wieder im Regal. Firma Dreistern aus Neuruppin produziert den Suppenklassiker/Markenrecht bleibt beim alten Eigentümer, in: Göttinger Tageblatt, 26.10.2018; Markus Riese, Gelebte Tradition vor den Toren Göttingens. Die Bihunfeste lockten jahrzehntelang Tausende Besucher nach Barterode, in: Göttinger Tageblatt, 15.08.2018; Helmut Uebbing, Vom Erzgebirge über Indonesien nach Göttingen. Mit einem Suppenrezept haben die Brüder Seeckts Erfolg. Ein Unternehmensporträt, in: Frankfurter Allgemeine Zeitung, 06.08.1977; ders., Vom Erzgebirge über Indonesien nach Göttingen. Mit einem Suppenrezept haben die Brüder Seeckts Erfolg, in: Karl Ohem (Hg.), Mit Ideen zum Erfolg. Wie Mittel- und Kleinbetriebe interessante Märkte erobern. Über 100 Firmenporträts von Unternehmen, die es geschafft haben, Frankfurt am Main 1977, S. 119–121; o. V., Zehn Jahre Bihun-Suppe. Ein Erfolgs-Geschenk aus Indonesien, in: tk-report, März 1980, S. 47; o. V. (Kürzel: pre), Indonesia Bihunsuppen GmbH. Jubiläum und Zulassung als EU-Betrieb. Das Geheimnis des Pergaments, in: Göttinger Tageblatt, 05.10.1996; o. V. (Kürzel: soz), Thomas Loibl: »Das Schiff ist in voller Fahrt«. Barteroder Feinkost GmbH feiert 40 Jahre Bihunsuppe/Investition und Expansion in Barterode, in: Göttinger Tageblatt, 28.05.2003.
2 Gespräch der Verfasserin und des Verfassers mit Thomas Loibl am 05.12.2018 in Göttingen.
3 Uebbing, S. 120.
4 Gespräch mit Thomas Loibl am 05.12.2018 in Göttingen.
5 Ebd.; Riese.
6 Zum Bihunfest vgl. z. B. Hanne-Dore Schumacher, »Jede süße Puppe isst gern Bihunsuppe« – Bihunsuppen-Song. Tausende kommen zum Bihun-Volksfest nach Barterode/Premiere für eigenen Suppensong, in: Göttinger Tageblatt, 13.10.2006; Indonesia Bihunsuppen GmbH, Zur Entstehung des »Bihunfestes«, o. D. [1996], in: Firmenarchiv; o. V. (Kürzel: ga), 23 000 Besucher und nahezu 11 000 Mark für Lernbehinderte. Das dritte »Bihunsuppenfest« schlug alle bisherigen Rekorde, in: Göttinger Tageblatt, 10.10.1979; o. V. (Kürzel: gö), »Suppenwetter« und 35 000 Besucher. Großer Andrang beim 25. Bihunfest in Barterode, in: Göttinger Tageblatt, 08.10.2001.
7 Uebbing, S. 119.
8 Gespräch mit Thomas Loibl am 05.12.2018 in Göttingen.
9 Ebd.
10 Ebd. Einen guten Überblick über die Ausweitung der Produktpalette bieten diverse Artikel in der *Lebensmittel Zeitung*, z. B. Markus

Die Geschichte der Bihunsuppe 155

Schmidt-Auerbach, Neue Geschmacksrichtungen in Dosen. Barteroder Feinkost erweitert asiatisches und vegetarisches Sortiment um die feine Küche, in: Lebensmittel Zeitung, 23.08.2002.
11 Gespräch mit Thomas Loibl am 05.12.2018 in Göttingen.
12 Riese.
13 Vgl. Hanne-Dore Schumacher, Barteroder Feinkost stellt Neubau vor. Millionen Investitionen an der Auschnippe/Bihunfest, in: Göttinger Tageblatt, 03.10.2011.
14 Gespräch mit Thomas Loibl am 05.12.2018 in Göttingen.
15 Vgl. o. V., Kaufpark Göttingen: Asyl für Bihunsuppen-Fans, in: Goettinger-Tageblatt.de, 06.11.2013, online einsehbar unter http://www.goettinger-tageblatt.de/Die-Region/Goettingen/Kaufpark-Goettingen-Asyl-fuer-Bihunsuppen-Fans [eingesehen am 24.01.2019].
16 Vgl. Nicole Jagusch, Feinkost: Markenmacher, in: Lebensmittel Zeitung, 05.07.2013; o. V., Feinkost: Markenmacher, in: Lebensmittel Zeitung, 04.07.2014.
17 Gespräch mit Thomas Loibl am 05.12.2018 in Göttingen.
18 Ebd. Zum Insolvenzantragsverfahren der Barteroder Feinkost GmbH vgl. u. a. Bernd Schlegel, Barteroder Feinkost GmbH beantragt Insolvenz, in: HNA.de, 02.07.2015, online einsehbar unter https://www.hna.de/lokales/goettingen/adelebsen-ort201122/bateroder-feinkost-gmbh-beantragt-insolvenz-5198181.html [eingesehen am 24.01.2019]; o. V. (Kürzel: sg), Produktion wieder aufgenommen. Fortschritte bei Unternehmensrettung, in: Göttinger Tageblatt, 20.05.2016.
19 Gespräch mit Thomas Loibl am 05.12.2018 in Göttingen.
20 Zur Insolvenz der Athalevo Foods GmbH vgl. u. a. Markus Riese, Barteroder Bihunsuppe endgültig am Ende, in: Göttinger Tageblatt, 15.08.2018; Ulrich Schubert, Bihunsuppen-Fabrik musste zeitweise Betrieb stoppen. Lieferanten und Kunden trotz Insolvenzantragsverfahren treu/Erste Kaufinteressenten, in: Göttinger Tageblatt, 13.06.2018.
21 Gespräch mit Thomas Loibl am 05.12.2018 in Göttingen.
22 Bernd Schlegel, Die ehemalige Barteroder Bihunsuppe kommt jetzt aus Brandenburg, in: HNA.de, 28.10.2018, online einsehbar unter https://www.hna.de/lokales/goettingen/ehemalige-barteroder-bihunsuppe-kommt-jetzt-aus-brandenburg-10396333.html [eingesehen am 24.01.2019].
23 Gespräch mit Thomas Loibl am 05.12.2018 in Göttingen.
24 Eintrag vom 08.10.1994, in: Firmenarchiv.

Die Göttinger Linie
Deeskalationsstrategie der Göttinger Polizei um 1968

von Birgit Redlich

Protestgewalt ist aktuell in aller Munde. Insbesondere nach den Ereignissen um die G20-Proteste in Hamburg im Sommer 2017 drehen sich viele Fragen darum, ob die Strategie der Polizei zu einem solchen Ausmaß an Gewalt geführt habe oder ob es eine neue Bedrohung von links gebe – je nachdem aus welcher politischen Richtung man die Ereignisse betrachtet. Allerdings sind die Themen Deeskalation und Eskalation für die Polizei in Deutschland nichts Neues. Seit dem Ende des Zweiten Weltkrieges und einer Neuaufstellung der Polizei gibt es hier Überlegungen zur Deeskalation. Zunächst konnte sich die Polizei nur an Erfahrungen und Strukturen der Weimarer Republik orientieren. Insbesondere große Versammlungen wurden seit der Weimarer Republik als problematisch angesehen. So heißt es in einem Kommentar aus dem Jahre 1968 zum Versammlungsgesetz rückblickend: »Das Versammlungsrecht ist lange Zeit als negatives Statusrecht betrachtet worden. Seine Ausübung wurde geduldet, nicht gewünscht. Der Gebrauch der Versammlungsfreiheit galt als potenziell gefährlich. […] Von dieser Auffassung ist viel geblieben.«[1]

Beschäftigt man sich mit der Rolle der Polizei in Deutschland um 1968/1969 herum, so wird gesagt, dass sie sich wohl noch nie so stark wie zu diesem Zeitpunkt mit dem eigenen Selbstbild auseinandergesetzt und die Gewaltfrage nicht nur die Demonstrierenden, sondern auch die Polizei gespalten habe. Beim Sternmarsch auf Bonn anlässlich der Notstandsgesetze am 11. Mai 1968 ging es friedlich zu, trotz seiner beträchtlichen Größe von 50.000 Demonstrierenden, was durch eine Zusammenarbeit von Veranstaltern und Polizei zustande kam.[2] Reformer entwickelten punktuell die überkommenen Strukturen in der Polizei und die Polizeikultur fort – sie repräsentierten jedoch nicht den »Mainstream« der Polizei.³ Insbesondere gab es keinen institutionalisierten Austausch von Erfahrungen: »Für einen sozialwissenschaftlichen Berater ist es [...] frustrierend, wenn grundlegende Forschungsergebnisse [...], die wegen ihrer polizeipraktischen Relevanz seit Jahren polizeibekannt sein sollten, mit großer Selbstverständlichkeit eklatant missachtet werden.«⁴

Als Schlüsselereignis für das, was in späteren Jahren und auch heute noch als 68er-Bewegung bezeichnet wird, lassen sich vermutlich die Folgen des Schah-Besuchs am 2. Juni 1967 in Berlin bezeichnen,⁵ bei dem die Demonstrierenden von der Polizei unter dem Einsatz von Gewalt zurückgedrängt wurden. Als Reaktion auf diese Gewalt gab es am Abend eine Demonstration, bei der ein Polizist den Studenten Benno Ohnesorg erschoss – diese Tat wird oft als Auslöser der 68er-Bewegung angesehen. Studierende in allen deutschen Städten begannen daraufhin, vielfältige Formen von Protest für ihre Belange zu nutzen. Zumeist wurde gegen die Notstandsgesetze, den Bildungsnotstand und den Vietnamkrieg protestiert. Am 11. April 1968 löste dann ein Attentat auf Rudi Dutschke, der mittlerweile zu einem Rädelsführer der Bewegung geworden war, weitere Proteste aus, die in Westberlin zu vielen, teils gewaltvollen Demonstrationen führten, bei denen Steine oder Gehwegplatten flogen. Polizisten sollen sich sogar unter die Demonstrierenden gemischt haben, um Gewalt zu beginnen.⁶ Nun hörte man auch immer mehr Stimmen, die die Einsätze der Polizei kritisch betrachteten. So beurteilte der Journalist und spätere Chefredakteur der *Zeit*, Theo Sommer, die »Osterunruhen« im April 1968 folgendermaßen: »Wer die Ausschreitungen der Studenten verurteilt, muß auch die Ausschreitungen der Polizei verdammen. Sinnlose, blinde Knüppelei, wie wir sie überall zu Ostern beschert bekamen, kann selbst den unbefangenen Beobachter zur Sympathie für die Demonstranten zwingen.«⁷

Doch was geschah in Göttingen zur selben Zeit? Wie in vielen anderen Städten begannen hier die Proteste bereits in den 1950er Jahren. Überregionale Beachtung bekam die Universitätsstadt insbesondere 1955, als Studierende sowie Professoren gemeinsam gegen den als rechtsextrem geltenden niedersächsischen

Kultusminister Leonhard Schlüter demonstrierten – mit Erfolg, der Kultusminister blieb nur vierzehn Tage im Amt.[8] Auch gegen den Bildungsnotstand protestierte die Göttinger Studentenschaft bereits 1965.[9]

Viele Professoren in Göttingen waren den Studierenden gegenüber durchaus wohlgesonnen, diskutierten mit ihnen in Seminaren oder veröffentlichten Artikel in der *Politikon*, einer Göttinger Studentenzeitschrift für Niedersachsen, darunter z. B. der Soziologe Hans Paul Bahrdt und die Germanisten Albrecht Schöne und Walther Killy. Selbst der Rektor der Universität, Walther Zimmerli, lud zehn Demonstrierende, die am 14. Juli 1965 einen Vortrag des amerikanischen Botschafters McGhee verhindert hatten, nach einem kurzen verbalen Schlagabtausch zum Gespräch mit dem Botschafter ein, welches bis Mitternacht dauerte und bei dem »die Professoren mangels politischer Informiertheit in die Rolle der Zuhörer gedrängt waren.«[10]

Es ist aber auch bekannt, dass Professoren, teilweise sogar links eingestellte, selbst Teil der Kritik waren.[11] Der aktuell prominenteste Göttinger Fall ist Albrecht Schöne, der bei einer Veranstaltung im Jahr 2017 davon sprach, wie sehr er von den Protestierenden unter Druck gesetzt worden war. Sie hätten seine Vorlesungen gestört, da sie Vorlesungen als reaktionär ansahen; auch indirekte Morddrohungen per Telefon habe er bekommen und acht Jahre lang keine Vorlesungen mehr gehalten.[12]

Eine weitere Besonderheit war in Göttingen der möglichst gewaltfreie Protest. Die Initiative dazu ging nicht nur von den Studierenden aus – eine wichtige Rolle spielte dabei vielmehr Polizeioberrat Erwin Fritz, seit dem 1. Oktober 1965 Leiter des Polizeiinspektionskommandos Göttingen.[13] Unter seiner Leitung bildete sich ein besonderes Verhältnis zwischen der Polizei und den Demonstrierenden aus: Fritz und sein Adjutant Ernst Pages besuchten am 2. Juli 1967 das Büro des Göttinger Allgemeinen Studentenausschusses (AStA), so berichtete es Wolfgang Eßbach, AStA-Vorsitzender in den Jahren 1967 und 1968. Dort erklärte Fritz, dass sich die Polizei bei Demonstrationen nur in den Nebenstraßen aufhalten und nicht weiter in Erscheinung treten würde, falls ihr Eingreifen nicht erforderlich sei, woran sie sich auch später hielt.[14] Fritz erklärte aber auch: »Wenn einer Ihrer

Am 13. April 1968 setzte die Göttinger Polizei ihren neuen Lautsprecherwagen bei einer Demonstration vor dem Rathaus ein.

Leute einem meiner Leute etwas antut, dann bekommen Sie es mit mir zu tun.«[15] Das *Göttinger Tageblatt* (GT) kommentierte dieses Verhalten später folgendermaßen: »Manche meinten sogar, die Polizei habe die Studenten scheinbar von links überholt und dadurch Ausschreitungen und Krawalle vermieden.«[16]

In einem Vortrag, den Fritz vermutlich im Jahr 1968 über seine Deeskalationsstrategie hielt,[17] berichtete er, dass die Göttinger Polizei analysiert habe, was sie im Polizeirevier an Informationssystemen und -strukturen, Ausrüstung und Personal vorfinde, um daraus Defizite abzuleiten. Beispielsweise sei ein Lautsprecherwagen mit Schreibmaschine gebaut worden – Fritz bezeichnete ihn als »Mobile Befehlsstelle«[18] (siehe Abbildung oben). Außerdem seien neue Funkgeräte angeschafft und das eigene Personal geschult worden, z. B. in der geschlossenen Polizeikette zur Abwehr unerwünschter Aktionen. Darüber hinaus etablierte sich unter Fritz ein Informationsanalysesystem: Flugblätter, Nachrichten, Bücher und Gesprächsnotizen, so der Polizeioberrat in seinem Vortrag, würden systematisch gelesen und in Beziehung gesetzt, um die tagesaktuelle Lage in Göttingen besser einordnen und vorrausschauend handeln zu können, da teilweise wenig Zeit bleibe von der Ankündigung bis zur Durchführung einer Blockade oder Ähnlichem. »Deswegen müssen wir also jeden Tag in Zivil und in Uniform Aufklärung betreiben«, so Fritz.[19]

Neben dem Antizipieren des Handelns der Protestierenden pflegte Fritz eine gute Zusammenarbeit mit der Stadtverwaltung, der Presse, der Justiz und den Parteien. Das Ergebnis, so Fritz in seinem Vortrag weiter, sei gewesen, dass sich auch der für Göttingen zuständige Hildesheimer Regierungspräsident Günther Rabus zufrieden mit der Arbeit der Göttinger Polizei gezeigt habe. In diesem Zusammenhang lässt sich noch einmal sehr gut der Sternmarsch im Mai 1968 auf Bonn ansprechen, den die Polizei deeskalierend begleitet hatte: Die »Antwort« darauf aus Göttingen, von Regierungspräsident Rabus, war: »[Wir] haben [in Göttingen, Anm. d. V.] schon sieben- oder achtmal exerziert, was jetzt in Bonn […] bei dem Sternmarsch ebenfalls praktiziert wurde.«[20] In der Bevölkerung herrschte jedoch nicht immer Zufriedenheit mit dem Führungsstil von Erwin Fritz. Er habe, so erinnerte sich Fritz in seinem Vortrag, einmal eine Karte bekommen, auf der gestanden habe: »Sie sind ein feiger Polizeibeamter. Sie hätten Knüppel tanzen lassen müssen.«[21]

Und wie gestaltete sich das Verhältnis zwischen der Polizei und der Studentenschaft? Recherchen fördern einige Begebenheiten zutage. So hat die Polizei ihren Lautsprecherwagen den Studierenden geliehen, damit diese ihre Thesen besser vortragen konnten (siehe Abbildung nächste Seite).[22] Martin Baethge, damals Chefredakteur der *Politikon* und später Präsident des Soziologischen Forschungsinstituts Göttingen (SOFI), wollte mit einigen Weggefährten, darunter der Schauspieler Claus Theo Gärtner, nach dem Attentat auf Dutschke die Zeitungen des Springer-Verlages am Bahnhof abfangen. Jedoch wartete dort in der Nacht schon Polizeioberrat Fritz auf sie, der ihnen mitteilte, dass er die Zeitungen habe umleiten lassen und sie umsonst gekommen seien.[23]

Dieses hier nur an wenigen Beispielen aufgezeigte, insgesamt umsichtige, vorausschauende und damit wertschätzende Verhalten des Polizeioberrats, welches geschah, ohne die Protestierenden in ihren »politischen Aktionen zu bevormunden«[24],

Deeskalationsstrategie der Göttinger Polizei um 1968 161

Bei der Kundgebung am 13. April 1968 stellte die Polizei den Studierenden ihren Lautsprecherwagen zur Verfügung. Der Göttinger AStA-Vorsitzende Wolfgang Eßbach hielt auf diesem Bild für seinen Kommilitonen Jörg Miehe das Mikrofon.

zeichnete die damaligen Verhältnisse in Göttingen aus. Für diese Besonderheit hat sich in der Forschungsliteratur der Begriff der »Göttinger Linie« oder des »Göttinger Modells« durchgesetzt.[25]

Die Göttinger Line war aber mehr als nur das Verhältnis von Polizei und Demonstrierenden, sondern sie zeichnete auch die Protestbewegung im Stadtbild, also im Verhältnis zur Bevölkerung, aus: »Auf die Idee Schaufenster zu verbarrikadieren [...] wäre auch in der heißesten Demonstrationszeit 1968 niemand gekommen. Umgekehrt war auch bei uns das Steinewerfen verpönt«, so Baethge.[26] Der Soziologe berichtete auch davon, wie er im Mai 1968 bei einem liberalen Göttinger Frauenverein zum Austausch eingeladen war und mit den Worten verabschiedet wurde, dass »unsere Studenten« doch nicht solche »Revoluzzer« seien, sondern »ganz vernünftige Forderungen« hätten.[27]

Zum gegenseitigen Verständnis trugen ebenfalls Fritz und sein Team bei, die schon bei der Genehmigung von Demonstrationen mit dem Ordnungsamt zusammenarbeiteten und Meldungen über Straßensperrungen oder Umleitungen in den beiden Göttinger Zeitungen machten. So hegte die Göttinger

Bevölkerung keinen übermäßigen Groll gegen die Demonstrierenden.[28] Zum Teil kam es auch zur Solidarität mit ihren Anliegen. So begann 1967 nicht nur ein weitreichender Protest der Studierenden, sondern auch der Schülerinnen und Schüler, die sich teilweise sogar gemeinsam mit ihnen gegen den Bildungsnotstand engagierten. Beispielsweise schlossen sich Teile der Oberklassen-Schülerinnen und -Schüler der Realschulen und Gymnasien am 29. Mai 1968 einem Vorlesungsstreik der Studentinnen und Studenten an.[29]

Doch wie ging es nun mit der Göttinger Linie weiter? Im Sommer 1968 wurde bekannt, dass Erwin Fritz zum 18. Juni 1968 nach Hildesheim als stellvertretender Kommandeur der Schutzpolizei beim Regierungspräsidenten abgeordnet worden war, wo er sich jedoch krankmeldete. Das GT berichtete in der Ausgabe vom 20./21. Juli 1968 unter der Überschrift »Trotzdem in die Wüste? Polizei wurde von allen Seiten gelobt. Nachträgliches Opfer der Osterunruhen? – Regierungspräsident: Polizeiinterne Maßnahme« davon. Die Leitung des Göttinger Polizeiinspektionskommandos hatte Hauptkommissar Pages übernommen. Weiter heißt es in der *Tageblatt*-Ausgabe, dass es in Göttingen, auch aufgrund des umsichtigen Verhaltens der Polizei, zu keinen Ausschreitungen – selbst während der Zeit der »Osterunruhen« im April 1968 – gekommen war, anders als etwa in Berlin. Das GT mutmaßte, dass Fritz abgeordnet worden war, weil er »nicht hart genug durchgegriffen habe«[30]. Drei Tage später wurde im GT eine Stellungnahme der Pressestelle des Regierungspräsidenten Rabus abgedruckt, die besagte, dass alle Befehle sowie die Vorbereitung und Durchführung der Polizeieinsätze bei Demonstrationen aus Hildesheim gekommen seien und sich daran auch in Zukunft nichts ändern werde.[31] Eßbach, der bereits erwähnte damalige Göttinger AStA-Vorsitzende, konstatierte, dass Fritz versetzt worden sei, »weil er sich weigerte, die Polizei gegen Schüler auf dem Schulhof einzusetzen, die dort Flugblätter verteilten. ›Ich setze meine Leute nicht gegen Kinder ein‹, hatte er erklärt.«[32] Die Annahme, dass Fritz sich durch umsichtiges Handeln, welches zu keinen akuten Ausschreitungen beigetragen hatte, den »Unmut des Regierungspräsidenten«[33] zugezogen hat und daraufhin versetzt wurde, hielt sich weiterhin und wurde noch 1970 im GT veröffentlicht. Diese Interpretation der Lokalzeitung und auch von Eßbach steht Rabus' Bekundung, er stehe Fritz und seinem für damalige Verhältnisse ungewöhnlichem Vorgehen positiv gegenüber, entgegen. Fritz' Nachfolger Pages wurde bereits am 2. September 1968 von Polizeirat Gerd Mogwitz abgelöst,[34] der diesen Posten bis 1985 innehatte.[35]

War die Göttinger Linie mit der Abordnung von Erwin Fritz nach Hildesheim tatsächlich beendet? Diese Frage lässt sich schwer beantworten. Schaut man sich die Ereignisse nach dem 18. Juni 1968 in Göttingen an, so scheint es zunächst zu keinen gewalttätigen Einsätzen gekommen zu sein. Rund um den 13. Juni 1969 kam es jedoch zu Ausschreitungen, wie man sie in Göttingen bis dahin nicht kannte. Zur Feier des 25-jährigen Jubiläums der Max-Planck-Gesellschaft wurde die Braunschweiger Bereitschaftspolizei zum Schutz von Bundespräsident Heinrich Lübke angefordert. Die Studierenden hatten sich zu einem Sit-in vor der Stadthalle eingefunden, und als sie den Bundespräsidenten mit »Heil«-Rufen sowie Stein- und Farbbeutelwürfen empfingen,[36] kam es kurz darauf zu einem Eingreifen der Polizei unter Zuhilfenahme von Knüppeln, was die Demonstrierenden völlig unerwartet traf. Diese verließen in Panik den Platz.[37] Ob es sich um Göttinger Polizisten oder die Bereitschaftspolizei aus Braunschweig handelte, die die Demonstrierenden mit Gewalt zurückdrängte, lässt sich nicht mehr feststellen. Der Historiker Hans-Joachim Dahms bezeichnet diesen Einsatz dennoch als Ende der Göttinger Linie.[38]

Dieses Vorgehen der Polizei war jedoch im Vergleich zu anderen Städten immer noch recht harmlos, denn die nationalsozialistische Vergangenheit von Lübke führte beispielsweise an der Bonner Universität zu Zusammenstößen zwischen Polizei und Studierenden, die wohl an Radikalität mit denen in West-Berlin vergleichbar waren.[39] Es scheint auch nicht so, als ob die Linie vollends zerbrochen wäre, gibt es doch Hinweise darauf, dass das Göttinger Modell vom nachfolgenden Polizeipräsidenten Mogwitz als Besonderheit anerkannt wurde, wie er und Otto Knoke, Leiter der Göttinger Polizei von 1992 bis 1996, erzählten: »Wenn man davon den Kollegen im Land berichtet hat, haben die einen ungläubig angeschaut«, sagte Gerd Mogwitz im Jahre 2012, und Knoke ergänzte: »Die Göttinger Verhältnisse verstehen die in Hannover bis heute nicht.«[40] Wobei Mogwitz, Knoke und der Göttinger Bürger Axel Morgenroth auch feststellten, dass das vertrauensvolle Verhältnis von Polizei und Demonstrierenden am 13. Juni 1969 zerbrochen sei.[41] Es seien Jahre des Misstrauens zwischen der Polizei und den Studierenden gefolgt.[42]

Morgenroth, selbst aus der Göttinger Hausbesetzungsszene stammend, hat in den 1980er Jahren begonnen, sich als Vermittler zwischen Besetzern und Polizei zu betätigen, und hat dies jüngst im Mai 2018 bei der Besetzung des Goethe-Instituts wieder versucht.[43] Die Tradition von gegenseitigem Verständnis, Anerkennung der Meinung der Protestierenden und dem beiderseitigen Willen, eine Eskalation zu vermeiden, scheint sich in Göttingen also auch nach dem 18. Juni 1968, zumindest partiell, fortgesetzt zu haben, wenn auch nicht im selben Ausmaß wie um 1968. Vielleicht ist die Göttinger Linie aber auch ebenso abgeschwächt, wie die 68er-Bewegung ab Mitte 1968 abzuflauen begann. Die Bewegung setzte sich zwar fort, aber die breite Mobilisierung hatte ihren Höhepunkt zu Zeiten der Notstandsgesetze erreicht und die Proteste verlagerten sich wieder zurück in die Hochschulen.[44]

Anmerkungen

1 Alfred Dietel et al., Demonstrations- und Versammlungsfreiheit. Kommentar zum Gesetz über Versammlungen und Aufzüge vom 24. Juli 1953, 12. Aufl., Köln 2000, S. 1.
2 Vgl. Rolf Zundel, Das Notstands-Happening in Bonn, in: Die Zeit, 17.05.1968.
3 So die These von Udo Behrendes, ehemaliger Leitender Polizeidirektor in Köln, bei seinem Vortrag am 29. Juli 2018 im Städtischen Museum Göttingen unter dem Titel: »Was hat die Polizei aus ›1968‹ gelernt?«
4 Rüdiger Bredthauer, Chaos-Tage. Möglichkeiten, Probleme und Perspektiven praktischer polizeilicher Deeskalation, in: Schriftenreihe der Polizei-Führungsakademie, Nr. 4/1996, S. 57.
5 Vgl. Pavel A. Richter, Die Außerparlamentarische Opposition in der Bundesrepublik Deutschland 1966 bis 1968, in: Ingrid Gilcher-Holtey

(Hg.), 1968. Vom Ereignis zum Gegenstand der Geschichtswissenschaft, Göttingen 1998, S. 35–55, hier S. 35 ff.
6 Vgl. Klaus Hartung, 4. November 1968. Der Tag, an dem die Bewegung siegte, in: Tagesspiegel.de, 04.11.2008, online einsehbar unter https://www.tagesspiegel.de/kultur/4-november-1968-der-tag-an-dem-die-bewegung-siegte/1362640.html [eingesehen am 12.02.2019]; Ute Kätzel, Die 68erinnen. Porträt einer rebellischen Frauengeneration, Berlin 2002, S. 244.
7 Theo Sommer, Die Vernunft blieb auf der Strecke, in: Die Zeit, 19.04.1968.
8 Vgl. Teresa Nentwig, »Kultusminister der vierzehn Tage«. Der Skandal um Leonhard Schlüter 1955, in: Franz Walter/Teresa Nentwig (Hg.), Das gekränkte Gänseliesel. 250 Jahre Skandalgeschichten in Göttingen, Göttingen 2016, S. 126–138.
9 Vgl. Hans-Joachim Dahms, Die Universität Göttingen 1918 bis 1989: Vom »Goldenen Zeitalter« der Zwanziger Jahre bis zur »Verwaltung des Mangels« in der Gegenwart, in: Rudolf von Thadden/Günter J. Trittel (Hg.), Göttingen. Geschichte einer Universitätsstadt. Bd. 3: Von der preußischen Mittelstadt zur südniedersächsischen Großstadt 1866–1989, Göttingen 1999, S. 398–456, hier S. 444.
10 Martin Baethge, Student in Göttingen in den sechziger Jahren, in: Hans-Georg Schmeling/Günther Siedbürger (Hg.), Maxibauten – Miniröcke. Die sechziger Jahre in Göttingen. Texte und Materialien zur Ausstellung im Städtischen Museum, Göttingen 1992, S. 65–76, hier S. 69.
11 Vgl. Oliver Römer, »Man darf sich nie von seinem Gegner den Grad der Radikalität des eigenen Denkens und Handelns vorschreiben lassen«. Hans Paul Bahrdt und die »68er«-Bewegung. Ein Gespräch mit Wolfgang Eßbach (Teil 2), online einsehbar unter http://blog.soziologie.de/2018/09/man-darf-sich-nie-von-seinem-gegner-den-grad-der-radikalitaet-des-eigenen-denkens-und-handelns-vorschreiben-lassen-hans-paul-bahrdt-und-die-68er-bewegung-ein-gesp-2/ [eingesehen am 14.01.2019].
12 Vgl. Ulrich Schubert, »Die finstere Seite der 68er-Revolte« in Göttingen, in: Goettinger-Tageblatt.de, 14.11.2017, online einsehbar unter http://www.goettinger-tageblatt.de/Campus/Goettingen/Die-finstere-Seite-der-68er-Revolte-in-Goettingen [eingesehen am 14.01.2019].
13 Fritz war zuvor Polizeirat in Hildesheim (vgl. o. V., Neuer Polizeichef: Polizeirat Erwin Fritz, in: Göttinger Tageblatt, 01.10.1965). Zum 25. März 1966 wurde er zum Polizeioberrat befördert (vgl. o. V., Befördert, in: Göttinger Tageblatt, 29.03.1966).
14 Diese Sichtweise findet man auch an anderen Stellen, wie z. B. in: Hans-Joachim Dahms, 1968. Wie es kam und was es war, in: ders./Klaus P. Sommer, 1968 in Göttingen. Wie es kam und was es war. In unbekannten Pressefotos, Göttingen 2008, S. 10–24, hier S. 17.

15 Zit. nach Römer.
16 O. V. (Kürzel: ühl), Trotzdem in die Wüste? Polizei wurde von allen Seiten gelobt. Nachträgliches Opfer der Osterunruhen? – Regierungspräsident: Polizeiinterne Maßnahmen, in: Göttinger Tageblatt, 20./21.07.1968.
17 Vortrag des Inspektionskommandeurs Göttingen Polizeioberrat Fritz: »Demonstrationen in Göttingen – polizeiliche Maßnahmen und Erkenntnisse« – auszugsweise Zusammenfassung, o. D. [1968], in: Niedersächsisches Landesarchiv – Standort Hannover –, Nds. 147 Acc. 2003/003 Nr. 24. Für das Zurverfügungstellen dieser Quelle danke ich Udo Behrendes.
18 Vortrag des Inspektionskommandeurs Göttingen Polizeioberrat Fritz.
19 Ebd.
20 »Niederschrift über die Dienstbesprechung mit den Inspektionskommandeuren, Inspektions-, Abschnitts-, MVPS- und Hauptsachgebietsleitern am 24.5.1968 in Hildesheim«, hier S. 52, vom 31.05.1968, in: Niedersächsisches Landesarchiv – Standort Hannover –, »Der Kommandeur der Schutzpolizei bei dem Reg.-Präs. in Hildesheim – S 1 – 16.75«.
21 Vortrag des Inspektionskommandeurs Göttingen Polizeioberrat Fritz.
22 Vgl. o. V. (Kürzel: ühl), Trotzdem in die Wüste?
23 Vgl. Baethge, S. 76; Michael Brakemeier, »Wir waren doch Sozialisten«, in: Goettinger-Tageblatt.de, 14.08.2018, online einsehbar unter http://www.goettinger-tageblatt.de/Nachrichten/Kultur/Regional/Claus-Theo-Matula-Gaertner-in-Goettingen [eingesehen am 11.02.2019].
24 Baethge, S. 75 f.
25 Ähnliche Bezeichnungen entwickelten sich parallel in anderen Städten für das Bestreben, eine Deeskalation durch die Polizeiarbeit zu erreichen. Vgl. z. B. zur »Münchner Linie« Klaus Weinhauer, Controlling Control Institutions. Policing Collective Protests in 1960s West Germany, in: Wilhelm Heitmeyer et al. (Hg.), Control of Violence. Historical and International Perspectives on Violence in Modern Societies, New York 2011, S. 213–229, hier S. 222. Bisweilen ist auch von der »Bonner Linie« zu lesen; am meisten Beachtung scheint in der Wissenschaft jedoch die »Münchner Linie« zu finden. Die Göttinger Linie wird beispielsweise in den folgenden Publikationen genannt: Dahms S. 447; Dahms/Sommer, S. 10 ff. Das Städtische Museum Göttingen benutzt den Begriff ebenfalls, z. B. im Jahr 2018 anlässlich der Sonderausstellung »Klappe auf! 68er Bewegung in Göttingen«, online einsehbar unter http://www.museum.goettingen.de/frames/fr_sonderausstellungen.htm [eingesehen am 12.02.2019].
26 Baethge, S. 75.
27 Ebd.
28 Im Göttinger Stadtarchiv lassen sich die Unterlagen vom Ordnungsamt einsehen, die immer Notizen darüber beinhalten, dass alle In-

formationen über angemeldete Demonstrationen an den Polizeioberrat sowie an das *Göttinger Tageblatt* weitergeleitet wurden. Die Dokumente sind im Göttinger Stadtarchiv unter den Signaturen C 35, Nr. 172, Nr. 173 und Nr. 179 zu finden. Auch Fritz selbst beschrieb dieses Prozedere und seine Wichtigkeit. Vgl. den Vortrag des Inspektionskommandeurs Göttingen Polizeioberrat Fritz.
29 Vgl. Stadtarchiv Göttingen, Chronik für das Jahr 1968, online einsehbar unter http://www.stadtarchiv.goettingen.de/frames/fr_chronik.htm [eingesehen am 14.01.2019].
30 O. V. (Kürzel: ühl), Trotzdem in die Wüste?
31 Vgl. o. V., Der Regierungspräsident in Hildesheim. Pressestelle. Gez. Graf von Hardenberg. Auch in Zukunft, in: Göttinger Tageblatt, 24.07.1968.
32 Zit. nach Römer.
33 O. V., Jetzt in Salzgitter, in: Göttinger Tageblatt, 24.04.1970; vgl. auch Baethge, S. 76.
34 Vgl. Stadtarchiv Göttingen, Chronik für das Jahr 1968, online einsehbar unter http://www.stadtarchiv.goettingen.de/frames/fr_chronik.htm [eingesehen am 14.01.2019].
35 Vgl. Stadtarchiv Göttingen, Chronik für das Jahr 1985, online einsehbar unter http://stadtarchiv.goettingen.de/chronik/1985_09.htm [eingesehen am 14.01.2019].
36 Vgl. Jürgen Gückel, Keiner schämt sich dafür, in: Goettinger-Tageblatt.de, 15.08.2012, online einsehbar unter http://www.goettinger-tageblatt.de/Thema/Specials/Goettinger-Zeitreise/Keiner-schaemt-sich-dafuer [eingesehen am 21.01.2019].
37 Vgl. ebd.; Dahms/Sommer, S. 18 u. S. 156 ff.
38 Vgl. Dahms S. 447; Dahms/Sommer, S. 18.
39 Vgl. Christina von Hodenberg, Das andere Achtundsechzig. Gesellschaftsgeschichte einer Revolte, München 2018, S. 13.
40 Zit. nach Gückel.
41 Vgl. ebd.
42 Vgl. ebd.
43 Vgl. Markus Scharf, »Redet miteinander!«, in: Göttinger Tageblatt, 18.05.2018.
44 Vgl. Ingrid Gilcher-Holtey, Die 68er Bewegung. Deutschland – Westeuropa – USA, München 2001, S. 107.

Das Leiden an der Leitkultur
Über die Verselbstständigung einer Begriffsschöpfung
und die Abwehr einer Auseinandersetzung

von Stine Marg und Julian Schenke

Habent sua fata libelli lautet ein altes lateinisches Sprichwort, welches 1888 zum Wahlspruch des Börsenvereins des Deutschen Buchhandels gekürt wurde, zu Deutsch: Bücher haben ihre Schicksale. Diese Weisheit soll auf die Überformung philosophischer, theoretischer, literarischer und publizistischer Produkte aufmerksam machen, die ihnen durch die jeweilige, immer auch historisch bedingte, Rezeptionsform zuteilwird. Sie kann auch als Ermahnung verstanden werden, das oft Gesagte *nicht* mit dem ursprünglich Gemeinten zu verwechseln. Unglücklicherweise existiert kein solcher Sinnspruch für das Schicksal von Schlagwörtern und Begriffen; dabei ist gerade hier das Anschauungsmaterial reichhaltig.

Besonders eine Göttinger Begriffsschöpfung des ausgehenden 20. Jahrhunderts kann auf ein turbulentes Schicksal zurückblicken: die der »Leitkultur«, geprägt durch den Politikwissenschaftler Bassam Tibi. Die deutsche Debatte um diesen Begriff verlief im Grunde von Beginn an hypertroph. Denn mit dem Schlagwort Leitkultur, je nach Situation umgedeutet und suggestiv aufgeladen, lässt sich zündeln, Aufmerksamkeit erregen, politisches Lagerdenken erzeugen. Der Begriff wird an politische Projekte oder gesellschaftlich relevante Ereignisse geheftet, wie beispielsweise im Jahr 1998, als der damalige Innensenator Berlins, Jörg Schönbohm, die »deutsche Leitkultur« gegen die »multikulturelle Gesellschaft« in Stellung brachte,[1] während zeitgleich einer muslimischen Lehramtsanwärterin, die im Unterricht das Kopftuch als Ausdruck ihres Glaubens tragen wollte, eine Einstellung in den Schuldienst verweigert wurde. Einen ähnlichen Widerhall erzeugte der Begriff – allerdings noch weitaus durchschlagender – im Jahr 2000, als der Fraktionsvorsitzende von CDU/CSU, Friedrich Merz, ihn als »freiheitliche deutsche Leitkultur«[2] reaktivierte und so an die Debatte über das Staatsangehörigengesetz anschloss. Schließlich wiederholte sich das Muster im Jahr 2016, als der Begriff unter dem Eindruck der steigenden Zahlen von Geflüchteten in der Bundesrepublik abermals wiederbelebt wurde. Die Vehemenz der öffentlichen Auseinandersetzung um die Leitkultur trug gleichzeitig dazu bei, dass die Vokabel auch in breitere Bevölkerungsschichten diffundieren konnte. Was aber waren die ursprünglichen Intentionen des Begriffs, zu welchem Zweck wurde er geprägt – und wie hat er zu solch einer Spielmarke des politischen Diskurses werden können?

Intention: Europäische Leitkultur als Statement eines *public intellectual* zur Integrationsfrage

Die Wendung »(deutsche) Leitkultur« erscheint aufgrund der heutigen Austauschbarkeit des Begriffs mit der Vorstellung einer deutschen »kulturellen Identität« – worin diese auch immer bestehen mag – so selbstverständlich und überhistorisch, dass man zunächst an ihr junges Alter erinnern muss. Bassam Tibi, Göttinger Professor für internationale Beziehungen, kreierte das Wort Mitte der 1990er Jahre. In einem Aufsatz mit dem Titel »Multikultureller Werte-Relativismus und Werte-Verlust«[3] führte Tibi 1996 aus, dass die »globale Standardisierung des europäischen Zivilisationsprozesses« nun durch eine Gegentendenz der »Entwestlichung«[4] abgelöst werde. Die Bedrohung der europäischen Werte durch den »Neoabsolutismus der Zuwanderer aus vormodernen Kulturen«[5] sei zwar ein westliches, genauer: europäisches Problem, jedoch in der Bundesrepublik aufgrund der nationalsozialistischen Vergangenheit und der daraus resultierenden »Werte-Unsicherheit«[6] besonders virulent. Tibi adressiert hier insbesondere muslimische Migration nach Europa und problematisiert dabei die Aufgabe des Integrationsprozesses in eine gemeinsam herzustellende politische Kultur. Er wendet sich gegen eine »Relativierung der Werte«, die er durch die »Ideologie des Multikulturalismus der Kulturrelativisten« bedroht sieht und fordert daher eine »Leitkultur«, verstanden als »dominierende Kultur«, die »konsensuell die Voraussetzung für den inneren Frieden«[7] einer Gesellschaft bilde. Dabei stellt er unmissverständlich klar, dass diese Bejahung der »Werte-Verbindlichkeit« nicht mit Assimilation gleichzusetzen sei, sondern einer »demokratischen Integration« entspräche.[8]

Vieles an seinen Ausführungen erinnert dabei an klassische Debattenlagen der US-amerikanischen Gesellschaft, welche seit ihrer Konstituierung als demokratische Einwanderungsgesellschaft im 18. Jahrhundert, insbesondere aber seit dem gewachsenen ethnischen Selbstbewusstsein nicht-weißer Bevölkerungsteile nach dem schwarzen Emanzipationskampf im Kontext der Bürgerrechtsbewegung der 1960er Jahre, über die Frage der adäquaten Integration kulturell diverser Gruppen streitet. Dort existiert neben dem auf ethnische Differenz zielenden Multikulturalismus (*salad bowl*) traditionell noch ein anderes, auf sozialmoralische Einheit zielendes Konzept, der *melting pot. E pluribus unum*, der Wappenspruch der Vereinigten Staaten, bedeutet für einen großen Teil der US-Amerikaner in diesem Sinne *pluralistic integration*, d. h. die aktive gemeinschaftliche Arbeit an der Herstellung eines Ordnung stiftenden Grundkonsenses auf der Basis individueller Freiheitsrechte (sowohl *freedom* als auch *liberty*), der kulturelle Diversität erst ermöglicht.[9]

Sucht man indes in Tibis Essay nach konkreten Inhalten der avisierten Leitkultur, findet man nur den vagen Verweis auf die tragende Rolle von aufklärerischen »Werten«: »Demokratie, Toleranz und individuelle Menschenrechte sind Werte einer politischen Kultur, deren Geltung nur gesichert sein kann, wenn sie allgemein als verbindlich akzeptiert werden.«[10] Diese Werte scheinen einerseits aus den Traditionslinien abendländischen Denkens zu stammen, verweist Tibi doch auf das »Vernunftdenken Aristoteles'« sowie auf einen Konsens, der die »grundlegenden Werte der Demokratie und Aufklärung« bewahren solle.[11] Andererseits begründet Tibi seine Thesen überwiegend mit seinen umfangreichen und detaillierten Kenntnissen über die vormodernen »Zuwanderer-Kulturen aus dem Mittelmeerraum und Afrika«[12] sowie über islamisch-fundamentalistische Bewegungen. Trotz Tibis Expertise, die er durch jahrelange wissenschaftliche Studien und die Mitarbeit in international anerkannten und erfolgreichen Forschungsprojekten (z. B. dem *Fundamentalism Project*) erwarb, bleibt der argumentative Hintergrund in seinen Arbeiten über die Leitkultur jedoch ähnlich blass wie der Begriff Leitkultur selbst.

Und so legte Tibi nach: Zwei Jahre später, 1998, widmete er dem Leitkulturbegriff eine vielbeachtete Monografie: »Europa ohne Identität? Leitkultur oder Wertebeliebigkeit?«[13]. Tibi versteht das Buch als »Plädoyer« für die »Identität Europas«, das die »europäische Aufklärung gegen die Gegner der Integration der Migranten verteidigen« soll.[14] Um die »Zusammenballung von nebeneinanderher lebenden Menschen, also faktisch eine Ansammlung von ethnischen Ghettos« zu verhindern, bedürfe es der »verbindlichen Werte einer Leitkultur«.[15] Zu diesen dringend notwendigen »westlich-europäische[n] Werte[n]« zählt Tibi säkulare Demokratie, Menschenrechte, das Primat der Vernunft gegenüber jeder Religion, »die Trennung von Religion und Politik in einer zugleich normativ wie institutionell untermauerten Zivilgesellschaft, in der Toleranz – bei Anerkennung von bestimmten allgemeinen Spielregeln – gegenseitig gilt und eingeübt wird«.[16] Diese Spielregeln, bzw. diese »konsensuell, aber europäisch geprägte Leitkultur«[17], sollen für das gesamte Gemeinwesen als »verbindlich« anerkannt werden.[18] Die Basis der Leitkultur sei ein von der »kulturellen Moderne« geprägtes »Menschenbild«, also die Auffassung von Menschen als »Individuen und nicht organische Glieder von Kollektiven«,[19] wie Tibi unter Rekurs auf seine akademischen Lehrer Max Horkheimer und Theodor W. Adorno, genauer: auf ihre »Lehre aus Auschwitz« festhält.[20]

Allerdings sucht man auch hier vergeblich nach einem Satz, der die Mittel und Wege zur Herstellung der von Tibi gewünschten sozialen Bindemittel in europäischem Maßstab inhaltlich verbindlich präzisiert. Die grundlegende Intention Tibis aber wird durchweg klar präsentiert: Das Aufeinanderprallen des westlichen Verständnisses politischer Kollektivität und guter Ordnung mit jenem des sunnitischen Islams erfordere die gemeinsame Arbeit an neuen universalen Überzeugungen, welche die Koexistenz kultureller Diversität ermöglichen, ohne Gesellschaft in tribalistische Parallelgesellschaften zerfallen zu lassen.

Adaption: Die späte Vereinnahmung als »deutsche Leitkultur« und die Gegenwehr Tibis

Zunächst nahm kaum jemand Notiz vom neuen Begriff der Leitkultur. Überraschend ist das auch deswegen, weil Tibi seine Gedanken nicht in einem jener renommierten fachwissenschaftlichen *journals* publizierte, die zwar von fünfzig Bibliotheken und zwanzig wissenschaftlichen Institutionen abonniert werden, aber kaum mehr als zweihundert interessierte Leser finden, sondern in *Aus Politik und Zeitgeschichte (ApuZ)*, der Beilage der Zeitschrift *Das Parlament*, veröffentlichte – einem Medium, das in hoher Auflage und darüber hinaus kostenlos online verfügbar ist.

Ohne auf den Göttinger Professor Bezug zu nehmen, griff der CDU-Politiker Jörg Schönbohm den Leitkulturbegriff 1998 auf. Unwahrscheinlich ist es jedoch nicht, dass Schönbohm Tibis Buch, das erklärtermaßen für »ein allgemein interessiertes Publikum«[21] geschrieben war, kannte. Auch Schönbohm brachte die Leitkultur in Stellung gegen den vermeintlichen »Kampfbegriff der Linken«, die »multikulturelle Gesellschaft«, die er als »Ausdruck eines zum Teil durch nationalen Selbsthaß geprägten resignativen Geistes« kennzeichnete.[22] Allerdings unterschlug er die gesamteuropäische Stoßrichtung Tibis und sprach stattdessen von einer *deutschen* Leitkultur. Schönbohm argumentierte, dass »Multikulti [...] die Aufgabe der deutschen Leitkultur zugunsten gleichrangiger Parallelgesellschaften billigend in Kauf« nehme oder sie sogar direkt anstrebe. Die »grundlegende Kultur in Deutschland ist aber die deutsche; dazu gehört«, so Schönbohm weiter, »untrennbar der Grundwertekanon der Verfassung.« Was Schönbohm, der im Sommer 1998 um das Amt des Ministerpräsidenten in Brandenburg kämpfte, konkret mit der »deutschen Leitkultur« meint, bleibt unklar, auch wenn er vage auf die Verfassung, die Grundrechte und das Toleranzgebot verweist.

Anders als bei Tibi gab es auf Schönbohms Einlassungen zahlreiche Reaktionen, wenn auch keine Debatte folgte.[23] Das sah zwei Jahre später schon ganz anders aus. Der damalige Vorsitzende der Union-Bundestagsfraktion, Friedrich Merz, gab im

Das Leiden an der Leitkultur 173

Bassam Tibi.

Oktober 2000 anlässlich der Halbzeitbilanz der ersten Schröder-Regierung zu Protokoll, auch das »Ausländerthema« zu nutzen, um erfolgreich Wahlkampf zu führen.[24] Wenige Tage später schrieb er in der *Welt* über die Regeln der »freiheitlichen deutschen Leitkultur«: »Einwanderung und Integration können auf Dauer nur Erfolg haben, wenn sie die breite Zustimmung der Bevölkerung finden. Dazu gehört, dass Integrationsfähigkeit auf beiden Seiten besteht: Das Aufnahmeland muss tolerant und offen sein, Zuwanderer, die auf Zeit oder auf Dauer bei uns leben wollen, müssen ihrerseits bereit sein, die Regeln des Zusammenlebens in Deutschland zu respektieren.«[25] Zur Leitkultur zählt Merz dabei die »Verfassungstradition unseres Grundgesetzes«, die europäische Integration, die »erkämpfte Stellung der Frau in unserer Gesellschaft«, Freiheit, Menschenwürde, Gleichberechtigung und dass die »deutsche Sprache verstanden und gesprochen wird«.

Auch Merz erwähnt den Urheber der Leitkultur-Vokabel nicht. Zum Entfachen einer Debatte taugten seine Ausführungen dennoch, da sie auf eine aktuelle politische Auseinandersetzung zielten: Die mit dem eingängigen Leitkultur-Begriff verbundenen Implikationen trafen auf eine im September 2000 eingesetzte Kommission »Zuwanderung« der Bundesregierung, die die Leitlinien eines neuen Einwanderungsgesetzes erarbeiten sollte. Den Vorsitz der Kommission übertrug der damalige sozialdemokratische Bundesinnenminister Otto Schily der Christdemokratin Rita Süssmuth, welche gleichzeitig die »Emotionalisierung gegen Ausländer« als Wahlkampfthema zurückwies.[26] Im Folgenden drehte sich dann ein Großteil der öffentlichen Auseinandersetzung um die Leitkultur als missglücktem Begriff.[27] Während die einen die »deutsche Leitkultur« für überflüssig und gefährlich hielten (Heiner Geißler)[28] oder zumindest als Auslöser »vieler Missverständnisse« (Franz Müntefering) verantwortlich machten[29], forderten andere bereits die Deklaration als »Unwort des Jahres«[30]. Der Begriff sei zumindest, so räsonierte der damalige sozialdemokratische Kultur-Staatsminister Michael Naumann, für einen »rationalen Diskurs« ungeeignet, weil in »ihm so etwas wie Führerschaft angedeutet oder behauptet wird«, er stelle die »kulturelle oder christlich-religiöse Überlegenheit der Deutschen in den Vordergrund« und wolle sich vor dem Fremden immunisieren.[31] Ohne eine inhaltliche Auseinandersetzung mit Tibis ursprünglichem Konzept aufzunehmen, war es Schönbohm und Merz also gelungen, den Leitkulturbegriff im Sinne einer vermeintlichen deutschen »kulturellen Identität« zu besetzen und mit »Assoziationen von Anpassung, Führung und Höherwertigkeit« zu amalgamieren.[32]

Tibi selbst fühlte sich aufgrund der Heftigkeit der Debatte und der damit auch ihm gegenüber erhobenen fälschenden Vorwürfe, dass er einen Überlegenheitsanspruch einer »deutschen Kultur« begründen wolle und deutschtümelnde Vorstellungen von Integration als Assimilation an die »deutsche Sitte« popularisieren würde, stark unter Druck gesetzt. Nach seiner Rückkehr von einem Forschungsaufenthalt in den USA (Bosch-Professor an der Harvard University), sah er sich genötigt, sich Ende des Jahres 2000 »wie ein Krimineller« der öffentlichen Debatte zu stellen.[33] Tibi versuchte in wiederholten Interventionen zu verdeutlichen, dass die kursierenden Vorstellungen über die Leitkultur – die Übernahme der hiesigen Sitten und Gebräuche durch die Ankommenden[34] – primitiv und einfältig seien und nichts mit seiner ursprünglichen Konzeptualisierung zu tun hätten. Und obwohl sich sein Leitkultur-Buch im Anschluss an die öffentliche Debatte zum Bestseller entwickelte – nicht vielen Büchern Göttinger Professoren wird das zuteil – konnten sich seine Vorstellungen kaum durchsetzen. Noch 2017 formulierte er im Anschluss an die Leitkultur-Einlassungen des damaligen Innenministers Thomas de Maizière[35] bitter: »Natürlich hat Thomas de Maizière Recht, die im Grundgesetz gewährte Meinungs- und Redefreiheit in Anspruch zu nehmen. Doch er verwendet von anderen geprägte Begriffe, füllt sie mit verzerrten Bedeutungen und entstellt sie noch dazu.«[36]

Tibi schweben mitnichten »deutsch-nationale Implikationen vor«, wie er in einer der zahlreichen Neuauflagen seines Buches »Europa ohne Identität?« formulierte, sondern europäische Werte;[37] aus diesem Grund habe er ja stets von einer europäischen und nicht von einer deutschen Leitkultur gesprochen. Überdies sei diese Leitkultur gerade als Instrument einer Einwanderung gemeint, die – im Gegensatz zur »wildwüchsigen« Zuwanderung – »gesteuert, geordnet, rational reguliert« erfolgte.[38] Leitkultur sei auch als ein Integrationsangebot an die Ankommenden zu verstehen. Und dieses Angebot habe nicht – wie Thomas de Maizière suggerierte – etwas damit zu tun, dass wir unseren Namen sagen und uns zur Begrüßung die Hand geben, dass wir unser Gesicht zeigen und nicht Burka tragen, oder dass Deutschland eine Kulturnation aus »aufgeklärten Patrioten« sei.[39] Vielmehr sei als Leitkultur eine von Religion, Ethnie oder Ursprungskultur unabhängige Klammer zwischen den Deutschen bzw. Europäern und den Einwanderern zu verstehen, die wesentlich durch Laizität, individuelle Menschenrechte, Pluralismus und Toleranz geprägt ist.[40] Tibi geht es um die individuelle Anerkennung der Bürger im Sinne eines *Citoyen*, der ein Teil des demokratischen Gemeinwesens, der Zivilgesellschaft werden kann, »ohne Berücksichtigung der Religion, ethnischen Herkunft oder Hautfarbe.«[41]

Begriffliche Achillesfersen

Wie ist diese Umdeutung und Verselbstständigung des Tibi'schen Konzepts als politische Chiffre bzw. Spielmarke verständlich zu machen? Die Gründe hierfür liegen nicht nur im politischen Kalkül der Adaptoren, sondern durchaus auch im Eigenleben der von Tibi gewählten und nur dünn inhaltlich fundierten Begriffe. Die Aneignung der Leitkultur als »deutsche« und die darauf aufbauende Anreicherung mit nicht intendierten Assoziationen wurzelt gleichfalls im deutschen Sprachverständnis und der sich in ihm ausdrückenden politischen Kultur Deutschlands, wie ein näherer Blick auf die semantischen Gehalte der Begriffe »Leitung/Führung«, »Kultur«, aber auch »Werte« bezeugt.

Schon der Begriff der »Kultur« ist in Deutschland durch seinen »historischen Index« vorbelastet, da er mit der Suggestion eines homogenen, ethnisch bestimmten, »gewachsenen«, unergründlichen und damit exkludierenden Volkswesens verbunden ist – anders als die rational begründete und begründbare »Zivilisation« der westlichen Welt, die gerade auf die Aushandlung durch ein Bekenntniskollektiv setzt.[42] In Anlehnung an die berühmte Studie von Norbert Elias »Über den Prozess der Zivilisation« lässt sich beobachten: »Der Begriff ›Zivilisation‹ integriert tendenziell, während der Kulturbegriff, wie er in Deutschland aufkam, ausschließt.«[43] Ähnliche Assoziationen weckt die Betonung einer »leitenden« Funktion der visierten Kultur: Sie suggeriert aus sich selbst heraus die Notwendigkeit einer hierarchischen Unterordnung von »geleiteten« Kulturen und Lebensführungsstilen, die sich eben nach den herrschenden Gepflogenheiten zu richten haben – und gerade nicht eine Ermutigung zur kulturellen Diversität auf der Grundlage einer allgemein empfundenen Zugehörigkeit und durch Handlungsnormen gestützten Kollektivität.

Besonders verhängnisvoll ist in diesem Zusammenhang, dass auch Tibi dem drohenden Kulturrelativismus ausgerechnet ein Set von *Werten* entgegensetzen will. Denn während Werte – nehmen wir etwa Humanismus, Toleranz oder Pluralismus – interpretationsoffene Abstrakta sind, die sich moralisch aufladen und potenziell bis zum dogmatischen Fanatismus verhärten lassen, handelt es sich bei der gelebten Pluralität des angloamerikanischen Vorbildes doch gerade um einen durch die Mehrheit akzeptierten Katalog von *handlungsleitenden Normen*. Diese Differenz ist nicht als Wortklauberei misszuverstehen: Werte werden »hochgehalten«, was ganz unterschiedliche Praktiken zur Folge haben kann, Normen (wie etwa der Gewaltverzicht in politischen Auseinandersetzungen) stellen konkrete Handlungshemmnisse oder Handlungsgebote dar. Normen werden zum Zwecke des Besseren *befolgt*. Sie markieren Grenzen.[44] Daher ist eine normenbasierte Gesellschaftsordnung ohne einen zivilisierten und zivilisierenden Umgang nicht denkbar, eine wertebasierte Gesellschaftsordnung ohne dies hingegen schon. Insbesondere eine deutsche bzw. europäische liberale, demokratische und zivile Ordnung, wie sie Tibi vorschwebt, bedürfte dringend gerade jener Normenkonventionen, an deren Befolgung man sich qua Bekenntnis, per »Plebiszit, das sich jeden Tag wiederholt«[45], bindet. Das wird auch in den Termini deutlich, mit denen Tibi sein Konzept der Leitkultur auf Nachfrage hin umschreibt: So spricht er etwa von »*guidelines*«, von einer »Hausordnung« oder von »Spielregeln« als Integrationsstoff zwischen Autochthonen und Zugewanderten,[46] worunter doch wohl eher – stets aufs Neue hergestellte und ratifizierte – geteilte Handlungsnormen einer imaginierten Gemeinschaft zu verstehen sind als ein Wertekanon.

Die Rede von Werten leistet daher wohl oder übel den Initiatoren einer hegemonialen »deutschen Leitkultur« Vorschub, die sich auf die vermeintliche kulturelle Kontinuität von Aufklärung, Vernunftphilosophie und Humanismus als zwei- bis dreitausend Jahre alte »abendländische Tradition« berufen, so als ließen sich aus den Traditionslinien vorchristlicher Aristotelischer Philosophie, römisch-großdeutschem Reichsgedanken, preußischem Staatswesen und europäischer Einigung irgendwelche überzeitlichen Leitbilder destillieren. Dabei hatte der Philosoph Helmuth Plessner schon 1935 mit unerreichtem Feinsinn herausgearbeitet, dass die deutschen Gebiete gerade nicht am politischen Humanismus Westeuropas partizipierten, gerade keine moderne Staatsidee entwickeln konnten, und sich daher in den »Protestbegriff Volk«[47] retten mussten. Tibis originäre Absicht hingegen zielt gerade auf jenes westliche Modell des sozialen Konsenses, wie bei näherem Hinsehen deutlich wird.[48]

Darüber hinaus: Ein Scheitern der politischen Öffentlichkeit?

Man muss also resümieren, dass der Begriff der Leitkultur semantisch geradezu prädestiniert ist für nicht intendierte Vereinnahmungen und Instrumentalisierungen. Doch am Leitkultur-Begriff lässt sich auch studieren, wie der Transfer von Wissenschaft zur Gesellschaft beziehungsweise wie der Dialog zwischen der Öffentlichkeit auf der einen und der Universität auf der anderen Seite misslingen kann. Obwohl Bassam Tibi seit den 1990er Jahren der deutschen interessierten Öffentlichkeit als gefragter Kommentator internationaler Entwicklungen bekannt war und über zahlreiche Kontakte zu einflussreichen Fernseh- oder Zeitungsredaktionen verfügte, gelang es ihm nicht, die Komplexität seiner europäischen Leitkultur in der öffentlichen Debatte zu verteidigen. Der »Inhalt des Begriffes ist weg.«[49] Dies mag sicher mit dem skizzierten Begriffsballast zusammenhängen. Doch schenkt man Tibi Glauben, liegen die Gründe auch in einer institutionellen Schwäche der deutschen Universität und der hiesigen akademischen Kultur – oder Unkultur – des Debattierens. Als professoral angemessen geltende Kommunikationsofferten haben sich demnach in Fachtermini an ein Fachpublikum zu richten; Tibis Leitkultur-Beitrag hingegen sei von der Wissenschaft als Äußerung eines »ZDF-FAZ-Professors« geschmäht worden. Tatsächlich ist die Überheblichkeit gegenüber den und die Depotenzierung von in der öffentlichen Debatte präsenten Hochschullehrern eine recht typische Göttinger Geste. Im Jahr 2005 formulierte der damalige Universitätspräsident Kurt von Figura, dass die Göttinger »Feuilletonpolitologen« »Schwachstellen« seien, die »ausgemerzt« werden müssten.⁵⁰ Dass nicht einmal in dieser Stadt mit ihrem geradezu emblematischen akademisch-bildungsbürgerlichen Selbstverständnis eine ernstzunehmende Diskussion über den öffentlichen Einwurf ihres Professors stattfand, ist daher wenig überraschend, gibt aber durchaus zu denken.

Dass es Tibi trotz erheblicher Bemühungen nicht gelang, der fälschlichen Adaption seines Leitkultur-Begriffs entgegenzuarbeiten, hat aber auch damit zu tun, dass mittlerweile noch immer an deutschen Universitäten die Verbindung von Wissenschaft und Öffentlichkeit häufig nur postuliert oder durch eine Öffentlichkeitsabteilung flankiert wird. Wirken jedoch Professoren in die (Zivil-)gesellschaft hinein, tun sie das meist privat. Institutionalisierte so genannte Outreach-Abteilungen, die die Verbindung zwischen universitärem Wissen und deren Verfügbarmachung für die Gesellschaft professionell organisieren (z. B. über außeruniversitäre Erwachsenenbildung, Lehre von Professoren in Schulen oder die Anerkennung von öffentlichen Debattenbeiträgen und Expertisen), sind bisher nicht in der deutschen akademischen Kultur etabliert.

Blickt man tiefer, in die mentale Unterkellerung einer mit dem Charakter der Einwanderungsgesellschaft weiterhin hadernden Bundesrepublik, lässt sich die Karriere des Leitkulturbegriffs auch als anschauliches Beispiel dafür werten, dass ein öffentlich intervenierender Intellektueller nicht gegen den schier unüberbrückbaren, da Wahrnehmungen und Affekte präformierenden, *cultural gap* zwischen im engeren Sinne westlicher, insbesondere angloamerikanischer, politischer Kultur einerseits und der deutschen andererseits ankommt. Wie gesehen klebt der didaktisch versierte Tibi nicht am Wort »Leitkultur«. Und gerade deshalb bleibt es verblüffend, dass seine originäre Intention – jenseits aller Begriffsstreitereien – nie zum Gegenstand der Diskussion gemacht wurde. Der Verdrängungsarbeit der deutschen politischen Öffentlichkeit fiel die Frage regelrecht zum Opfer, wie Wege zu einer europäisch-säkularen politischen Kultur gefunden werden können, an deren grundierender Einheit nach dem liberalen Muster von *e pluribus unum* sich muslimische Gruppen mit ihrem eigenen Verständnis als religiöse Kollektive aktiv beteiligen – und zwar ohne der kulturrelativistischen Verhärtung des Multikulturalismus einerseits oder einem chauvinistischen Nationalkonservatismus andererseits zu verfallen.

In dieser Frage ist in den vergangenen zwanzig Jahren, zumindest in Deutschland, kein Fortschritt erzielt worden. Eine tatsächliche Debatte wurde bisher geradezu abgewehrt, auch und gerade der Streit um die Leitkultur hat diese Chance ausgeschlagen – nicht zuletzt aufgrund eines zur Moralisierung multikultureller »Offenheit« neigenden liberalen Bürgertums. Denn auch verwandte integrationspolitische Anregungen wie Tibis 1991 eingeführter Begriff des »Euro-Islam«[51] wurden im Reden über die Leitkultur nicht berücksichtigt. Es erscheint dabei geradezu als Index dieser Vernachlässigung, dass heute in auffälliger Weise vorrangig (neu-) rechte Plattformen für Tibis Publikationen werben.[52] Denn trotz aller Probleme, die seine Begriffswahl birgt, trotz aller semantischen Leere, die man seinen Ausführungen vorwerfen kann: Weder plumpe Migrationsfeindlichkeit noch antimuslimisch verbrämter Rassismus finden bei Tibis Parteinahme für eine europäische politische Kultur nach westlichem Vorbild eine Grundlage. Stattdessen greifen in Fragen muslimischer Migration regelmäßig altbekannte tribalistische Reflexe – nicht nur rechts, sondern auch in Gestalt der vorauseilenden Parteinahme für eine strikt zu respektierende »islamische Kultur«, die sich jeder Problematisierung der Kompatibilität liberaler Demokratien mit insbesondere der in den hiesigen Islamverbänden dominanten konservativen Auslegung des sunnitischen Islams verwahrt. Auch die Sichtweise von Ex-Muslimen und liberalen Muslimen – zu letzteren zählt sich auch Tibi – bleibt in Deutschland geradezu traditionell marginalisiert.[53] Insgesamt fehlt es an einer angemessenen Sprache für dieses bisweilen hoch emotionalisierte Problemfeld bis heute. Damit hatte und hat der Autor der Leitkultur schlicht Recht.

Natürlich: Eine entscheidende Rolle bei der Umdeutung des Leitkulturbegriffs weg von Tibis Intention spielten natürlich die handelnden Subjekte, insbesondere Spitzenpolitikerinnen und Spitzenpolitiker der CDU. Dass der Begriff der Leitkultur, inhaltlich entleert, zur »Mobilisierungsressource im Bereich politischer Öffentlichkeit« werden konnte, »mit der Ängste und Ressentiments bedient und instrumentalisiert werden«[54], ist schließlich auch Ergebnis des bewusst kalkulierten Einsatzes des Leitkulturbegriffs als politische Spielmarke. Und politischen Spielmarken verlangt man gerade ab, dass sie so schnell vom Tisch gefegt werden wie sie situativ reaktiviert werden können.

Die von Göttingen ausgehende Debatte um den Begriff Leitkultur zeigt: Nicht nur Bücher, sondern auch Begriffe, insbesondere stark soziohistorisch aufgeladene, haben ihr gesellschaftlich bedingtes Schicksal. Doch dieses Schicksal wird eben auch zu einem guten Teil *gemacht*.

Anmerkungen

1 Jörg Schönbohm, Kulturelle Vielfalt statt multikultureller Gesellschaft: Zu einer realistischen Integrationspolitik, in: Berliner Zeitung, 22.06.1998.
2 Friedrich Merz, Einwanderung und Identität, in: Die Welt, 25.10.2000.
3 Bassam Tibi, Multikultureller Werte-Relativismus und Werte-Verlust. Demokratie zwischen Werte-Beliebigkeit und pluralistischem Werte-Konsens, in: Aus Politik und Zeitgeschichte, B 52–53/1996, S. 27–36.
4 Ebd., S. 27.
5 Ebd., S. 30.
6 Ebd., S. 27.
7 Ebd., S. 28.
8 Ebd., S. 33.
9 Vgl. Lawrence H. Fuchs, The American Kaleidoscope. Race, Ethnicity and the Civic Culture, Hanover 1990, S. XVIII. Da ethnische Selbstzuschreibungen in den USA zur politischen Mobilisierungsressource avancierten, galt der *melting pot* freilich bereits in den 1960er Jahren als fragiler Wunsch, nicht als empirische Realität. Vgl. dazu klassisch Nathan Glazer/Patrick Moynihan, Beyond the Melting Pot. The Negroes, Puerto Ricans, Jews, Italians, and Irish of New York City, Cambridge 1963, S. V.
10 Tibi, Multikultureller Werte-Relativismus und Werte-Verlust, S. 31.
11 Ebd., S. 36.
12 Ebd., S. 30.
13 Im Folgenden wird aus der 3. aktualisierten Taschenbuchausgabe zitiert, vgl. Bassam Tibi, Europa ohne Identität? Leitkultur oder Wertebeliebigkeit, München 2002.
14 Ebd., S. 21.
15 Ebd., S. 49.
16 Ebd., S. 56.

17 Ebd., S. 181.
18 Ebd., S. 92.
19 Ebd.
20 So auch im Interview der Verfasser mit Bassam Tibi am 15. April 2019. In Tibis Darstellung erscheinen Horkheimer und Adorno gleichwohl in seltsamer Weise als Gründerväter des westlichen Nationalstaates *ex post*, da die Anerkennung des autonomen Individuums als fundierendes Prinzip der Gesellschaft lange vor den deutschen Konzentrationslagern, nämlich von den Aufklärungsphilosophen, gefordert wurde. Zumindest Adorno zielte nicht allein auf die Herstellung möglichst liberaler individualistischer (und damit klassenblinder) Verhältnisse, sondern gerade auf die auch materiell unterfütterte Herstellung eines »besseren« Zustandes, »in dem man ohne Angst verschieden sein kann«. (Theodor W. Adorno, Minima Moralia. Reflexionen aus dem beschädigten Leben [Original: 1951], Frankfurt am Main 2003, S. 185)
21 Tibi, Europa ohne Identität?, S. 353.
22 Schönbohm, Kulturelle Vielfalt statt multikultureller Gesellschaft.
23 Vgl. Siebo Siems, Die deutsche Karriere kollektiver Identität. Vom wissenschaftlichen Begriff zum massenmedialen Jargon, Münster 2017, S. 179. Für eine detaillierte Darstellung und Einordnung der »Leitkulturdebatte« in den bundesrepublikanischen Identitätsdiskurs vgl. Siems, vor allem S. 187–205.
24 O. V., Merz will sich kein Thema im nächsten Wahlkampf verbieten lassen, in: Frankfurter Allgemeine Zeitung, 11.10.2000.
25 Friedrich Merz, Einwanderung und Identität, in: Die Welt, 25.10.2000.
26 O. V., Die Debatte in der CDU, ob ein Thema thematisiert werden darf, in: Frankfurter Allgemeine Zeitung, 18.10.2000.
27 Vgl. Thorsten Eitz, Das missglückte Wort, in: Dossier »Sprache und Politik« der Bundeszentrale für politische Bildung, 15.07.2010, online einsehbar unter https://www.bpb.de/politik/grundfragen/sprache-und-politik/42726/das-missglueckte-wort?p=all [eingesehen am 18.04.2019].
28 O. V., Geißler zu »Leitkultur«. Überflüssig und gefährlich, in: Spiegel Online, 02.11.2000, online einsehbar unter https://www.spiegel.de/politik/deutschland/geissler-zu-leitkultur-ueberfluessig-und-gefaehrlich-a-100907.html [eingesehen am 26.04.2019].
29 O. V., Franz Müntefering im Gespräch: SPD-General will Zuwanderungsgesetz bereits 2001, in: Der Tagesspiegel, 28.10.2000.
30 O. V., Leitkultur Unwort des Jahres, in: Frankfurter Allgemeine Zeitung, 27.11.2000.
31 Zit. nach Jürgen Leinemann/Martin Doerry, Spiegel-Gespräch: »Ein Spiel mit Emotionen«, in: Der Spiegel, 13.11.2000.
32 Siems, S. 194.
33 Interview mit Bassam Tibi am 15. April 2019. Zur Verdeutlichung des Debattenniveaus vgl. Reinhard Mohr, Operation Sauerbraten, in: Der Spiegel, 06.11.2000.

34 So ähnlich auch der damalige hessische Ministerpräsident Roland Koch (CDU). Vgl. o. V., »Deutsche Leitkultur«. Der Ton zwischen SPD und Union wird schärfer, in: Spiegel Online, 29.10.2000, online einsehbar unter https://www.spiegel.de/politik/deutschland/deutsche-leitkultur-der-ton-zwischen-spd-und-union-wird-schaerfer-a-100490.html [eingesehen am 26.04.2019].
35 Vgl. Thomas de Maizière, Leitkultur für Deutschland – was ist das eigentlich?, in: Zeit Online, 30.04.2017, online einsehbar unter https://www.zeit.de/politik/deutschland/2017-04/thomas-demaiziere-innenminister-leitkultur [eingesehen am 26.04.2019].
36 Bassam Tibi, Eine neurotische Nation, in: Der Tagesspiegel, 16.07.2017.
37 Tibi, Europa ohne Identität?, S. XIII.
38 Bassam Tibi, Leitkultur als Wertekonsens. Bilanz einer missglückten deutschen Debatte, in: Aus Politik und Zeitgeschichte, B 1–2/2001, S. 23–26, hier S. 24.
39 Vgl. Maizière, Leitkultur für Deutschland.
40 Vgl. Tibi, Leitkultur als Wertekonsens, S. 25.
41 Tibi, Europa ohne Identität?, S. 18.
42 Thomas Thiemeyer, Leitkultur – Von den Tücken eines Begriffs, in: Merkur, Jg. 71 (2017), H. 820, S. 73–80, hier S. 77–79.
43 Ebd., S. 78.
44 Vgl. Fabian Steinhauer, Abstand nehmen. Zu Christoph Möllers' Theorie der Normen, in: Merkur Jg. 70 (2016), H. 805, S. 41–53, hier S. 44 f.
45 Ernest Renan, Was ist eine Nation? Vortrag an der Sorbonne, gehalten am 11. März 1882, in: ders., Was ist eine Nation? Und andere politische Schriften, Wien 1995, S. 41–58, hier S. 57. Tibi bezieht seinen Leitkulturbegriff explizit auf das Renan'sche tägliche Plebiszit.
46 Interview mit Bassam Tibi am 15. April 2019.
47 Helmuth Plessner, Die verspätete Nation. Über die politische Verführbarkeit bürgerlichen Geistes [Original: Das Schicksal deutschen Geistes im Ausgang seiner bürgerlichen Epoche, 1935], in: ders., Die Verführbarkeit des bürgerlichen Geistes. Politische Schriften. Gesammelte Schriften, Bd. IV, Frankfurt am Main 1982, S. 7–223, hier S. 60.
48 »Der Staat als Vertrag im Sinne der Übereinkunft zwischen freien Bürgern ist spezifisch westliches Ideal. In seinem Ursprung steht die Umwertung des Menschen zum civis. Seine Substanz ist ein tägliches Plebiszit. […] Wer sich zu ihm bekennt, gehört zu ihm […], er kann für sich werben und ist darum auf Universalität angelegt.« (ebd., S. 70)
49 Interview mit Bassam Tibi am 15. April 2019.
50 Zit. nach Tobias Lill, Uni Göttingen. Krieg der Wissenschaftler, in: Spiegel Online, 09.12.2005, online einsehbar unter https://www.spiegel.de/lebenundlernen/uni/uni-goettingen-krieg-der-wissenschaftler-a-389304.html [eingesehen am 26.04.2019].
51 Vgl. Bassam Tibi, Euro-Islam: Die Lösung eines Zivilisationskonfliktes, Darmstadt 2009.

52 Dass Tibi durch das von der Kasseler Finanzberatungsgesellschaft Plansecur initiierte »Vordenker Forum« kürzlich zum »Vordenker 2019« gekürt wurde, verkündete beispielsweise die nationalkonservative Internetzeitung *Tichys Einblick* feierlich – schließlich habe Tibi »als einer der ersten vor den Gefahren durch Zuwanderung nicht integrationswilliger Muslime« gewarnt. Vgl. o. V., Islamexperte Bassam Tibi wird »Vordenker 2019«, in: Tichys Einblick, 12.04.2019, online einsehbar unter https://www.tichyseinblick.de/daili-es-sentials/islamexperte-bassam-tibi-wird-vordenker-2019/ [eingesehen am 25.04.2019].
53 Vgl. Florian Chefai, Wir dürfen die Kritik am Islam nicht den Rechten überlassen, in: Dubito Magazin, 07.01.2019, online einsehbar unter https://dubito-magazin.de/2019/01/07/wir-duerfen-die-kritik-am-islam-nicht-den-rechten-ueberlassen/ [eingesehen am 24.04.2019].
54 Siems, S. 205.

Das XLAB

Experiment(e) mit offenem Ausgang

von Lino Klevesath und Anne-Kathrin Meinhardt

In den 1990er Jahren wurde das Selbstverständnis des gerade wiedervereinigten Deutschlands auf eine harte Probe gestellt: In dem Land, das sich selbst als Ort nicht nur der Dichter, sondern eben auch der Denker, Tüftler und Erfinder verstand, wollten immer weniger junge Menschen ein naturwissenschaftliches Studium aufnehmen. Die erste PISA-Studie, die die grundlegenden Kompetenzen von Schülerinnen und Schülern in den Industriestaaten verglich und 2001 veröffentlicht wurde, beschied der Bundesrepublik, dass die naturwissenschaftlichen Leistungen der 15-Jährigen deutlich unter dem Durchschnitt der OECD-Staaten lagen und von den Spitzenwerten Südkoreas und Japans, aber auch des europäischen Vorbilds Finnland weit entfernt waren.[1] In Politik und Wissenschaft herrschte die Furcht, das Land könne bei der Forschung den Anschluss an die Weltspitze verlieren und das Geschäftsmodell der deutschen Wirtschaft, das zu einem großen Teil auf dem Export innovativer Produkte basiert, vor dem Scheitern stehen. Der damalige Bundespräsident, Roman Herzog, erklärte 1997 in einer als »Ruck-Rede« bekannt gewordenen Ansprache gar, dass in Deutschland »Angst […] den Erfindergeist«[2] zu lähmen drohe. Die Republik suchte nach Lösungen, um die Entwicklung umzukehren. Wenige Tage nach der berühmten Rede war die naturwissenschaftliche Bildung junger Menschen Thema eines Tischgespräches im Schloss Bellevue, was Eva-Maria Neher die einmalige Gelegenheit eröffnete, das Konzept eines Experimentallabors mit dem Bundespräsidenten persönlich zu erörtern.

Wenig später entstand das Göttinger Experimentallabor XLAB, mit dem Ziel, Jugendlichen das eigene naturwissenschaftliche Experimentieren in hochwertig ausgestatteten Laboren zu ermöglichen und ihnen damit den Weg in die Forschung zu ebnen. Als deutschlandweit erstes und international eines der ersten Experimentallabore erreicht es seitdem unzählige Jugendliche und ist Vorbild für viele weitere Projekte dieser Art. Seit inzwischen 19 Jahren existiert die Göttinger Einrichtung – wenn es im Dezember 2019 runden Geburtstag feiert, kann das XLAB auf viele sehr erfolgreiche Jahre, aber auch Rückschläge blicken. Es war die Biochemikerin Eva-Maria Neher, die die Einrichtung ins Leben rief und bis Ende 2018 als Leiterin führte. Das XLAB zählt zweifellos zu den bekanntesten Göttinger Ideen der neueren Zeit. Es ist ein Erfolgskonzept, für das Neher immer wieder ausgezeichnet wurde, so 2007 mit dem Niedersächsischen Staatspreis, 2013 mit dem Verdienstkreuz 1. Klasse des Verdienstordens der Bundesrepublik, 2018 mit der höchsten Auszeichnung des Landes Niedersachsen, der Niedersächsischen Landesmedaille, und 2019 mit dem Initiativpreis der Susanne und Gerd Litfin Stiftung aus Göttingen.[3] Doch insbesondere in jüngster Zeit erlebte das XLAB derartig große Veränderungen, dass abzuwarten bleibt, welche Auswirkungen diese auf die weitere Entwicklung haben werden.

Ziel des XLAB ist es, eine Brücke zwischen Schule und Hochschule zu bilden, um Schülerinnen und Schülern den späteren Übergang in die Wissenschaft zu erleichtern. Dazu bietet es ganzjährig insbesondere Experimentalkurse für Klassen aus ganz Deutschland an, organisiert im Sommer internationale »Science Camps« und veranstaltet für gewöhnlich zum Jahresbeginn das sogenannte Science Festival, bei dem namhafte Wissenschaftlerinnen und Wissenschaftler, darunter zahlreiche Nobelpreisträgerinnen und -träger, Vorträge für Schülerinnen und Schüler, Lehrkräfte und Fachkolleginnen und -kollegen halten. Zudem bietet die Einrichtung Lehrkräften ein breites Angebot an Fortbildungen an. Wichtig ist Neher dabei folgender Leitgedanke: »Keine Theorie wird am XLAB allein aus den Textbüchern gelehrt und als reproduzierbares Wissen eingesetzt. Jede Theorie steht in einem untrennbaren Zusammenhang mit der Nachvollziehbarkeit durch das Experiment, und Fragen an die Theorie sollen durch weitere Experimente beantwortet und bestätigt werden.«[4] Die Jugendlichen sollen praktisch lernen,

Beim Neujahrsempfang der Stadt Göttingen am 8. Januar 2019 in der Lokhalle erhielt Eva-Maria Neher den Initiativpreis der Susanne und Gerd Litfin Stiftung. Im Vordergrund ist die Bronzeskulptur zu sehen, die ihr überreicht wurde.

indem sie auf eine gut ausgebaute, hochaktuelle Infrastruktur zurückgreifen und an hochwertig ausgestatteten Arbeitsplätzen forschen können. Intensität und Professionalität sind die Komponenten, mit denen das Interesse an den Naturwissenschaften bei den Schülerinnen und Schülern hervorgerufen werden soll.[5]

Es waren Nehers eigene wissenschaftliche wie gesellschaftliche Erfahrungen, die sie zur Gründung des XLAB inspirierten. Nach ihrem Studium und der Promotion legte sie wegen ihrer Kinder eine berufliche Pause ein, aus der es damals schwierig bis unmöglich war, in die Wissenschaft zurückzukehren. Qualitativ hochwertige und umfangreiche Betreuung für Kleinkinder war noch nicht die Regel; Fördermaßnahmen zur Vereinbarkeit von Beruf und Familie existierten nicht. Eine längere Berufspause war für Mütter daher damals fast unumgänglich – doch diese lange Unterbrechung wiederum machte eine Rückkehr in die schnell fortschreitende Forschung praktisch unmöglich. Die heute 68-jährige Neher begann ihren beruflichen Wiedereinstieg dann schließlich in der Göttinger Waldorfschule, in der sie naturwissenschaftliche AGs anbot sowie leitete und Fachunterricht gab. Als deutlich wurde, dass sie bei vielen Schülerinnen und Schülern Begeisterung für experimentelles Arbeiten wecken konnte, entstand der Wunsch, deutlich mehr junge Menschen zu erreichen. Bald kam ihr die Idee, Jugendlichen die Naturwissenschaften – konkret die (Molekular-)Biologie, Physik, Chemie und Informatik – außerhalb der Schule zu vermitteln. Neher wollte dabei vor allem auch besonders talentierte junge Menschen erreichen, was im normalen Schulalltag nicht möglich war.

Neher, die mit dem Nobelpreisträger Erwin Neher verheiratet ist, kam zu der Einsicht, dass mit bloßen Vorträgen kein Nachwuchs für die Naturwissenschaften zu gewinnen war. Vielmehr mussten talentierte Menschen schon im Jugendalter für die Kultur des Experimentierens gewonnen werden, damit sie sich für eine naturwissenschaftliche Laufbahn entschieden. Nach Gesprächen mit dem damaligen niedersächsischen Ministerpräsidenten Gerhard Schröder und weiteren Landespolitikern wurde Neher 1998 von Thomas Oppermann, der damals als niedersächsischer Wissenschaftsminister amtierte, gebeten, ihre Idee eines Experimentallabors erstmals zu Papier zu bringen. Mit Unterstützung des damaligen Präsidenten der Universität Göttingen, Horst Kern, wurde das Projekt schließlich weiter vorangetrieben. Im Dezember 1999 organisierte Neher eine Auftaktveranstaltung in der Aula am Wilhelmsplatz mit verschiedenen Gastvorträgen. Bereits in diesem Jahr hatten Workshops mit Schulklassen aus Göttingen stattgefunden.

Um den nächsten Schritt zu gehen, bekam das Vorhaben ein Startkapital vom Land Niedersachsen. Allerdings fehlte es an Räumlichkeiten. Bis diese erbaut waren, wurde auf freie Räume an der Universität zurückgegriffen – schließlich waren die Studierendenzahlen in den Naturwissenschaften zur damaligen Zeit so gering, dass es Leerstand gab. Das erste Geld wurde für die Sanierung bzw. Säuberung der Räume genutzt – denn Neher folgte dem Prinzip »Nichts ist für Schüler gut genug!«[6]. Damit verdeutlicht sie ihren Anspruch, den Jugendlichen nur das neueste Material bzw. die beste Ausstattung geben zu wollen, und illustriert eine Gleichberechtigung zum Wissenschaftsbetrieb. Die Lernenden sollen bzw. sollten immer ideale Bedingungen vergleichbar mit Forschungsbedingungen bekommen, um an-

Jede Etage – und damit jede Farbe des Gebäudes – steht für eine Abteilung. Die Physik im 1. Stock ist orange, in der gelben Etage darüber sitzt die Chemie, grün steht für die (Molekular-)Biologie und ganz oben befindet sich in blau das Stockwerk für die Neurophysiologie. Pro Fachbereich gibt es Seminarräume, Labore und Büros für die insgesamt ca. 25 Mitarbeitenden.

gemessen lernen und forschen zu können. Das Konzept ging auf: So stieg die Anzahl der Teilnehmenden zunächst rasant an, von 120 Teilnehmenden 1999 auf 14.149 Teilnehmende 2009.[7] Thomas Oppermann veranlasste im Jahr 2000 den Bau eines Gebäudes für das XLAB, welches es 2004 beziehen konnte.

Zum Erfolg des Projekts trug natürlich der Standort Göttingen wesentlich bei. Auch wenn das XLAB viele Jahre zunächst institutionell unabhängig von der Universität blieb, profitierte es nicht nur von den anfangs zur Verfügung gestellten Räumlichkeiten, sondern insbesondere von dem Austausch mit den naturwissenschaftlichen Fakultäten und den Forschungseinrichtungen der Max-Planck-Gesellschaft, dem Deutschen Primatenzentrum und vielen anderen mehr. Gerade die Naturwissenschaften hatten dank der zahlreichen Nobelpreisträger, die sie hervorgebracht hatten, den exzellenten Ruf der Göttinger Universität nicht nur in Deutschland, sondern weltweit geprägt.

Diese Tatsache half dem XLAB, auch weit über die Grenzen Deutschlands hinaus ein besonderes Renommee aufzubauen. 2003 wurde das XLAB dann tatsächlich auf die internationale Bühne gehoben, indem Neher internationale Science Camps für junge Menschen aus aller Welt zu organisieren begann. Bis heute kamen und kommen Jugendliche aus 48 Ländern[8] und von allen Kontinenten nach Göttingen, um hier während der Sommerferien zu forschen. Es sind in der Regel Schülerinnen und Schüler, aber auch Studierende, die einerseits großes Interesse an den Naturwissenschaften haben, andererseits aber auch die Leistungen vorweisen können, um daran teilzunehmen. Alle Interessierten müssen einen Bewerbungsprozess durchlaufen, um nur den wirklich talentierten jungen Menschen die Teilnahme zu ermöglichen. In dem aktuellen Flyer des XLAB wird gar von der »jungen Elite«[9] gesprochen. Neher ist überzeugt: »Für viele war die Zeit in Göttingen ein Sprungbrett in die Welt.«[10]

Die Teilnehmenden lernen in jedem Fall »die Universität Göttingen und den Göttinger Research Campus kennen. Durch die Mitgliedschaft in der Alumni Association pflegen viele eine langjährige Bindung an das XLAB.«[11] Engagierte Lehrkräfte, die die Göttinger Einrichtung kennen, informieren und motivieren ihre leistungsstärksten Lernenden, diese Gelegenheit wahrzunehmen. Bekannt geworden ist die Institution auch außerhalb Deutschlands – dank zahlreicher Reisen von Eva-Maria Neher ins Ausland. Sie ist überzeugt, dass die persönliche Kontaktpflege wichtig ist, um die internationale Strahlkraft des XLAB und Göttingens zu erhalten und auszubauen. Für Neher ist es ein einzigartiges Aushängeschild für den Wissenschaftsstandort Göttingen, denn: »Alle Alumni sind Botschafter Göttingens in der Welt.«[12]

Doch an der Göttinger Universität, die seit ihrer Gründung gleichermaßen auf Naturwissenschaften und Geisteswissenschaften setzt und in der die Rivalität der beiden Forschungsdisziplinen weit zurückreicht, weckte die Strahlkraft des XLAB auch Begehrlichkeiten. 2014 eröffnete im Friedländer Weg nahe der Stadthalle das YLAB, welches Schülerinnen und Schüler an verschiedene geisteswissenschaftliche Disziplinen heranführen will. Anders als das XLAB ist die neue Institution allerdings von

Anfang an eine Einrichtung der Universität. Dabei steht weniger die Förderung junger Talente und die Anbahnung wissenschaftlicher Karrieren im Vordergrund. Vielmehr soll das YLAB Studierenden der verschiedenen Fachdidaktiken die Möglichkeit eröffnen, innovative Unterrichtskonzepte mit Schülerinnen und Schülern zu erproben.[13] Daneben hat die Universität mit dem lebenswissenschaftlichen Schülerlabor BLAB einen weiteren Lernort für Schülerinnen und Schüler der Sekundarstufe etabliert. Dieser steht aber nicht in direkter Konkurrenz zum XLAB, dessen biologische Labore Experimente im Bereich der Molekularbiologie, Immunologie, Anatomie, Neurophysiologie und Ökologie ermöglichen, während das BLAB die Biodiversitätsforschung zum Schwerpunkt hat.[14]

Das XLAB hingegen wurde als unabhängige Einrichtung gegründet, die von einem Verein getragen wurde. Die Georg-August-Universität unterhielt das Gebäude und stellte es unentgeltlich zur Verfügung. Finanziert wurde das XLAB aus Landesmitteln, Mitteln des Forschungsclusters CNMPB (Center for Nanoscale Microscopy and Molecular Physiology of the Brain), Stiftungen und Spenden von Unternehmen sowie den Einnahmen aus den Kursgebühren. Da die weitere Finanzierung aber immer schwieriger wurde, insbesondere weil die Finanzierung des Landes nicht an die steigenden Ausgaben durch Inflation (vor allem im Bereich der Personalkosten) angepasst wurde, musste der 2000 gegründete Verein Ende 2017 in die Universität überführt werden. Die schwierige finanzielle Lage erschwerte die Arbeit der Einrichtung. Wachstum und damit die Einnahmensteigerung aus Kursgebühren waren nicht möglich, da die Kapazitätsgrenzen in den Laboren erreicht waren. Ab 2009 stagnierte die Zahl der Schülerinnen und Schüler, die das XLAB besuchten. Hier spielte auch die mittlerweile wieder abgeschaffte Einführung des Abiturs nach acht Jahren (»G8«) eine Rolle.

Entgegen den Wünschen Nehers kam es nicht zu einer hauptamtlichen Neubesetzung der Leitungsposition am XLAB. Seit Anfang 2019 leitet Thomas Waitz, Lehrstuhlinhaber der Chemiedidaktik, die Institution am Göttinger Nordcampus.[15] Neher hat Thomas Waitz ihre Unterstützung zugesagt, die er gerne annimmt.[16] Es stellt sich die Frage, inwieweit die Förderung junger Talente unter den Schülerinnen und Schülern sowie die Ermöglichung von wissenschaftlich anspruchsvollen Experimenten Schwerpunkte der Arbeit des XLAB bleiben werden oder ob – analog zum YLAB – künftig eher die Erprobung verschiedenster fachdidaktischer Ansätze, die sich an alle Schülerinnen und Schüler richten, im Vordergrund stehen wird.

Das Göttinger XLAB ist eben nicht nur eines der ersten naturwissenschaftlichen Experimentallabore, welches die Gründung von etwa dreihundert ähnlichen Einrichtungen in Deutschland inspirierte. Es zeichnet sich vielmehr gerade durch die besondere Art der naturwissenschaftlichen Nachwuchsförderung aus, die die Durchführung komplexer Experimente bereits für Jugendliche ermöglicht und dabei auf didaktische Komplexitätsreduktionen weitestgehend verzichtet. Für talentierte junge Menschen ist dieser anspruchsvolle Ansatz allerdings keine Zumutung, sondern eine Chance. Eine solch enge Schnittstelle zwischen dem Unterricht in der Sekundarstufe und der wissenschaftlichen Forschung hatte es zuvor nicht gegeben.

Die finanzielle Durststrecke, die das XLAB vor der Eingliederung in die Universität Göttingen zu bewältigen hatte, zeigt, dass eine innovative Idee allein den dauerhaften Erfolg eines Konzeptes nicht sichert. Selbst die anfänglich große politische Unterstützung, die die Begründung des XLAB ermöglichte, bietet keine Gewähr für den dauerhaften Bestand. Denn der Fokus der Politik unterliegt konjunkturellen Schwankungen. Die 2016 veröffentlichten PISA-Ergebnisse attestieren den deutschen Schülerinnen und Schülern mittlerweile überdurchschnittliche naturwissenschaftliche Leistungen, auch wenn der Rückstand etwa gegenüber Japan weiter besteht.[17] Auch die wirtschaftliche Lage der Bundesrepublik scheint auf den ersten Blick 2019 wesentlich besser als in den 1990er Jahren oder zur Zeit der Jahrtausendwende zu sein – die Arbeitslosenzahlen sind niedrig und das Land feiert sich wieder für seine industriellen Innovationen, die weltweit nachgefragt werden. Vielleicht genießen Projekte zur Elitenförderung deshalb heute nicht mehr die große Aufmerksamkeit staatlicher Entscheidungsträgerinnen und -träger. Doch das hohe Tempo der Neuerungen nicht nur auf dem Gebiet digitaler Technologien, sondern auch der Gentechnik zeigt, dass sich die Lage schnell wieder ändern kann. Der ursprüngliche Ansatz des XLAB erscheint daher heute zeitgemäßer denn je.

Anmerkungen

1 Vgl. Cordula Artelt et al. (Hg.), PISA 2000. Zusammenfassung zentraler Befunde, Berlin 2001, S. 28, online einsehbar unter https://www.pisa.tum.de/fileadmin/woobgi/www/Berichtsbaende_und_Zusammenfassungen/Zusammenfassung_PISA_2000 [eingesehen am 14.01.2019].
2 Berliner Rede 1997 von Bundespräsident Roman Herzog, Aufbruch ins 21. Jahrhundert, 26.04.1997, online einsehbar unter http://www.bundespraesident.de/SharedDocs/Reden/DE/Roman-Herzog/Reden/1997/04/19970426_Rede.html [eingesehen am 14.01.2019].
3 Vgl. Christiane Böhm, Das XLab ist zum Vorzeigeprojekt geworden, in: Göttinger Tageblatt, 08.01.2019; dies., 70 000 Schüler haben experimentiert, in: Göttinger Tageblatt, 08.01.2019.
4 Eva-Maria Neher/Manfred Eigen, XLAB Science Festival oder Die Elfenbeintürme der Wissenschaft öffnen sich, in: Eva-Maria Neher (Hg.), Aus den Elfenbeintürmen der Wissenschaft – 1. XLAB Science Festival, Göttingen 2005, S. 7–11, hier S. 11.
5 Vgl. ebd., S. 8.
6 Dies berichtete Neher in einem persönlichen Gespräch am 10.12.2018 gegenüber der Autorin und dem Autor dieses Artikels.
7 Vgl. XLAB e. V., Jahresbericht 2016, Göttingen 2016, S. 19.
8 Vgl. Christiane Böhm, »Sie schätzen die Herausforderung«, in: Göttinger Tageblatt, 08.01.2019.
9 XLAB Göttinger Experimentallabor für junge Leute e. V., XLAB – Experimentallabor für junge Leute.
10 Zit. nach XLAB Göttinger Experimentallabor für junge Leute e. V., E=B x A^2, Göttingen 2009, S. 82.
11 XLAB Göttinger Experimentallabor für junge Leute e. V., XLAB – Experimentallabor für junge Leute.
12 Zit. nach XLAB Göttinger Experimentallabor für junge Leute e. V., E=B x A^2, S. 81.
13 Vgl. Georg-August-Universität Göttingen, Projektinformation zu »Forschungskompetenzen Lehr-Lernlabore: YLAB«, online einsehbar unter https://www.uni-goettingen.de/de/projektinformationen+zu+%22forschungskompetenzen+lehr-lernlabore%3A+ylab%22/542726.html [eingesehen am 14.01.2019].
14 Vgl. Georg-August-Universität Göttingen, B-LAB: Was ist das B-LAB?, online einsehbar unter https://www.uni-goettingen.de/de/552780.html [eingesehen am 14.01.2019].

15 Vgl. Angela Brünjes, Waitz führt das »Erfolgsmodell Xlab« fort, in: Göttinger Tageblatt, 31.12.2018.
16 Vgl. Böhm, »Sie schätzen die Herausforderung«.
17 Vgl. Kristina Reiss et al. (Hg.), PISA 2015. Eine Studie zwischen Kontinuität und Innovation, Münster 2016, S. 73, online einsehbar unter https://www.pisa.tum.de/fileadmin/woobgi/www/Berichtsbaende_und_Zusammenfassungen/PISA_2015_eBook.pdf [eingesehen am 14.01.2019].

Das »Göttinger Gebräu«
Oder: gut gegoogelt ist halb publiziert

von Annemieke Munderloh

Betrug und Whistleblowing in der Wissenschaft

Dass es in der globalen Wissenschaftscommunity gelegentlich zu Betrug kommt, ist nicht wirklich etwas Neues. Jedoch führten die 1990er Jahre hierzulande zu der schmerzlichen Erkenntnis, dass erhobene Zeigefinger, die zuvor oft gen USA gerichtet werden konnten, nun die hiesige Wissenschaftswelt verurteilten. Für hauptverantwortlich an dieser bislang verklärten Wahrnehmung in deutscher Öffentlichkeit und Wissenschaft wurde – insbesondere von der Presse – der Wissenschaftsbetrieb selbst erklärt. Dort schone man sich gegenseitig, sodass es kaum zu Vorwürfen käme. Wenn es denn einmal Anschuldigungen wissenschaftlichen Fehlverhaltens gebe, würden die universitätseigenen Ombudsgremien[1] diese Betrugsfälle so gut es ginge verschleiern und Instanzen wie die Deutsche Forschungsgemeinschaft (DFG) »die Kunst der weichen Zurechtweisung«[2] pflegen. Insbesondere zwei Betrugsfälle richteten damals die Aufmerksamkeit für dieses Phänomen auf Deutschland.

Zunächst war da im Jahr 1997 der sogenannte Herrmann/Brach-Fall: Die Krebsforscherin Marion Brach und ihr Partner Friedhelm Herrmann, die zu diesem Zeitpunkt an der Universität Ulm arbeiteten, galten als *die* deutschen Koryphäen ihres Bereiches. Der Betrug flog erst durch den selbstlosen Einsatz eines Whistleblowers auf: Einer ihrer wissenschaftlichen Mitarbeiter, Eberhard Hildt, hatte sich als Reaktion auf grobe Fehler in der Studiendurchführung und Drohungen durch Herrmann und Brach im Vertrauen an seinen Doktorvater gewandt, den Münchener Molekularbiologen Peter Hans Hofschneider. Dieser war infolgedessen maßgeblich an der Aufdeckung des Betrugs beteiligt – er wird auch im Kugler/Stuhler-Fall, der im Folgenden vorgestellt werden soll, noch eine Rolle spielen. Letztendlich bescheinigte eine von der Universität eilends eingesetzte Task Force für 94 der untersuchten 347 Veröffentlichungen von Herrmann und Brach »konkrete Hinweise auf Datenmanipulation«[3]. Nur vier Jahre später folgte der nächste deutsche Wissenschaftsskandal – nun stand eine Krebsstudie in Göttingen im Mittelpunkt.

Der Fall Kugler/Stuhler

Was brauchte es also an »Zutaten« für das sogenannte »Göttinger Gebräu«[4]? Man nehme:
- *Rolf-Hermann Ringert*, Direktor der Urologieabteilung der Universitätsmedizin Göttingen (UMG), Laborleiter und Seniorautor der umstrittenen Studie (dem somit die geistige Führung der Forschungsarbeit oblag), 1995–2003 gewählter DFG-Fachgutachter,[5] verantwortlich für die Behandlung von etwa dreihundert Patient*innen;[6]
- *Alexander Kugler*, Urologe und Erstautor der Studie, Habilitand bei Ringert;
- *Gernot Stuhler*, Internist und Zweitautor, die in der Studie verwendete Methode der Elektrofusion war ein »Import aus Tübingen«[7], wo er zum Zeitpunkt Mitarbeiter an der Medizinischen Fakultät war;
- *Lothar Kanz*, Internist und Co-Autor, Chef von Stuhler und wie Ringert DFG-Gutachter,[8] ebenfalls Co-Autor zweier Studien, deren Verfasser*innen im Zusammenhang mit dem zuvor erwähnten Herrmann/Brach-Fall wissenschaftliches Fehlverhalten vorgeworfen wurde;[9]
- *Gerhard-Anton Müller*, Internist und Co-Autor, verantwortlich für die Behandlung von etwa hundert Patient*innen an der UMG,[10] 2001 verwickelt in einen weiteren Verdachtsfall: man habe in einem Experiment »einen Patienten ›geheilt‹, der gar nicht krank war«[11];
- *Nature Medicine*, seit 1995 monatlich erscheinendes, renommiertes medizinisches Fachjournal mit großem Einfluss, englischsprachig;

– *Universität Göttingen*, 1998–2004 Präsident: Horst Kern, stellte sich lange schützend vor die Forscher*innengruppe.[12]

Was war passiert? Die Ergebnisse der klinischen Studie von Kugler, Stuhler und ihren 13 Mitautor*innen wurden im August 1999 unter dem Titel »Rückgang von menschlichem metastasierenden Nierenzellkrebs nach der Behandlung mit Tumorzell-dendritischen Zell-Hybriden«[13] in Form eines fünfseitigen Artikels bei der Fachzeitschrift *Nature Medicine* eingereicht und dort im März 2000 veröffentlicht. Darin beschreiben sie, wie sie zwischen Februar 1998 und März 1999 an der UMG 17 Patient*innen zwischen 37 und 80 Jahren mit einem vermeintlichen »Wundermittel gegen Krebs«[14] behandelt hätten, das erstaunliche Erfolge erzielt habe.

Nierenzellkrebs ist eine seltene, jedoch besonders bösartige Krebserkrankung, die zu der Zeit als »weitgehend therapieresistent«[15] galt – die Überlebenschancen ohne sowie mit Behandlung betrugen meist nur wenige Monate. Die Behandlung von metastasierendem Nierenzellkrebs gestaltet sich damals wie heute schwierig. Inzwischen kann das Wachstum aber oft gestoppt oder zumindest verlangsamt werden, da die Erkrankung zwar nach wie vor meistens zufällig, aber noch früh genug entdeckt wird.[16]

Als die Forschungsgruppe um Kugler in ihrer Publikation schrieb, sie hätte – vereinfacht gesagt – eine »Impfung«[17] gegen diese aggressive Krebsform entwickelt, wurde sie international gefeiert. Der Harvard-Mediziner Donald Kufe nannte die Erkenntnisse gar in einem Atemzug mit den Impfungen gegen Pocken und Polio. Der Triumph über die »Geißel der Menschheit«[18] schien zum Greifen nah. Denn Kugler und seine Kolleg*innen versprachen eine »sichere und effektive Therapie gegen Nierenzellkrebs, die in ihrer Vielseitigkeit auch auf andere Malignitäten mit unbekannten Antigenen übertragen werden könne«[19], d.h. die Behandlungsform könne auch bei anderen Krebsformen Anwendung finden. Die Entwicklung effektiver Therapien gestaltete sich bis dato schwierig, da es nicht gelingen wollte, dem Immunsystem beizubringen, Karzinomzellen zu erkennen, zu attackieren und zu vernichten. Der preisgekrönte[20]

Lösungsvorschlag der Forscher*innengruppe: individuelle Hybridzellen, für jede*n Patient*in fusioniert aus körpereigenen Tumorzellen und dendritischen Zellen[21] gesunder Spender*innen. Diese Hybridzellen seien in der Lage, dem Immunsystem das Aufspüren von Tumorzellen anzutrainieren und den Körper so schlussendlich gegen den Krebs immun werden zu lassen. Die Fusionierung erfolge durch kurze Elektroschocks, die die Zellen verschmelzen würden – eine Technik, die sich zum Zeitpunkt der Veröffentlichung noch in den Kinderschuhen befand.

Diese lebendigen Hybridzellen, so schrieben die Wissenschaftler*innen weiter, seien den Erkrankten im Rahmen mehrerer Injektionen zugeführt worden. Getestet worden sei die Immunreaktion schließlich durch ein ähnliches Verfahren, wie man es vom Allergietest bei Hausärzt*innen kennt: Den Patient*innen seien bestrahlte und somit ungefährliche Nierenzellkarzinomzellen in den Arm gespritzt worden, auf die sie bei erfolgreicher Therapie eine schwache Immunreaktion zeigten. Von den 17 Patient*innen der ursprünglichen Studie, so liest man in der Publikation des Göttinger Teams weiter, habe keine*r Gegenreaktionen auf die Behandlung gezeigt.[22] Die Ergebnisse hingegen seien unglaublich gewesen: Bei vier Patient*innen sei es zu Vollremissionen gekommen, d. h. der Krebs sei nach der Behandlung nicht mehr nachweisbar gewesen. Bei einer Person sei die Metastase, nicht aber der Krebs gewachsen, bei zwei weiteren Patient*innen habe der Tumor über fünfzig Prozent an Masse verloren, und bei weiteren zwei habe man die Krankheit fast anderthalb Jahre in Schach halten können – insgesamt also positive Entwicklungen bei 41 Prozent der Behandelten. Durch die auf die Patient*innen individuell abgestimmte Behandlung könne im Prinzip jede*r geimpft werden.[23] Infolge dieser Erkenntnisse habe man bereits sowohl eine Langzeitstudie mit den behandelten Nierenzellkrebspatient*innen als auch klinische Versuchsreihen in verschiedenen europäischen Städten zur Behandlung anderer Krebsarten in Planung. In Kooperation mit dem Medizinunternehmen Fresenius solle der Impfstoff nun im großen Stil hergestellt werden, damit die Wirkung an über zweihundert weiteren Patient*innen getestet werden könne.[24]

So weit, so fantastisch. Auch Kuglers Habilitationsschrift über die bahnbrechenden Untersuchungen befand sich in der Prüfung, eine schillernde Karriere in der Krebsforschung schien sicher. Weitere Patient*innen erhielten die Impfung, bis zum Sommer 2000 waren es insgesamt über dreißig, alle mit vermeintlich ähnlichem Behandlungserfolg.[25] Doch spätestens Anfang 2001 wurden verstärkt Zweifel an der Studie laut. In einem Brief wurde das Göttinger Ombudsgremium darauf aufmerksam gemacht, dass die Ergebnisse zwar großartig seien, eine einwandfreie Verifizierung jedoch nur durch Radiolog*innen erfolgen könne; diese suche man unter den 15 Autor*innen vergeblich.[26] Der Biotechnologe und Erfinder der Elektro-Zellfusion, Ulrich Zimmermann, kritisierte auch die lückenhafte Methodendokumentation, die außerdem voll von »Fehlern und Fehlinterpretationen«[27] sei; unter diesen Umständen könne »das Verfahren aus Nature Medicine nicht funktionieren«[28]. Ein Überleben der Zellen wird von Zimmermann stark angezweifelt, vielleicht sei das »Gebräu« gar toxisch. Konnte es sich vielleicht um einen Fall wissenschaftlichen Fehlverhaltens handeln? Um die Zweifel rasch im Keim zu ersticken, nahm sich die Ombudskommission der Sache an. Doch das Kartenhaus war bereits im Fallen: Bei der Überprüfung von Kuglers Habilitationsschrift fiel auf, dass zwei Darstellungen nicht – wie von den Autor*innen suggeriert – an eigenen Zellpopulationen im Labor erstellt worden waren, sondern aus dem Internet stammten; später sollte sich herausstellen, dass Stuhler sie von der Website eines Biotechnologiekonzerns heruntergeladen hatte (siehe Abbildungen nächste Seite[29]). Darauf zu sehen ist eben jener essenzielle Verschmelzungsprozess, der belegen sollte, dass vom Forschungsteam *lebendige* Zellen für die Impfung verwendet wurden.

In einem Zwischenbericht im Mai 2001 riet das Gremium, dass Kugler seine Habilitationsschrift zurückziehen solle. Zudem wurde das sorglose und oberflächliche, womöglich dilettantische Vorgehen der Wissenschaftler*innen bemängelt, konkrete Beweise für wissenschaftliches Fehlverhalten habe man jedoch (noch) nicht finden können. Ringert stellte seinen Habilitanden Kugler frei, damit er die nötigen Unterlagen für die Expert*innenkommission zusammentragen konnte.[30]

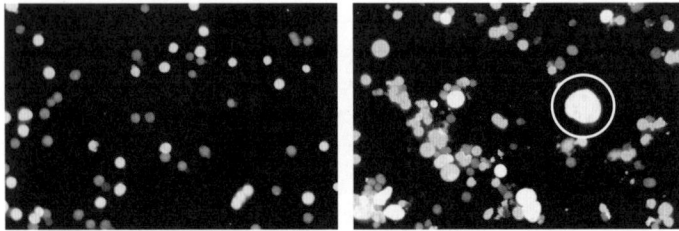

Zellen vor und nach der Fusionsbehandlung, aufgenommen etwa 1993. Korrekt hybridisierte Zellen unterschieden sich in den Originalaufnahmen farblich (hier ist eine von ihnen umrahmt). Die größeren Punkte sind die lebendigen Hybride, wie sie von den Forscher*innen angeblich verwendet wurden.

»Ich bin hier als Ausdruck der eigenen Ohnmacht«[31]

Einen Monat später traf ein Brief von Hofschneider und zwei weiteren Kollegen bei der DFG ein, die bis dato noch nicht informiert worden war – obwohl mit Ringert und Kanz zwei ihrer eigenen Gutachter Mitautoren der kritisierten Studie waren. Hofschneider war wie zuvor im Herrmann/Brach-Fall anonym von einer*einem jungen Wissenschaftler*in aus der Forschungsgruppe kontaktiert worden. Sie*er bemängelte »nicht protokollgerechte Therapieverfahren in laufenden klinischen Studien« bei falschen Produktbeschreibungen und sprach von »möglichen Nachteilen für Patienten«.[32] Die universitätseigene Ombudskommission konzentriere sich nur auf das heruntergeladene Bild, während im Klinikum weiter Patient*innen behandelt würden – es bestehe dringender Handlungsbedarf. Fragwürdig bleibt, warum die DFG nicht zuvor kontaktiert worden bzw. selbst bereits in Aktion getreten war; nach Erhalt des Briefes wurde jedoch binnen zwei Wochen eine Untersuchung eingeleitet.[33]

Der Göttinger Abschlussbericht wurde schließlich mit einem Jahr Verspätung im November 2002 vorgestellt (jedoch nie vollständig veröffentlicht). Kugler sei »bei der Erstellung der Manuskripte für die Publikation ›derart unsorgfältig mit Daten umgegangen, dass er den Bereich mangelnder Sorgfalt verlassen und den Bereich mindestens grob fahrlässiger Hinnahme von Unkorrektheiten betreten‹ habe.«[34] So habe es u. a. keine

Das »Göttinger Gebräu« 201

Die Nachricht, dass allein Alexander Kugler für den Skandal verantwortlich sei, seine 14 Mitautor*innen jedoch keine Konsequenzen erfahren würden, wurde nicht überall positiv aufgenommen.

Prüfung der Studie durch eine Ethikkommission gegeben, die Dokumentation der Impfstoffherstellung und Patient*innenbehandlung sei mangelhaft, in mindestens vier Fällen seien Patient*innen zugelassen worden, die nicht den Einschlusskriterien entsprochen hätten, es seien irreleitende Bilder von anderen, nicht durch Kugler und Co. behandelten Krebsleidenden verwendet worden und – vielleicht am haarsträubendsten – andere, gleichzeitig durchgeführte Therapien seien unerwähnt geblieben (z. B. die zusätzliche Strahlentherapie oder die operative Entfernung von angeblich durch die Therapie verschwundenen Metastasen). Die Habilitation zurückgezogen und vom Universitätsgremium zum alleinigen Sündenbock erklärt, verließ Kugler nach dem Skandal Göttingen.[35]

Der Bericht des DFG-eigenen Ombudsgremiums erfolgte erst 2005, da die Behandlungen als »individuelle Heilversuche«[36] durchgeführt wurden und deswegen der Zugang zu den Unterlagen immens erschwert war. Es ließ ein ungewöhnlich scharfes Urteil verlautbaren: Nicht Kugler als Erstautor, sondern Ringert wurde als Seniorautor und somit Hauptverantwortlicher ausgemacht und für acht Jahre einerseits für Drittmittelanträge, andererseits für seine Gutachtertätigkeit bei der DFG gesperrt.[37] Doch dafür, dass mit den Hoffnungen und (trotz der nachweislich nicht schädlichen Behandlung[38]) Leben von letztendlich bis zu vierhundert Patient*innen gespielt worden war, erscheinen auch diese Sanktionen mild.

Ringert stand wacker zu der Grundaussage der Studie, auch wenn er Fehler seitens der Durchführung einräumte. Er wehrte sich energisch gegen die Forderung von *Nature Medicine*, eine einvernehmliche Erklärung zum Rückzug der Studie zu unterschreiben. Dreieinhalb Jahre nach Veröffentlichung der Studie konnte sich schließlich auf folgenden Satz geeinigt werden: »Einstimmig wünschen die Autoren, diese Arbeit zurückzuziehen, wegen einer Reihe unkorrekter Aussagen und der fehlerhaften Präsentation der Primärdaten, Ergebnisse und Schlussfolgerung«[39]. Damit kam der Skandal zu einem Ende.

Die Auswirkungen bekam das Forschungsfeld zu spüren: Die Finanzierung neuer Studien sowie Publikationen zu dem Thema seien infolge des Skandals erheblich schwieriger, obwohl die Grundüberlegungen, denen auch Kugler und Co. gefolgt waren, vielversprechend seien, so das Ombudsgremium der Universität Göttingen in seinem Abschlussbericht.[40]

Und die Moral von der Geschicht?

Dass bis zum Widerruf so viel Zeit verstrich, ist u. a. dafür verantwortlich, dass die Studie von Kugler und Konsorten zu den meistzitierten zurückgezogenen Artikeln seit den 1970er Jahren gehört.[41] Hinzu kommt, dass nicht nur große Datenbanken wie beispielsweise *Web of Science*, sondern auch *Nature*

Medicine selbst mindestens bis Mitte 2011 (!) online in keiner Weise auf die Umstrittenheit der Studie oder ihre Widerrufung verwiesen.[42] Auch in den letzten Jahren wurde sie immer noch als Referenz herangezogen.[43] Zu erklären ist dies vermutlich mit der doch recht verbreiteten Praxis, zur Unterfütterung der eigenen Erkenntnisse oder Ideen Studien zu zitieren, ohne sie akribisch zu prüfen. Hier sind vonseiten der wissenschaftlichen Community anscheinend Verbesserungen in der Selbstkontrolle vonnöten, damit widerrufene Artikel nicht weiterverbreitet werden. Damit diese Selbstkontrolle funktionieren kann, müssen die Whistleblower*innen vor den Konsequenzen ihrer Meldungen geschützt werden: Der Molekularbiologe Hildt, der sich damals im Herrmann/Brach-Fall an seinen Doktorvater Hofschneider gewandt hatte, konnte lange keine Stelle finden und seine Habilitation zunächst nicht abschließen. Zwar gibt es zumindest in Deutschland mittlerweile Vertrauenspersonen an Universitäten und auch das Image der Whistleblower*innen hat sich etwas gebessert, die meisten Meldungen gehen aus (wie in der Vergangenheit deutlich wurde, nicht unbegründeter) Angst vor Repressalien jedoch – wie im Kugler/Stuhler-Fall – weiterhin anonym ein.[44] Auch am Eingestehen von Fehlern muss noch gearbeitet werden.[45] Damit derartige Skandale nicht aus Angst vor Prestigeverlust unter den Teppich gekehrt werden können, scheint es nach wie vor intensive Recherchen und kritische Berichterstattung vonseiten der Presse zu brauchen, die auch bei der Aufarbeitung der hier behandelten Fälle einen wichtigen Beitrag leistete. So waren die *Süddeutsche Zeitung* und die *Zeit* gemeinsam mit dem *Göttinger Tageblatt* maßgeblich dafür verantwortlich, die Öffentlichkeit über die Geschehnisse an der UMG zu informieren.[46]

Nachhaltige Auswirkungen auf die Karrieren der Wissenschaftler*innen hatte der Forschungsskandal indes nicht: Rolf-Hermann Ringert blieb bis zu seinem Ruhestand 2012 Abteilungsdirektor der Urologie der UMG, ein Posten, den er fast 25 Jahre innehatte.[47] Gernot Stuhler arbeitet als Oberarzt am Universitätsklinikum Würzburg und erforscht weiterhin Möglichkeiten, das Immunsystem gegen Krebserkrankungen in Stellung zu bringen.[48] Lothar Kanz ist ärztlicher Direktor am

Universitätsklinikum Tübingen[49] und Gerhard-Anton Müller bis heute Direktor der Klinik für Nephrologie und Rheumatologie an der UMG.[50] Alexander Kugler hat *Nature* zufolge nach dem Skandal »die Forschung verlassen«[51].

Anmerkungen

1 Fester Bestandteil von Forschungsinstitutionen, wie beispielsweise der DFG oder der Universität Göttingen, sind Ombudsgremien erst seit Ende der 1990er Jahre, und zwar als Folge des Herrmann/Brach-Betrugsfalls. Daraufhin hatte die DFG wissenschaftlichen Institutionen eine Verschärfung und Systematisierung ihrer Selbstkontrollinstanzen nahegelegt.
2 Harro Albrecht, Das Ende der Nachsicht, in: Zeit Online, 14.07.2005, online einsehbar unter https://www.zeit.de/2005/29/Das_Ende_der_Nachsicht [eingesehen am 15.03.2019].
3 Corinna Nadine Schulz, Whistleblowing in der Wissenschaft. Rechtliche Aspekte im Umgang mit wissenschaftlichem Fehlverhalten, Hamburg 2008, S. 155.
4 So der Biotechnologe Ulrich Zimmermann. Zit. nach Holger Wormer/Hubert Rehm, Gebräu aus Göttingen, in: Süddeutsche Zeitung, 03.07.2001.
5 Vgl. DFG, Hauptausschuss der DFG erteilt Rüge an Professor Rolf-Hermann Ringert, Pressemitteilung vom 05.07.2005, online einsehbar unter http://www.dfg.de/service/presse/pressemitteilungen/2005/pressemitteilung_nr_37/index.html [eingesehen am 05.03.2019].
6 Vgl. Holger Wormer, Das Verfahren läuft, und läuft, und läuft, Süddeutsche Zeitung, 21.05.2002.
7 Werner Bartens, Streit um die richtige Mischung, in: Zeit Online, 12.07.2001, online einsehbar unter https://www.zeit.de/2001/29/Streit_um_die_richtige_Mischung [eingesehen am 15.03.2019].
8 Vgl. Wormer.
9 Einer der beiden Artikel wurde infolgedessen 2001 von den Autor*innen zurückgezogen. Vgl. Stella Elaine Urban, Forschungsbetrug in der Medizin. Fakten, Analysen, Präventionsstrategien, Frankfurt am Main 2015, S. 28–31, sowie Klaus Koch, Forschungsskandal: Publikation wird zurückgezogen, in: Deutsches Ärzteblatt, Jg. 98 (2001), H. 23, online einsehbar unter https://www.aerzteblatt.de/archiv/27547/Forschungsskandal-Publikation-wird-zurueckgezogen [eingesehen am 25.03.2019].
10 Vgl. Quirin Schiermeier, Cancer researcher found guilty of negligence, in: Nature, H. 420 (21.11.2002), S. 258.
11 Wormer.
12 Vgl. Reimar Paul, Uni Göttingen gesteht Fehlverhalten, in: neues-

deutschland.de, 05.07.2001, online einsehbar unter https://www.neues-deutschland.de/artikel/1536.uni-goettingen-gesteht-fehlverhalten.html?sstr=uni|g%C3%B6ttingen|gesteht|Fehlverhalten [eingesehen am 13.03.2019].

13 Alexander Kugler et al., Regression of human metastatic renal cell carcinoma after vaccination with tumor cell-dendritic cell hybrids, in: Nature Medicine, Jg. 6 (2000), H. 3, S. 332–336 (Übersetzung d. V.).
14 Wormer/Rehm.
15 Abschlussbericht des Ombudsgremiums der Universität Göttingen. Zit. nach Georg-August-Universität Göttingen, Ombudsgremium legt Abschlussbericht zur Göttinger Nierenkrebsstudie vor, Pressemitteilung vom 12.11.2002, online einsehbar unter https://www.uni-goettingen.de/en/54088.html?archive=true&archive_id=892&archive_source=presse [eingesehen am 10.03.2019].
16 Meist wird diese Krebsform aufgrund des vermehrten Einsatzes von Routine-Ultraschalluntersuchungen bei diversen Beschwerden früh genug erkannt, um erfolgreich behandelt zu werden. Wird der Krebs indes zu spät erkannt, ist die Prognose düster: 77 Prozent der Erkrankten leben nur noch bis zu fünf Jahre (vgl. Claus Fischer, Nierenkrebs, Nierenzellkarzinom, in: Onko Internetportal, online einsehbar unter https://www.krebsgesellschaft.de/onko-internetportal/basis-informationen-krebs/krebsarten/nierenkrebs/definition-und-haeufigkeit.html [eingesehen am 03.03.2019], sowie ders., Nierenkrebs – Therapie, in: Onko Internetportal, online einsehbar unter https://www.krebsgesellschaft.de/onko-internetportal/basis-informationen-krebs/krebsarten/nierenkrebs/therapie.html [eingesehen am 10.03.2019]).
17 Genau genommen kann nicht von einer »Impfung« gesprochen werden, da es sich bei Impfungen im medizinischen Sinne um *Präventiv*maßnahmen handelt. Die Patient*innen waren jedoch alle bereits erkrankt. Da in den Medien jedoch an vielen Stellen dieser Begriff gewählt wurde, soll er auch hier Verwendung finden.
18 Thorsten Dargartz, Krebsforschung um Jahre zurückgeworfen, in: Welt am Sonntag, 12.08.2001.
19 Kugler, S. 332 (Übersetzung d. V.). Das Originalzitat lautet: »Our data indicate that hybrid cell vaccination is a safe and effective therapy for renal cell carcinoma and may provide a broadly applicable strategy for other malignancies with unknown antigens.«
20 Kugler und Stuhler erhielten 2001 den prestigeträchtigen und mit 50.000 € dotierten Ernst-Wiethoff-Preis des Pharmakonzerns Abbott – obwohl zu dem Zeitpunkt bereits kritische Stimmen ob der Validität ihrer Daten laut geworden waren.
21 Dendritische Zellen sind jene Zellen des Immunsystems, die für das Erkennen von fremdartigen Strukturen und das darauffolgende Auslösen der Immunreaktion verantwortlich sind.

22 Vgl. Kugler, S. 333 f.
23 Vgl. ebd., S. 335.
24 Vgl. Wormer/Rehm.
25 Vgl. Bartens.
26 Vgl. ebd.
27 Zimmermann, zit. nach ebd.
28 Zimmermann, zit. nach ebd.
29 Bei Abbildung 2 handelt es sich um jene Abbildung, die Stuhler von der *Molecular Probes*-Website herunterlud. Die Aufnahme der unfusionierten Zellen (Abbildung 1) stammt zwar aus derselben Versuchsreihe, zeigt jedoch einen leicht anderen Ausschnitt der Zellgruppierung, da das Bild, welches einst von Kugler verwendet worden war, nicht mehr in ausreichender Qualität zur Verfügung stand.
30 Vgl. Bartens.
31 Anonym gebliebene*r Wissenschaftler*in, zit. nach ebd. Eine Kuriosität am Rande: Stella Elaine Urbans Buch »Forschungsbetrug in der Medizin. Fakten, Analysen, Präventionsstrategien« von 2015 behandelt in einem Kapitel nacheinander sowohl den Fall Herrmann/Brach als auch den Fall Kugler/Stuhler. Eben jene Worte des Jungwissenschaftlers, der sich in zweiterem Fall an Hofschneider wandte und die in einem Artikel der *Zeit* abgedruckt wurden (vgl. Bartens), finden auch in ihrem Werk Erwähnung – jedoch in Bezug auf den Fall Herrmann/Brach. In dem Zitat fehlt zudem genau *der* entscheidende Satz, der in Bartens' Artikel den Bezug zum Kugler/Stuhler-Fall deutlich macht – eine Auffälligkeit, die insbesondere innerhalb dieses sensiblen Themenspektrums nicht einer gewissen Ironie entbehrt.
32 Anonym gebliebene*r Wissenschaftler*in, zit. nach Bartens.
33 Vgl. beispielsweise Bartens.
34 Georg-August-Universität Göttingen.
35 Vgl. Bartens; Klaus Koch, Wissenschaftliches Fehlverhalten: Der lange Weg zur Wahrheit, in: Deutsches Ärzteblatt, Jg. 100 (2003), H. 38, online einsehbar unter https://www.aerzteblatt.de/archiv/38497/Wissenschaftliches-Fehlverhalten-Der-lange-Weg-zur-Antwort [eingesehen am 13.03.2019].
36 Urban, S. 37.
37 Vgl. DFG.
38 Vgl. Georg-August-Universität Göttingen.
39 Alice Abbott, Retraction ends furore over cancer vaccine, in: Nature, H. 425 (04.09.2003), S. 1221. Deutsche Übersetzung zit. nach Koch, Wissenschaftliches Fehlverhalten.
40 Vgl. Georg-August-Universität Göttingen.
41 Vgl. Ferric C. Fang et al., Misconduct accounts for the majority of retracted scientific publications, in: PNAS, Jg. 109 (2012), H. 42, S. 17028–17033, hier S. 17028.
42 Vgl. o. V., Schlecht gepflegt und dann noch frech, in: Laborjournal,

21.07.2011, online einsehbar unter https://www.laborjournal.de/blog/?p=3224 [eingesehen am 13.03.2019].
43 Vgl. beispielsweise Jiang Cheng et al., Dendritic and Langerhans cells respond to Aβ peptides differently: implication for AD immunotherapy, in: Oncontarget, Jg. 6 (2015), H. 34, S. 35443–35457; Giannis Sokratous et al., Immune infiltration of tumor microenvironment following immunotherapy for glioblastoma multiforme, in: Human Vaccines & Immunotherapeutics, Jg. 13 (2017), H. 11, S. 2575–2582, oder Robert O. Dillman/Carol Depriest, Dendritic cell vaccines presenting autologous tumor antigens from self-renewing cancer cells in metastatic renal cell carcinoma, in: Journal of Exploratory Research in Pharmacology, Jg. 3 (2018), H. 4, S. 96–104.
44 Vgl. Christine Westerhaus, Whistleblower in der Wissenschaft. Wer wagt, verliert, in: Deutschlandfunk, 04.02.2018, online einsehbar unter https://www.deutschlandfunk.de/whistleblower-in-der-wissenschaft-wer-wagt-verliert.740.de.html?dram:article_id=409870 [eingesehen am 25.03.2019], sowie Schulz, S. 154 ff. und S. 172 ff.
45 Vgl. beispielsweise Ilse Stein, Freiheit der Wissenschaft, Aufgabe der Journalisten, in: Goettinger-Tageblatt.de, online einsehbar unter http://www.goettinger-tageblatt.de/Campus/Goettingen/Freiheit-der-Wissenschaft-Aufgabe-der-Journalisten [eingesehen am 13.03.2019].
46 Vgl. ebd. Sowohl die *Süddeutsche Zeitung* als auch die *Zeit* publizierten bereits 2001 umfangreich recherchierte chronologische Zusammenfassungen der Ereignisse um den Fall Kugler/Stuhler, auf die sich auch für diesen Text an vielen Stellen bezogen wurde (vgl. insbesondere Wormer/Rehm sowie Bartens).
47 Vgl. Urban, S. 37.
48 Vgl. o. V., Der Initiator Prof. Dr. Gernot Stuhler ist zurück am Universitätsklinikum, in: helpingisbeautiful.de, 02.05.2017, online einsehbar unter https://www.helpingisbeautiful.de/de/aktuell/2017-05-02-der-initiator-prof-dr-gernot-stuhler-ist-zurueck-am-universitaetsklinikum [eingesehen am 20.03.2019].
49 Vgl. o. V., Medizinische Universitätsklinik, Innere Medizin II, Klinikleitung, online einsehbar unter https://www.medizin.uni-tuebingen.de/de/das-klinikum/einrichtungen/kliniken/medizinische-klinik/innere-medizin-ii/klinikleitung [eingesehen am 20.03.2019].
50 Vgl. o. V., Klinik für Nephrologie und Rheumatologie, online einsehbar unter https://www.umg.eu/einrichtungen/kliniken/klinik-fuer-nephrologie-und-rheumatologie/ [eingesehen am 20.03.2019].
51 Zit. nach Schiermeier (Übersetzung d. V.). Es findet sich jedoch ein Alexander Kugler in Bayern, Leitender Oberarzt und Facharzt für Urologie am Klinikum Fichtelgebirge (vgl. o. V., Klinik für Urologie und Kinderurologie, Prostatazentrum Hochfranken-Fichtelgebirge – Haus Marktredwitz, online einsehbar unter https://klinikum-fichtelgebirge.de/leistungsspektrum/haus-marktredwitz/kliniken/urologie-und-

kinderurologie/ [eingesehen am 27.04.2019]). Eine Kontaktaufnahme seitens der Verfasserin zur Bestätigung der Identität blieb leider unbeantwortet.

Die Wiederentdeckung von NS-Raubbüchern in der Niedersächsischen Staats- und Universitätsbibliothek Göttingen

Die Geschichte des Sozialdemokraten Heinrich Troeger

von Maximilian Blaeser und Otto-Eberhard Zander

Nicht jede wissenschaftliche Tätigkeit mündet in einem Patent oder einer gesellschaftsverändernden technischen Neuerung. Wissen muss nicht immer greifbar sein. Manches Mal zeichnet auch der bloße Erkenntnisgewinn oder die Wiederentdeckung vergangenen Wissens wissenschaftliches Arbeiten aus. Auch schafft es nicht jede Erkenntnis, ein breites Publikum zu erreichen. Das Wirken der Wissenschaft – manchmal beschränkt es sich nur auf einen kleinen Erkenntniszugewinn für ein noch kleineres Fachpublikum. Doch auch die weniger bekannten Forschungsarbeiten können manches Mal große Wirkung zeigen und sogar der Gerechtigkeit dienlich sein.

Genau einen solchen Fall thematisiert der vorliegende Beitrag. Im Blickfeld steht die Arbeit der Göttinger Provenienzforschung und des Forschungsprojektes »Ermittlung und Restitution von NS-Raub- und Beutebüchern an der SUB Göttingen [Niedersächsische Staats- und Universitätsbibliothek Göttingen, Anm. d. V.]«.[1] Hinter diesem vielleicht etwas sperrig anmutenden Titel verbirgt sich nicht nur ein für die Fachwelt interessantes Stück Geschichtsforschung. Es steht auch für die lokalspezifische Erinnerungskultur an die Verbrechen des Nationalsozialismus und die damit verbundenen Schicksale. Beispielhaft hierfür ist die Geschichte von Heinrich Troeger, einem schlesischen Bürgermeister, Sozialdemokraten und promovierten Juristen, der sich dem Unrechtsregime der Nationalsozialisten im Kleinen widersetzte.

Die Aufklärung vergangenen Unrechts – die Provenienzforschung

Die Epoche des Nationalsozialismus (1933 bis 1945) gehört wahrscheinlich zu dem Teil der Menschheitsgeschichte mit der intensivsten gesellschaftlichen sowie wissenschaftlichen Aufarbeitung. Nichtsdestotrotz sind längst nicht alle Verbrechen aufgeklärt, geschweige denn geahndet oder gesühnt. Ein Beispiel hierfür bildet der systematisch durch die Nationalsozialisten betriebene Diebstahl von Kulturgütern jedweder Art.[2] Erst durch die Washingtoner Konferenz[3] im Jahre 1998 wurde das lange stiefmütterlich behandelte Thema NS-Raub- und Beutegut stärker in den öffentlichen sowie wissenschaftlichen Fokus gerückt. Als Folge der Washingtoner Konferenz formulierten die Bundesregierung, die Landesregierungen sowie kommunale Spitzenverbände eine Gemeinsame Erklärung,[4] in deren Rahmen sie Bibliotheken, Archive, Kunstsammlungen und Kultureinrichtungen dazu aufforderten, nach NS-Raubgut zu suchen und dieses – wenn möglich – den rechtmäßigen Besitzern zurückzugeben.[5] Aus juristischer Perspektive versteht man in Deutschland unter dem Begriff Raubgut die »vermögensrechtliche[n] Ansprüche von Bürgern und Vereinigungen […], die in der Zeit vom 30. Januar 1933 bis zum 8. Mai 1945 aus rassischen, politischen, religiösen oder weltanschaulichen Gründen verfolgt wurden und deshalb ihr Vermögen infolge von Zwangsverkäufen, Enteignungen oder auf andere Weise verloren haben«[6].

Doch abseits theoretischer Debatten muss festgestellt werden, dass hinter dem Begriff NS-Raubgut eine der umfangreichsten Eigentumsverschiebungen der europäischen Geschichte steht, denn die Arisierung der Nationalsozialisten machte auch vor Kultur nicht halt.[7] In den durch die Nationalsozialisten besetzten Gebieten wurden zwischen 1933 und 1945 systematisch Kulturgüter jedweder Couleur konfisziert, deportiert und/oder vernichtet. Hierzu zählten auch – millionenfach – Bücher: »Im Dritten Reich wurden in großem Umfang […] Bücher […] durch

Organe der NSDAP sowie des Staates geraubt (Raubliteratur). Hinzu kam der Raub ›erbeuteter‹ Bücher in den während des Zweiten Weltkriegs besetzten Gebieten (Beuteliteratur).«[8] Bei diesen Büchern handelte es sich nicht nur um regimekritische Literatur. Auch Bücher, die für die Bibliotheken und Sammlungen im Reich gedacht waren, wurden von den Nationalsozialisten konfisziert. Universitätsbibliotheken in den besetzten Gebieten wurden ebenso geplündert wie die Sammlungen von verbotenen Parteien und Gewerkschaften in Deutschland. Auch Privatpersonen, wie beispielsweise Emigranten oder politisch Verfolgte, waren vor dem systematischen Bücherraub in keinster Weise sicher. Manch einer gab seine Privatbibliothek auch gleich eigenhändig – entweder aus Angst oder unter politischem Druck – ab. Ein Teil der geraubten Literatur wurde, wenn sie dem Regime widersprach, gezielt vernichtet. Viele Werke gingen ebenso in den Wirren des totalen Krieges verloren. Jedoch findet sich noch heute »ein Teil [...] in den Beständen wissenschaftlicher Bibliotheken«[9].

Die wissenschaftliche Disziplin, welche Herkunft bzw. Ursprung von Kulturgütern untersucht, ist die sogenannte Provenienzforschung. Provenienz leitet sich vom lateinischen provenire (= her[vor]kommen, entstehen) ab.[10] »Im hier relevanten Zusammenhang bezeichnet die Provenienz die Abfolge der nachweisbaren Besitzer bzw. Eigentümer sowie die Besitz- und Eigentümerwechsel eines Kulturgutes.«[11] Zentrale Aufgabe der Provenienzforschung ist dementsprechend die Herkunftsbestimmung eines Kulturgutes[12] durch das Zusammentragen und die Analyse vielfältiger Einzelinformationen sowie, falls möglich, dessen Rückgabe.[13]

»Und Euch zum Trotz« – die Göttinger Provenienzforschung

In Göttingen begann die systematische Provenienzforschung im Mai 2008. Als Anlass diente eine Ausstellung zur Göttinger Bücherverbrennung im Jahre 1933, die unter dem Titel »Und Euch zum Trotz«[14] stattfand. Mit der finanziellen Unterstützung des Göttinger Universitätspräsidiums wurden im Rahmen eines konzeptionellen Vorprojekts die Grundlagen zur systematischen »Ermittlung und Restitution unrechtmäßig erworbener Literatur in der Zeit des Nationalsozialismus«[15] geschaffen. Innerhalb dieses Vorprojektes wurden mittels der Zugangsbücher der SUB Göttingen für die Jahre zwischen 1933 bis 1950, sofern noch erhalten, alle Eingänge auf ihre Herkunft untersucht. Als Anhaltspunkte dienten die in den Zugangsbüchern festgehaltenen Angaben über die erworbenen Publikationen, ihre spezifischen Akzessionsnummern, die Umstände der jeweiligen Erwerbung sowie die jeweiligen Publikationsangaben (Erscheinungsjahr und -ort). Im Rahmen des Vorprojektes wurden auf diese Weise ca. 100.000 Eintragungen untersucht, wovon über 8.000 Publikationen als verdächtig eingestuft wurden.[16]

Das eigentliche Forschungsprojekt wurde zwischen 2009 und 2011 durchgeführt.[17] Die im Vorfeld als verdächtig eingestuften Publikationen wurden händisch, also Stück für Stück, auf sogenannte Provenienzmerkmale (Herkunftshinweise) untersucht. Als Anhaltspunkte, ob die einzelnen Bücher unrechtmäßig ihren Weg in den Göttinger Universitätssammlungen gefunden hatten, dienten beispielsweise Autogramme, Widmungen, Stempel oder Exlibris.[18] Ergänzend galt es, im Rahmen umfassender Archivrecherchen, die Umstände der jeweiligen Erwerbung zu beleuchten.[19] Denn zur Einstufung als Raubgut musste die Herkunft einwandfrei nachgewiesen und dokumentiert sein. Im Verlauf des insgesamt zweieinhalbjährigen Projekts wurden ca. 1.000 Publikationen als Raub- und Beutegutfälle bestimmt.[20] Generell haben die Projektmitarbeiter/-innen sowohl verdächtige als auch klar als Raubgut eingestufte Publikationen im Göttinger Universitätskatalog kenntlich gemacht. Bei Büchern, die sie definitiv als Raubgut bestimmt hatten, wurde – sofern möglich – deren Rückgabe organisiert.[21]

Die Geschichte Heinrich Troegers

Die eindeutige Überführung von Literaturbeständen als Raubgut gilt als schwierig. Widmungen, Namenseinträge oder Stempel sind wie gesagt oft die einzigen Anhaltspunkte, die über die Herkunft eines Buches Auskunft geben.[22] Die Geschichte Heinrich Troegers ist daher gleich in mehrfacher Hinsicht bemerkenswert. Sie steht nicht nur exemplarisch für die Verbrechen des Nationalsozialismus, sondern auch für dessen Aufarbeitung. Der Fall Troeger, so scheint es, kann als ein »Glücksfall für die Provenienzforschung angesehen werden«[23]. Die Bücher aus seiner Bibliothek enthielten nicht nur mehrheitlich Namenseintragungen. Auch der umfangreiche Nachlass Troegers selbst, welcher durch das Archiv der sozialen Demokratie der Friedrich-Ebert-Stiftung in Bonn verwahrt wird, sowie ein Brief, der die Jahrzehnte seit 1945 in den Archiven der SUB Göttingen überdauerte, halfen bei der Aufklärung des Falles.[24]

Wer aber war Heinrich Troeger? 1901 als Sohn eines Medizinrates in Zeitz geboren, prägte der Sozialdemokrat im Laufe seines Lebens die noch junge Bundesrepublik in den verschiedensten Ämtern mit. Troeger war Oberbürgermeister der Stadt Jena, Ministerialdirektor in gleich zwei Landesfinanzministerien (Hessen und Nordrhein-Westfalen) sowie stellvertretender Vizepräsident der deutschen Bundesbank.[25] Seine politische Kariere begann jedoch in Schlesien. Bereits früh, als junger Jurist, engagierte sich Troeger für die Sozialdemokratie. Im Alter von 21 Jahren trat Troeger der SPD-Ortsgruppe Öls bei und wurde bereits wenige Jahre später, 1926, erster Bürgermeister von Neusalz an der Oder sowie 1933 Mandatsträger im Niederschlesischen Provinziallandtag.[26]

Die Machtübernahme der Nationalsozialisten erlebte Troeger als Zeit des Umbruchs.[27] Bereits früh wurden sie auf Troeger aufmerksam und drängten ihn, der Sozialdemokratie den Rücken zuzukehren und der NSDAP beizutreten.[28] Doch Troeger weigerte sich: »Ich blieb fest, weil sich in Neusalz niemand, der mir als Sozialdemokrat Vertrauen geschenkt hatte, meiner schämen sollte.«[29] Seine politischen Überzeugungen und Ideale aufzugeben, kam für ihn nicht infrage.

Diese standhafte Weigerung brachte Troeger jedoch den Zorn des nationalsozialistischen Unrechtssystems ein. Er wurde von den Nationalsozialisten gezwungen, sein Amt als Bürgermeister niederzulegen. Ebenso wurde Troeger 1933 in Schutzhaft genommen.[30] Dort machte er die Erfahrung, dass private Bibliotheken durch die Nationalsozialisten beschlagnahmt und als Druckmittel benutzt werden konnten. Aufgrund dieser Erfahrung und aus Angst vor Repressionen versuchte Troeger – frisch aus der Schutzhaft entlassen –, den politischen Druck auf sich zu reduzieren: Er verließ die SPD und bemühte sich um die Selektierung seiner eigenen Privatbibliothek. Im Oktober 1933 schrieb Troeger dem damaligen Direktor der Göttinger Universitätsbibliothek, Josef Becker[31], und bot diesem seine »Bücher und Schriften ›marxistischer Tendenz‹ an«[32]. Troeger erklärte in seinem Brief weiter, dass er mit diesem Schritt seinen Austritt aus der SPD unterstreichen sowie jeden Verdacht auf eine etwaige Fortsetzung seines Parteiengagements zerstreuen wolle. So fanden insgesamt 73 Bücher, vornehmlich kommunistischen und sozialdemokratischen Inhaltes, ihren Weg nach Göttingen. Die Schenkung an die Universität Göttingen war Troegers Versuch, weitere politische Repression von sich und seiner Familie[33] abzuwenden. Entsprechend der gesellschaftspolitischen Umstände der Troeger'schen Schenkung sind seine Bücher als Raubgut zu klassifizieren.

Die Aufarbeitung eines lange vergessenen Unrechts

Der Fall Troeger macht deutlich, welch intensive Arbeit hinter der Provenienzforschung steckt. Die Bücher aus seiner Privatbibliothek wurden bei der Sichtung der Zugangsbücher als verdächtig eingestuft. Im Rahmen der im Anschluss erfolgten Recherchen wurde der Brief Troegers gefunden, mit dem er die Schenkung seiner marxistischen Literatur dem Bibliotheksdirektor Becker angeboten hatte.[34] Troegers deutliches Hinweisen auf seine Abkehr von der Sozialdemokratie wurde als erstes Raubgutindiz gewertet.[35] Damit war jedoch der Verdacht, dass es sich um sogenannte Raubliteratur handeln könne, noch längst nicht bewiesen. Erst im Rahmen von weiteren Recherchen, der händischen Sichtung der Bücher und der Analyse des Nachlasses von Heinrich Troeger konnte der Fall aufgeklärt werden. So enthält der Nachlass die Tagebücher Troegers, welche dieser zeitlebens geführt hat. Erst die Einträge aus den Jahren 1933 und 1934 erhärteten den Raubgutverdacht. Sie machen insbesondere die politischen Umstände deutlich – der Druck der Nationalsozialisten und die Angst vor Repression –, unter

Die Wiederentdeckung von NS-Raubbüchern

Am 14. April 2011 fand in Anwesenheit der Familie Troeger die feierliche Übergabe der Bücher Heinrich Troegers an die Bibliothek der Friedrich-Ebert-Stiftung in Bonn statt. Auf dem Foto sind der damalige Leiter der Bibliothek der Friedrich-Ebert-Stiftung, Dr. Rüdiger Zimmermann, und Prof. Dr. Norbert Lossau, damals Direktor der Niedersächsischen Staats- und Universitätsbibliothek Göttingen, zu sehen.

welchen es zur Abgabe der Bücher kam. Diese Erkenntnis führte schlussendlich zur Einstufung als Raubgut.

Die 73 Bücher des Sozialdemokraten Troeger sind dabei noch auf eine weitere Art von besonderer Bedeutung. Es sind die ersten Bücher, die im Rahmen des Forschungsprojektes »Ermittlung und Restitution von NS-Raub- und Beutebüchern an der SUB Göttingen« den Nachfahren eines NS-Opfers zurückgegeben werden konnten. Denn aufgrund der guten Quellenlage im Fall Troeger wurden dessen Nachfahren identifiziert und kontaktiert. In Absprache mit ihnen wurden die Bücher aus Troegers Sammlung dem Archiv der sozialen Demokratie zur Aufbewahrung übergeben (siehe Abbildung oben).

Die Universität Göttingen haben sie jedoch nicht in Gänze verlassen. Troegers Bücher lassen sich nach wie vor im Göttinger Universitätskatalog finden, sind jedoch nicht ausleihbar. So verweist beispielsweise der Katalogeintrag zu Karl Kautskys Büchlein »Demokratie oder Diktatur« (Ausgabe von 1920) unter

```
Titel:                     Demokratie oder Diktatur / von Karl Kautsky
VerfasserIn:               Kautsky, Karl *1854-1938*
Ausgabe:                   11. - 15. Tsd
Sprache/n:                 Deutsch
Veröffentlichungsangabe:   Berlin : Cassirer, 1920
Umfang:                    46 S

Standort:                  SUB Zentralbibliothek
Signatur:                  8 POL II, 2299/io
Anmerkung:                 NS-Raubgut; Vorbesitzer: Dr. Heinrich Troeger, Berlin, SPD-Mitglied; Autogramm 1929 und
                           Exlibris: Universität zu Göttingen, Geschenk von Dr. Heinrich Troeger, Berlin; (verbotener
                           Autor);restituiert an die Friedrich-Ebert-Stiftung am 14. April 2011
Schlagwörter:              Provenienz: Troeger, Heinrich / Autogramm / Datum 1929
                           6800 Provenienz: Troeger, Heinrich / Exlibris
                           Zugang: 1934-04-27 / NS-Raubgut
                           Troeger, Heinrich
Sachgebiete:               POL.004.002.007.007 De democratia et ochlocratia
Link:                      http://webdoc.sub.gwdg.de/NS-Raubgut/Troeger_0136948626.jpg [Provenienzmerkmal:
                           Autogramm Dr. Troeger]
Ausleihstatus:             nicht ausleihbar
```

Eintrag im Göttinger Universitätskatalog zu dem Buch
»Demokratie oder Diktatur«.

dem Punkt »Anmerkung« darauf, dass es sich um einen Raubgutfall handelt und dieses Werk an die Friedrich-Ebert-Stiftung restituiert wurde (siehe Abbildung oben). Lediglich zwei Exemplare von 1918 sind für die Bibliotheksbenutzerinnen und -benutzer einsehbar. Das Forschungsprojekt »Ermittlung und Restitution von NS-Raub- und Beutebüchern an der SUB Göttingen« leistet damit einen – leider viel zu unbekannten – Beitrag für die regionale Erinnerungskultur an die Verbrechen des Nationalsozialismus und an die Menschen, die sich diesem Unrechtsregime widersetzten.[36]

Anmerkungen

1 Vgl. Gertrud Lenz et al., Restitution von NS-Raubgut der SUB an die Bibliothek der Friedrich-Ebert-Stiftung. Bibliothek Heinrich Troeger, Bonn 2012, S. 5. Vgl. auch Christoph Hornig, Ermittlung und Restitution von NS-Raubgut der SUB Göttingen, online einsehbar unter https://www.sub.uni-goettingen.de/wir-ueber-uns/portrait/geschichte/ermittlung-und-restitution-von-ns-raubgut-der-sub-goettingen/ [eingesehen am 16.01.2019].

2 Vgl. Nicole Bartels et al., Bücher unter Verdacht. NS-Raub- und Beutegut an der SUB. Katalog der Ausstellung 13.05.–10.07.2011, Göttingen 2011, S. 27.

3 Im Hinblick auf die inhaltlichen Prinzipien der Washingtoner Konferenz sei auf folgende Quelle verwiesen: Deutsches Zentrum Kulturverluste (DZK), Grundsätze der Washingtoner Konferenz in Bezug auf Kunstwerke, die von den Nationalsozialisten beschlagnahmt wur-

den (Washington Principles), online einsehbar unter https://www.kulturgutverluste.de/Webs/DE/Stiftung/Grundlagen/Washingtoner-Prinzipien/Index.html [eingesehen am 16.01.2019].

4 Die Gemeinsame Erklärung ist im Internet abzurufen: Deutsches Zentrum Kulturverluste (DZK), Gemeinsame Erklärung – Erklärung der Bundesregierung, der Länder und der kommunalen Spitzenverbände zur Auffindung und zur Rückgabe NS-verfolgungsbedingt entzogenen Kulturgutes, insbesondere aus jüdischem Besitz (Gemeinsame Erklärung), online einsehbar unter https://www.kulturgutverluste.de/Webs/DE/Stiftung/Grundlagen/Gemeinsame-Erklaerung/Index.html;jsessionid=DCF1CECAC5B4BB401719619C48963CF5.m7 [eingesehen am 16.01.2019].

5 Vgl. Juliane Deinert, »Politisieren […] strengstens untersagt« – Die Universitätsbibliothek Göttingen in den Vorkriegsjahren zwischen 1933 und 1939, Berliner Handreichungen zur Bibliotheks- und Informationswissenschaft, H. 409 (2016), S. 10. Vgl. auch Lenz et al., S. 12 ff.

6 § 1 – Geltungsbereich – Abs. 6 des Gesetzes zur Regelung offener Vermögensfragen (Vermögensgesetz – VermG), online einsehbar unter http://www.gesetze-im-internet.de/vermg/__1.html [eingesehen am 16.01.2019].

7 Vgl. Inka Bertz/Michael Dorrmann, Einleitung, in: dies. (Hg.), Raub und Restitution. Kulturgut aus jüdischem Besitz von 1933 bis heute, Frankfurt am Main 2008, S. 8–16, hier S. 8 f.

8 Lenz et al., S. 11.

9 Ebd. Vgl. auch Juliane Deinert/Nicole Bartels, Ermittlung und Restitution von NS-Raubgut an der Niedersächsischen Staats- und Universitätsbibliothek Göttingen. Ein Forschungsbericht, in: Bibliothek. Forschung und Praxis, Jg. 34 (2010), H. 1, S. 69–73, hier S. 70.

10 Vgl. Claudia Andratschke et al., Leitfaden zur Standardisierung von Provenienzangaben, Hamburg 2018, S. 7, online einsehbar unter https://www.arbeitskreis-provenienzforschung.org/data/uploads/Leitfaden_APFeV_online.pdf [eingesehen am 14.01.2019].

11 Ebd.

12 Der Arbeitskreis Provenienzforschung definiert Kulturgut wie folgt: »Unter Kulturgut werden Objekte verstanden, die im kulturellen und gesellschaftlichen Kontext in der Regel von archäologischer, geschichtlicher, literarischer, künstlerischer oder wissenschaftlicher Bedeutung sind. Diese Objekte sind mittel- und unmittelbar mit all jenen Personen und Institutionen verbunden, ›durch deren Hände‹ sie seit ihrer Existenz gingen.« (ebd.)

13 Vgl. ebd., S. 9 ff.

14 Vgl. Georg-August-Universität Göttingen, Veranstaltungsvorschau für Medien, online einsehbar unter https://www.uni-goettingen.de/de/archiv/130970.html [eingesehen am 14.01.2019]. Vgl. auch Deinert/Bartels, S. 70; Hornig.

15 Hornig.
16 Vgl. ebd.; Bartels et al., S. 27.
17 Vgl. Bartels et al., S. 27.
18 Der Begriff Exlibris charakterisiert in Bücher eingeklebte Zettel bzw. Stempel, die der Eigentums-kennzeichnung dienen.
19 Vgl. Bartels et al. S. 27; Deinert/Bartels, S. 71; Lenz et al., S. 17; Hornig.
20 Vgl. Bartels et al., S. 228.
21 Im Göttinger Universitätskatalog wurden die Katalogeintragungen, bei denen ein Raubgutverdacht bestand oder bestätigt wurde, mit entsprechenden Anmerkungen versehen. Ebenso wurden, soweit aus den Recherchen des Forschungsberichtes ersichtlich, Angaben zu den Erwerbsumständen gemacht. Nachweislich als Raubgut bestimmte Publikationen wurden zusätzlich in der Datenbank der Koordinierungsstelle für Kulturverlust, Lost Art, gemeldet. Vgl. hierzu Hornig.
22 Vgl. Lenz et al., S. 15.
23 Deinert/Bartels, S. 73.
24 Vgl. Lenz et al., S. 15.
25 Vgl. Thilo Vogelsang, Oberbürgermeister in Jena 1945/46. Aus den Erinnerungen von Dr. Heinrich Troeger, in: Vierteljahrshefte für Zeitgeschichte, Jg. 24 (1977), H. 4, S. 889–930, hier S. 889.
26 Vgl. Deinert/Bartels, S. 73; Lenz et al., S. 7.
27 Vgl. Lenz et al., S. 7 f.
28 Vgl. Deinert/Bartels, S. 73.
29 Zit. nach Lenz et al., S. 8.
30 Während Troeger in Schutzhaft saß, wurde seine Dienstwohnung gekündigt und seine zum damaligen Zeitpunkt schwangere Frau samt dem gemeinsamen Sohn auf die Straße gesetzt. Vgl. Deinert/Bartels, S. 73.
31 Josef Becker (1883–1949) begann 1919, im Anschluss an seine Promotion und seinen Dienst im Ersten Weltkrieg, mit der Ausbildung zum höheren Bibliotheksdienst. Bereits 1921 erfolgte eine Anstellung als Direktionsassistent an der Universitätsbibliothek Göttingen. Seine weitere Karriere führte ihn 1925 als stellvertretenden Direktor an die Staats- und Universitätsbibliothek Breslau und schließlich 1929, als Direktor der Göttinger Staats- und Universitätsbibliothek, zurück in die Stadt an der Leine. Vgl. hierzu Deinert/Bartels, S. 16.
32 Zit. nach Lenz et al., S. 16 f.
33 Troegers Familie wuchs mit den Jahren auf insgesamt fünf Kinder an. Vgl. Deinert/Bartels, S. 73.
34 Vgl. Lenz, S. 15 ff.; Bartels et al., S. 58; Deinert/Bartels, S. 73.
35 Vgl. Deinert/Bartels, S. 73.
36 Vgl. ebd.

Not macht erfinderisch

Ein Skandal um gefälschte Publikationslisten im Zeichen des Quantitätsparadigmas

von Luisa Rolfes

Es ist keines der glanzvollsten Kapitel der Wissenschaftsgeschichte, das Göttinger ForscherInnen im Frühjahr 2009 schrieben. Schlagzeilen wie »Die Fälscher von Göttingen«[1] oder »Forschungs-Skandal an der Georgia Augusta«[2] erregten im Mai jenes Jahres weit über Göttingen hinaus Aufsehen in Wissenschaft und Öffentlichkeit. Im Raum stand der Verdacht auf Falschangaben in Publikationslisten, die zur Beantragung der Weiterförderung eines Sonderforschungsbereiches (SFB) bei der Deutschen Forschungsgemeinschaft (DFG) eingereicht worden waren. Im Angesicht von rund 350 Verdachtsanfragen, die das Ombudsgremium der DFG, das in Angelegenheiten wissenschaftlichen Fehlverhaltens berät und vermittelt, in den vorangegangenen zehn Jahren erhalten hatte,[3] drängt sich die Frage auf, was gerade den Göttinger Betrugsverdacht derart brisant machte.

Das Skandalöse am Göttinger Fall

Am 2. Mai 2009 wurde ein Online-Artikel des Nachrichtenmagazins *Spiegel*[4] zum Auslöser eines Eklats, wie ihn die Universität Göttingen lange nicht erlebt hatte. Nach Sichtung interner E-Mails und Sitzungsprotokolle wurde öffentlich, was dem damaligen Universitätspräsidenten Kurt von Figura bereits seit Februar desselben Jahres bekannt gewesen war: Der im Jahr 2000 in Kooperation mit der Universität Kassel eingerichtete SFB 552 »Stabilität von Randzonen tropischer Regenwälder in Indonesien« (STORMA)[5] stand zu Beginn des Jahres 2009 vor der erhofften Bewilligung einer Weiterförderung durch die DFG.

Seit neun Jahren hatten sich WissenschaftlerInnen verschiedener Fachrichtungen u. a. mit »Prozesse[n] der Destabilisierung am Waldrand«[6] und den Voraussetzungen einer nachhaltigen Landnutzung im indonesischen Regenwald beschäftigt. Die Forschung wurde von DFG-Seite gewürdigt, eine Weiterführung schien wahrscheinlich,[7] doch waren bei der Begutachtung des Fortsetzungsantrags einige Auffälligkeiten entdeckt worden, die schließlich, aufgrund eines gemeinsamen Beschlusses von Universitätspräsidium und beteiligten WissenschaftlerInnen, zu einer Rücknahme des Antrages und dem Verzicht auf Auslauffinanzierung führten. Die von den ForscherInnen angegebenen projektbezogenen Publikationen waren zu ungewöhnlich hohem Anteil noch nicht veröffentlicht und befanden sich den Angaben nach im Stadium der Prüfung, was den Verdacht auf unrechtmäßige Auflistung noch nicht eingereichter Manuskripte nahelegte.

In einem Interview mit dem *Göttinger Tageblatt* vom 6. Mai 2009 erklärte von Figura, die Forschungskommission der Universität habe diese Auffälligkeit bereits vor Antragseinreichung bemerkt und die Sprecher des SFB informiert. Dennoch sei der Antrag abgegeben und von den DFG-GutachterInnen festgestellt worden, dass unter den 63 noch nicht begutachteten Manuskripten einige erst später als angegeben und vier überhaupt nicht eingereicht, drei nicht einmal vorhanden waren.[8]

Die Universität in vorderster Reihe

Zwei Tage zuvor hatte von Figura die Vorwürfe in einer Pressemitteilung[9] bestätigt und klargestellt, die Universität habe, entsprechend der eigenen Richtlinien zur Sicherung guter wissenschaftlicher Praxis, umgehend ihre Ombudskommission beauftragt, den aufgekommenen Verdacht auf Falschangaben zu prüfen. Die Vorprüfung habe den Verdacht hinreichend erhärtet, sodass sich im nächsten Schritt die Untersuchungskommission der Universität mit 16 Fällen im Einzelnen befassen würde. Unabhängig vom Ausgang der Ermittlungen hatten die Negativschlagzeilen über Göttinger ForscherInnen schließlich einen erheblichen Reputationsverlust der bis ins Jahr 2012 als Eliteuniversität¹⁰ ausgezeichneten Universität Göttingen zur Folge. Nicht verwunderlich erscheint in diesem Zusammenhang das konsequente Vorgehen der Universitätsleitung in der Aufarbeitung und Untersuchung der Geschehnisse. Die Sorge um die Reputation der Universität offenbarte sich explizit wie auch implizit: So informierte von Figura am 13. Mai 2009 den Wissenschaftsausschuss des Niedersächsischen Landtages über den Untersuchungsverlauf, erläuterte die unabhängig vom Untersuchungsausgang getroffenen Vorkehrungen zur Qualitätssicherung und versicherte Transparenz in der Aufklärung.[11]

Somit war alles formal Mögliche getan, um die Verantwortung auf diejenigen WissenschaftlerInnen zu richten, die sich Falschangaben hatten zuschulden kommen lassen. So weit, so richtig.

Erfunden und erlogen?

Obwohl sich der Anfangsverdacht wissenschaftlichen Fehlverhaltens als begründet herausstellte, wurde er in seiner Schwere relativiert. Am 6. August 2009 gab die Untersuchungskommission der Universität ihre Ergebnisse bekannt: Zwar bestätigte sich in allen untersuchten Fällen der Verdacht, den die Ombudskommission im Februar ausgesprochen hatte, doch wurde wissenschaftliches Fehlverhalten nur in vier der untersuchten Fälle zum Vorwurf gemacht. Allen weiteren schrieb man lediglich fahrlässiges, nicht aber grob fahrlässiges oder gar vorsätzliches Handeln zu.[12]

Die Ergebnisse des DFG-Ausschusses zur Untersuchung von Vorwürfen des wissenschaftlichen Fehlverhaltens, die wenige Monate später bekannt wurden, fielen in ihrer Bewertung dagegen strenger aus: 13 von 16 Verdächtigen wurde wissenschaftliches Fehlverhalten im vorsätzlichen oder grob fahrlässigen Sinne zugeschrieben, wobei sich das Maß der Konsequenzen im Rahmen hielt. Drei ForscherInnen, deren Manuskripte bis zur Begutachtung nicht vorlagen, wurden lediglich schriftlich gerügt; acht WissenschaftlerInnen, die ihre Manuskripte verspätet eingereicht hatten, blieben von weiteren Maßnahmen gänzlich ausgenommen – begründet durch die Annahme, die

Die Prävention wissenschaftlichen Fehlverhaltens spielt an den Universitäten heute eine größere Rolle als vor einigen Jahren.

Untersuchungen der Universität und der DFG sowie die von der Universität eigens eingeleiteten disziplinarischen Verfahren[13] hätten die Tragweite des Fehlverhaltens bereits ausreichend deutlich gemacht. Dem ehemaligen Sprecher des SFB, Professor Teja Tscharntke,[14] wurde die Missachtung seiner besonderen Verantwortung zugeschrieben, »die antragstellenden Wissenschaftlerinnen und Wissenschaftler zu einem korrekten Umgang mit Antragsangaben anzuhalten«[15]. Dies zog einen dreijährigen Ausschluss aus der Mitarbeit in DFG-Gremien nach sich;[16] zu einem Ausschluss aus den Projekten der an STORMA anschließenden Regenwaldforschung kam es allerdings nicht.[17] Die ergriffenen Maßnahmen lassen sich daher primär als »klares wie maßvolles Zeichen für einen umsichtigeren Umgang mit Publikationslisten und mit entsprechenden Angaben in Förderanträgen«[18] sehen.

Nicht rechtfertigen, doch aber erklären ließe sich das Verhalten der Einzelnen im Kontext jener strukturellen Zwänge, die der Wissenschaftsbetrieb mit sich bringt. Die Beschränkung der zulässigen Angaben auf bereits veröffentlichte oder zugelassene Publikationen[19] etwa löst nicht die Frage, unter welchen Bedingungen die ForscherInnen sich gezwungen sahen, nicht zugelassene Publikationen aufzuführen – ein Vorgehen, das laut damaliger DFG-Ombudsfrau Ulrike Beisiegel nicht gewünscht, aber dennoch die Regel gewesen sei.[20]

Im Wettbewerb um Drittmittel

Das seit nunmehr über fünfzig Jahren existierende DFG-Programm »Sonderforschungsbereiche« dient der »Realisierung exzellenter Forschung im Verbund«[21] und ist durch eine breit angelegte interdisziplinäre Zusammenarbeit in einem Themenfeld gekennzeichnet. Sonderforschungsbereiche wie der SFB 552 umfassen zahlreiche miteinander vernetzte Teilprojekte und sind entsprechend langfristig angelegt: Bis zu zwölf Jahre lang können sie gefördert werden.[22]

Der im Kontext der Wissenschaftsfinanzierung über Jahrzehnte gestiegene Stellenwert von Drittmitteln,[23] solcher zumeist befristeten und projektgebundenen finanziellen Mittel, die »über die vom Unterhaltsträger zur Verfügung gestellten laufenden«[24] Mittel hinausgehen, erhöhte den Druck auf Weiterförderung des SFB. Von der DFG finanziert, verschaffte er der Universität Göttingen nicht nur Ansehen, sondern beschäftigte auch MitarbeiterInnen in insgesamt 29 Teilprojekten.[25] Doch wurde im Zusammenhang mit dem SFB-Antrag vonseiten verschiedener unbeteiligter WissenschaftlerInnen u. a. eine wachsende Konkurrenz um die benötigten Gelder beklagt.[26] Damit einhergehend bleibe den GutachterInnen immer weniger Zeit für die Entscheidung über Förderanträge, sodass zunehmend nach quantitativen Kriterien, wie etwa der Anzahl der Publikationen, beurteilt werde.[27] »Publikationen sind […] die ›Währung‹, der ›Goldstandard‹ in der Wissenschaft. Sie verbreiten die wissenschaftlichen Ergebnisse und geben Aufschluss über die Arbeit von Wissenschaftlerinnen und Wissenschaftlern und die Qualität dieser Arbeit«, hielt der damalige DFG-Präsident Matthias Kleiner in einem Statement vom Februar 2010 fest und verwies indirekt auf die Bedeutung von Veröffentlichungen als Kapital im Wettbewerb um Forschungsfördermittel.[28] Was aber, wenn die inhaltliche Qualität der Arbeit zugunsten angestrebter Quantität an Gewicht verliert?

Von fast vergessenem Wert

Die Folgen der Misere für die betreffende Forschung im indonesischen Regenwald wurden in der medialen Berichterstattung über die Betrugsfälle lediglich am Rande thematisiert – obwohl man Relevanz und Qualität bisheriger Publikationen würdigte. So verwies etwa das *Göttinger Tageblatt* erstmals am 11. Mai 2009 explizit auf die erzielten Erfolge und den Mehrwert des Projektes.[29] Professor Stephan Klasen, der nach dem Rücktritt des amtierenden SFB-Vorstandes das Sprecheramt übernahm, strebte einen geordneten Abschluss der begonnenen Arbeiten an – im Sinne der Forschung wie auch der ForscherInnen, die mehrheitlich keine Schuld an der vorzeitigen Aufgabe von STORMA trugen. Insbesondere die errichteten Forschungseinrichtungen in Indonesien sollten erhalten bleiben, um Auswirkungen der dortigen Regenwaldabholzung weiter untersuchen zu können. Das Aufgebaute sei zu wertvoll, schließlich sei man nicht inhaltlich, sondern »verfahrensmäßig zu Fall gekommen«, so das Credo.[30] Dieser Ansatz spiegelte sich letztlich auch darin, dass man inhaltlich, infrastrukturell und personell an STORMA anknüpfte – mit dem Projekt »Environmental and land-use change in Sulawesi, Indonesia«[31] sowie mit dem ab 2012 geförderten SFB 990 »Ökologische und sozioökonomische Funktionen tropischer Tieflandregenwald-Transformationssysteme (Sumatra, Indonesien)«[32].

Qualität statt Quantität – eine neue Begutachtungspraxis?

So konsequent die Betrugsfälle über verschiedene Instanzen untersucht und so öffentlich sie kritisiert wurden, so angebracht ist doch der Einwand, dass das Projekt wahrscheinlich fortgeführt worden wäre, hätten sich die ForscherInnen nicht aufgrund quantitativer Bewertungsmaßstäbe unter Druck gesehen, ihre Publikationslisten unrechtmäßig zu erweitern. Als hervorstechendes Beispiel wissenschaftlichen Fehlverhaltens bildete der Göttinger Betrugsfall von 2009 die Spitze eines Eisbergs sich seit längerem abzeichnender Tendenzen und gab so den Anstoß, die zunehmend an numerischen Faktoren orientierte Begutachtungspraxis der DFG zu überdenken. So wurden zum 1. Juli 2010 neue Regelungen für Publikationsangaben in Förderanträgen beschlossen, die eine Begrenzung der anzugebenden Veröffentlichungen auf eine Maximalanzahl bereits zugelassener Beiträge durchsetzten. Im Falle mehrerer AntragstellerInnen liegt diese im projektbezogenen Teil bei drei Publikationen pro Förderjahr. Neben der Prävention wissenschaftlichen Fehlverhaltens verfolgte dieser Schritt das übergeordnete Ziel, eine neue Art der Auseinandersetzung mit den eigenen bzw. den zu begutachtenden Arbeiten zu ermöglichen.

In Zeiten, in denen wissenschaftliches Ansehen in Kennzahlen angegeben wird, Universitäten nach quantitativen Maßstäben gerankt werden und zu ihrer Grundfinanzierung um Drittmittel – die zugleich als Leistungsindikator dienen[33] – konkurrieren, bleibt fraglich, ob es mit den ergriffenen Maßnahmen getan ist. Doch hat der »Forschungs-Skandal an der Georgia Augusta«[34] vor allem zweierlei bewirkt: den kritischen Blick auf jene Bedingungen, unter denen wissenschaftliche Innovation stattfindet, und zumindest einen Versuch, das Paradigma der Quantität zugunsten inhaltlicher Qualität zu überwinden.

Trotz des Drucks jedoch, unter dem die ForscherInnen gestanden haben mögen, bleiben die Betrugsversuche von 2009 zu verurteilen – gerade in Anbetracht der sonst positiven Resonanz der Forschung. Heiko Faust, einer der drei gerügten Wissenschaftler, wurde im selben Jahr an der Georgia Augusta zum außerplanmäßigen Professor und 2013 zum Akademischen Oberrat ernannt,[35] Jan Barkmanns wissenschaftliche Laufbahn lief, einschließlich Habilitation in Göttingen und Berufung zum Professor in Darmstadt 2015, lückenlos fort;[36] und den akademischen Lebenslauf von Stefan Vidal, mittlerweile Professor im Ruhestand, schmücken allein seit 2010 rund neunzig Publikationen.[37] Die Ironie könnte kaum augenscheinlicher sein. Mögen die Göttinger Vorfälle landesweite Diskussionen angestoßen und strukturelle Veränderungen bewirkt haben – der Karriere der »Fälscher von Göttingen«[38] haben sie keinen Abbruch getan.

Anmerkungen

1 Tilmann Warnecke, Die Fälscher von Göttingen, in: Zeit Online, 04.05.2009, online einsehbar unter https://www.zeit.de/online/2009/19/faelscher-goettingen [eingesehen am 18.01.2019].
2 O. V., Forschungs-Skandal an der Georgia Augusta, in: Göttinger Tageblatt, 02.05.2009.
3 Vgl. Ulrike Beisiegel, Ombudsman der DFG. Bericht: 10 Jahre Ombudsarbeit in Deutschland, Hamburg 2010, S. 3 f., online einsehbar unter http://www.ombudsman-fuer-die-wissenschaft.de/fileadmin/Ombudsman/Dokumente/Downloads/Jahresberichte/Bericht_10_Jahre_Ombudsarbeit.pdf [eingesehen am 18.01.2019].
4 O. V., Forscher sollen Publikationen erfunden haben, in: Spiegel Online, 02.05.2009, online einsehbar unter http://www.spiegel.de/leben undlernen/uni/skandal-in-goettingen-forscher-sollen-publikationen-erfunden-haben-a-622474.html [eingesehen am 18.01.2019].
5 Vgl. dazu DFG, SFB 552: Stabilität von Randzonen tropischer Regenwälder in Indonesien, online einsehbar unter http://gepris.dfg.de/gepris/projekt/5483746 [eingesehen am 18.01.2019].
6 Ebd.
7 Der zweimal verlängerte SFB 552 stand zudem im Kontext der Biodiversitätsforschung, die von der DFG finanziell gefördert und in ihrer Relevanz betont wurde. Vgl. hierzu DFG, Funktionen der Vielfalt verstehen. Pressemitteilung vom 18.05.2008, online einsehbar unter http://www.dfg.de/service/presse/pressemitteilungen/2008/presse mitteilung_nr_24/index.html [eingesehen am 18.01.2019].
8 Vgl. Heidi Niemann im Interview mit Kurt von Figura, Falschangaben: »So enttäuscht über den Vorgang«, in: Goettinger-Tageblatt.de, 06.05.2009, online einsehbar unter http://www.goettinger-tageblatt.de/Campus/Goettingen/Falschangaben-So-enttaeuscht-ueber-den-Vorgang [eingesehen am 18.01.2019].
9 Vgl. auch zu weiteren Vorwürfen im Zusammenhang mit dem SFB 552 sowie dem Graduiertenkolleg 1086, bei dem es zu ähnlichen Vorwürfen gekommen war: Präsidium der Universität Göttingen, Laufende Prüfverfahren SFB 552, online einsehbar unter https://www.uni-goettingen.de/de/113396.html [eingesehen am 18.01.2019].
10 Vgl. DFG/WR, Bericht der Gemeinsamen Kommission zur Exzellenzinitiative an die Gemeinsame Wissenschaftskonferenz, Bonn 2015, online einsehbar unter https://www.gwk-bonn.de/fileadmin/Redaktion/Dokumente/Papers/DFG-WR-Bericht-Juni2015.pdf [eingesehen am 18.01.2019].
11 Vgl. Der Präsident der Georg-August-Universität Göttingen, Universitäts-Präsident informiert Wissenschaftsausschuss des Landtags. Pressemitteilung vom 13.05.2009, online einsehbar unter https://www.

uni-goettingen.de/en/73613.html?archive=true&archive_id=3262& archive_source=presse [eingesehen am 18.01.2019].
12 Vgl. Der Präsident der Georg-August-Universität Göttingen, Kommission gibt Ergebnis der Untersuchung des Verdachts auf wissenschaftliches Fehlverhalten im Sonderforschungsbereich 552 bekannt. Pressemitteilung vom 06.08.2009, online einsehbar unter https://www.uni-goettingen.de/en/50225.html?archive=true&archive_id=3325& archive_source=presse [eingesehen am 18.01.2019].
13 Informationen zum Verlauf und Ausgang der Disziplinarverfahren ließen sich aus Gründen der Vertraulichkeit nicht gewinnen.
14 Gleiches traf auf Professor Christoph Leuschner, Sprecher des Graduiertenkollegs 1086, zu, bei dem es zu ähnlichen Vorwürfen gekommen war.
15 DFG, Gremienausschluss und Rügen: DFG zieht Konsequenzen aus wissenschaftlichem Fehlverhalten in Göttingen. Pressemitteilung vom 08.10.2009, online einsehbar unter http://www.dfg.de/service/presse/pressemitteilungen/2009/pressemitteilung_nr_52/index.html [eingesehen am 18.01.2019].
16 Vgl. ebd.
17 Vgl. ELUC, Subprojects, online einsehbar unter http://www.uni-goettingen.de/de/subprojects/189696.html [eingesehen am 18.01.2019].
18 DFG, Gremienausschluss und Rügen.
19 Vgl. Der Präsident, Universitäts-Präsident informiert Wissenschaftsausschuss.
20 Vgl. Birger Menke, »Das ist kein Einzelfall«, in: Spiegel Online, 06.05.2009, online einsehbar unter http://www.spiegel.de/lebenundlernen/uni/forschungsskandal-in-goettingen-das-ist-kein-einzelfall-a-622882.html [eingesehen am 18.01.2019].
21 DFG, Sonderforschungsbereiche, online einsehbar unter http://www.dfg.de/foerderung/programme/koordinierte_programme/sfb/ [eingesehen am 18.01.2019].
22 Vgl. ebd.
23 Vgl. Stefan Hornbostel, Die Hochschulen auf dem Weg in die Audit Society: über Forschung, Drittmittel, Wettbewerb und Transparenz, in: Erhard Stölting/Uwe Schimank (Hg.), Die Krise der Universitäten, Wiesbaden 2001 (= Leviathan Sonderheft 20/2001), S. 139–158.
24 Bundesregierung, Bericht der Bundesregierung zur Förderung der Drittmittelforschung im Rahmen der Grundlagenforschung, Bonn 1983, online einsehbar unter http://dipbt.bundestag.de/doc/btd/10/002/1000225.pdf [eingesehen am 18.01.2019].
25 Vgl. DFG, SFB 552.
26 Vgl. Susan Böhmer et al., Wissenschaftler-Befragung 2010. Forschungsbedingungen von Professorinnen und Professoren an deutschen Universitäten. iFQ-Working Paper, Bonn 2011, S. 77.
27 Vgl. Menke.

28 Matthias Kleiner, »Qualität statt Quantität« – Neue Regeln für Publikationsangaben in Förderanträgen und Abschlussarbeiten. Stellungnahme vom 23.02.2010, S. 3, online einsehbar unter http://www.dfg.de/download/pdf/dfg_im_profil/reden_stellungnahmen/2010/statement_qualitaet_statt_quantitaet_mk_100223.pdf [eingesehen am 18.01.2019].
29 Vgl. Angela Brünjes, Sulawesi-Projekt »zu wertvoll« für Aufgabe, in: Göttinger Tageblatt, 11.05.2009.
30 Ebd.
31 Vgl. ELUC.
32 Vgl. DFG, SFB 990, online einsehbar unter http://gepris.dfg.de/gepris/projekt/192626868 [eingesehen am 18.01.2019].
33 Vgl. Dorothea Jansen et al., Drittmittel als Performanzindikator der Wissenschaftlichen Forschung. Zum Einfluss von Rahmenbedingungen auf Forschungsleistung, in: Kölner Zeitschrift für Soziologie und Sozialpsychologie, Jg. 59 (2007), H. 1, S. 125–149, hier S. 126.
34 Vgl. o. V., Forschungs-Skandal.
35 Vgl. Humangeographie, Prof. Dr. Heiko Faust. Wissenschaftlicher Werdegang, online einsehbar unter https://www.uni-goettingen.de/de/wissenschafticher+werdegang/32100.html [eingesehen am 18.01.2019].
36 Vgl. Fachbereich Gesellschaftswissenschaften, Prof. Dr. Jan Barkmann, online einsehbar unter https://fbgw.h-da.de/fachbereich/personen/professorinnen/prof-dr-jan-barkmann/ [eingesehen am 18.01.2019].
37 Vgl. Agrarentomologie, Prof. Dr. Stefan Vidal, online einsehbar unter http://www.agrarentomologie.uni-goettingen.de/index.php?id=60 [eingesehen am 18.01.2019].
38 Warnecke.

Affen oder Alpha?

Warum ein Patent um ein Synuclein für Aufmerksamkeit sorgt

von Katharina Heise

Das Max-Planck-Institut für biophysikalische Chemie am Göttinger Faßberg, auch bekannt als Karl-Friedrich-Bonhoeffer-Institut, ist eines der größten Institute der Max-Planck-Gesellschaft.[1] Daher ist es nicht verwunderlich, dass eine Vielzahl von Patenten aus seinen diversen Forschungsgruppen hervorgebracht werden konnte. Das bekannteste davon ist ohne Frage die weiterentwickelte MRT von Jens Frahm.[2] Doch auch in Sachen Zellforschung muss sich das Institut für biophysikalische Chemie nicht verstecken. Besonders die Erforschung von Vorgängen in menschlichen Zellen im Verlauf von Krankheiten wie Alzheimer und Parkinson beschäftigt verschiedene Forschungsteams. Allerdings ist eine solche Forschung auf Versuchstiere angewiesen – ein Umstand, der durchaus kritisch beäugt wird und Widerspruch hervorruft.

Die Kritik an der Forschung mit Tieren kommt aus den verschiedensten Bereichen und reicht von TierärztInnen bis zu Umwelt-AufklärerInnen. Gemeinsam haben alle KritikerInnen, dass sie eine Forschung fordern, die zum Wohle aller Lebewesen geführt werde und nicht das Wohl der Menschen über die Bedürfnisse und Rechte anderer stelle; TierschützerInnen sorgen sich um das Wohl der Tiere, EthikerInnen setzen sich gegen die primär moralische Abstufung von Tieren gegenüber Menschen ein. Besonders die Sinnhaftigkeit der aus Tierversuchen gewonnenen Ergebnisse in Bezug auf Erkenntnisgewinn über die Gesundheit von Menschen wird in Frage gestellt. Die GegnerInnen von Tierversuchen bringen zudem oftmals moralische und ethische Bedenken an, um die WissenschaftlerInnen dazu zu bringen, andere Möglichkeiten stärker in Betracht zu ziehen.

Mit seinem etwas sperrig betitelten »Patent EP 2 328 918 B1« erreichte das Göttinger Institut für biophysikalische Chemie innerhalb der Forschung mit Hilfe von Tierversuchen in den Augen der GegnerInnen eine weitere Stufe der Sinnlosigkeit und ethischen Verderbnis, die besonders von Dr. Christoph Then, dem Geschäftsführer der Nichtregierungsorganisation Testbiotech e. V, Institut für unabhängige Folgenabschätzung in der Biotechnologie, immer wieder hervorgehoben wurde.[3] Der promovierte Tierarzt führt die Reihe der KritikerInnen gegen das Göttinger Patent an und stellt die Tatsache, dass Tiere – im besonderen Affen – zu einem für ihn und die weiteren KritikerInnen nicht erkenntlichen Nutzen gequält würden, da ihre gesunden Organismen vorsätzlich gentechnisch verändert würden, in den Vordergrund seines Kampfes.

Doch was verbirgt sich hinter diesem Patent? Sein Name jenseits kryptischer Zahlen- und Buchstabenkombinationen lautet: »Mutant Alpha-Synuclein, and Methods using same«[4]. Dass sich – glaubt man den KritikerInnen – dahinter die Forschung an genetisch veränderten Affen verbirgt, wird nicht ersichtlich, und hätte bei einer eindeutigen Benennung sicherlich mehr Aufmerksamkeit erheischt als die nur für ExpertInnen verständliche Bezeichnung nach einem menschlichen Eiweißmolekül. Wieso scheute die Wissenschaft an dieser Stelle öffentliche Aufmerksamkeit, auf die sie doch gleichwohl angewiesen ist bei der Akquise weiterer Forschungsgelder? Was also steckt hinter »EP 2 328 918 B1« und warum muss ein mutiertes Molekül überhaupt patentiert werden? Besagtes Patent wurde am 7. August 2009 beim zuständigen Patentamt eingereicht, am 8. Juni 2011 publik gemacht und schließlich am 10. Juni 2015 zugelassen.[5] Dieser Vorgang fand zunächst kein besonderes öffentliches Interesse. Das änderte sich schlagartig durch den im März 2016 vorgetragenen Einspruch der WissenschaftlerInnen Christoph Then, Ruth Tippe und Sylvia Hamberger;[6] auf einmal stand die Entdeckung der ForscherInnen Markus Zweckstetter, Pinar Karpinar und Christian Griesinger im Fokus einer Grundsatzdebatte.

Um die Arbeit dieser drei WissenschaftlerInnen verstehen zu können, werfen wir zunächst einen Blick darauf, wie die Entdeckung eines neuen mutierten alpha-Synuclein (A56P) überhaupt

Makaken, wie dieser Affe, werden häufig für die Forschung genutzt.

möglich war. Es zeigt sich, dass die Erforschung dieses kleinen Proteins noch lange nicht an ihrem Ende angekommen ist:[7] Es gibt drei verschiedene Arten Synucleins im menschlichen Körper – α-Synuclein, β-Synuclein und γ-Synuclein; über alle drei ist aber bisher nicht viel bekannt. Sicher ist jedoch, dass das α-Synuclein eine wichtige Rolle bei der Entstehung der Parkinson-Krankheit spielt,[8] denn die bisherige Forschung zeigt, dass beim Morbus Parkinson verschiedene Veränderungen im α-Synuclein auftreten. Beispiele bisheriger Unterscheidungen vom sogenannten Wildtyp des Proteins, also der als normal definierten Form des Proteins, befinden sich einmal an der 30. Position und einmal an der 53. Position des Synucleins.[9] Diese Positionen ergeben sich aus der Darstellung des Proteins: Wie früher im Chemieunterricht werden die verschiedenen Proteine aus ihren Bausteinen zu einem Modell zusammengesetzt und die Positionen simpel mit Zahlen für die weitere Forschung geordnet. Die Stelle der Position der Mutation, sowie die vertauschten Teile des Proteins, ergeben in der Forschung die Namen der Mutationen (A30P & A53T). Die bisher entdeckten Veränderungen wurden also an den Positionen 30 und 53 im alpha-Synuclein ausgemacht. Sehr verknappt zusammengefasst, ist die Ursache der Parkinsonerkrankung bekannt, nämlich dass bestimmte Nervenzellen nicht dem normalen Typus, also dem Wildtyp, des Proteins entsprechen. Diese Veränderung bzw. Mutation führt dann zu den Symptomen der Krankheit, in den meisten Fällen Störungen des Bewegungsapparats. Bislang können die Symptome der Erkrankung zwar therapeutisch gelindert werden, da zurzeit jedoch nicht mal eine Handvoll Mutationen entdeckt wurde, scheint eine vollständige Heilung der Krankheit in weiter Ferne zu liegen.

Bisher war es nicht leicht, gezielt weitere Mutationen zu entdecken, da es lange Zeit nur bei Mäusen möglich war, die Gene so zu verändern, dass sie mit denen von Menschen vergleichbar sind – eine für die Parkinson-Forschung unabdingbare Voraussetzung.[10] Durch die Entdeckung der neuen Mutation eines α-Synucleins an der 56. Position des Proteins erregten die WissenschaftlerInnen zwar kein ähnliches öffentliches Interesse, wie es ihrem Kollegen Jens Frahm gelang, doch für die weitere erfolgreiche Erforschung einer Krankheit, die immerhin ca. 250.000 Menschen allein in Deutschland betrifft,[11] war sie sicherlich ein wichtiger Schritt, um erfolgreich Heilungsmöglichkeiten zu finden. Die Tatsache, dass es noch nicht viele entdeckte mutierte α-Synucleine gibt, erklärt zudem auch, warum die Entdeckung dieser weiteren Mutation an Stelle 56 des Proteins patentiert wird: Durch das Patent erhalten die WissenschaftlerInnen ein Vorrecht und damit einhergehend einen zeitlichen Vorsprung bei der Erforschung der Mutation und gegebenenfalls den Heilungsmöglichkeiten, die sich daraus ergeben. So weit, so unproblematisch.

Neben der Gewinnung von neuen Erkenntnissen über das Protein wird im Patent jedoch ebenfalls ein nicht-humanes Tier (es werden u.a. als mögliche nicht-humane Tiere Hamster, Mäuse, Katzen und Hunde benannt, aber auch Affen wie Schimpansen oder Makaken), das dieses mutierte Synuclein in sich trägt, als Entdeckung beansprucht.[12] Im Patent wird die Entscheidung, auch ein nicht-menschliches Tier schützen zu lassen, damit begründet, dass es durch die Beobachtung und Erforschung der Zellen und ihrer Bestandteile bei diesen Arten im besonderen Maße möglich ist, Veränderungen im alpha-Synuclein zu betrachten und nachvollziehen zu können.[13]

Besonders der letzte Anspruch der drei WissenschaftlerInnen der Max-Planck-Gesellschaft, Tiere mit in das Patent einzubeziehen, sorgte für große Aufregung und für einen Einspruch beim Europäischen Patentamt durch Christoph Then, Ruth Tippe und Sylvia Hamberger. Sie benennen darin u. a. Fehler der WissenschaftlerInnen, die diese in der Skizzierung des Forschungsprozesses gemacht haben sollen. Zentral ist jedoch in ihrer Wahrnehmung die Verletzung der Richtlinien der Europäischen Union in Bezug auf Tierpatente. Dabei bezieht sich ihr Einspruch vor allem auf die EU-Richtlinie 98/44, die besagt, dass eine Patentierung von Tieren nicht möglich ist, wenn das Lebewesen ohne nennenswerten Nutzen für die menschliche Medizin zu Schaden kommen könnte.[14] Sie beklagen, dass das Patent sich primär auf Tiere beziehe und es sich nicht im Wesentlichen um die Entdeckung einer neuen Mutation eines kleinen Proteins handele. In ihren Augen ließe sich in diesem Patent der Max-Planck-Gesellschaft kein »wesentlicher[r] medizinische[r] Nutzen«[15] erkennen. Daher seien mögliche Leiden der Tiere nicht zu rechtfertigen. Des Weiteren wird den WissenschaftlerInnen vorgeworfen, das Patent nur aus »wirtschaftlichen Motiven«[16] eingereicht zu haben. Für die GegnerInnen des Patents steht also deutlich die für sie verurteilenswerte Tatsache im Vordergrund, dass Tiere Teil eines Patents sein können, und nicht die Entdeckung eines für die Wissenschaft neuen mutierten alpha-Synucleins.

Christoph Then fasste im Namen von Testbiotech die Punkte der KritikerInnen noch einmal deutlich zusammen: »Gentechnisch veränderte Versuchstiere und darauf basierende Tierversuchsmodelle dienen vor allem in der pharmazeutischen Forschung und in der Grundlagenforschung als Testsysteme. Sie sind lediglich Hilfsmittel, aber keine Produkte, die den PatientInnen zugutekommen.«[17]

Die EntdeckerInnen jedoch betonten von Anfang an, dass ihr Patent »EP 2328918 B1« neben der Erfassung eines neuen Auslösers der Parkinson-Krankheit Hoffnung auf weitere Heilungsmöglichkeiten eröffne. Abseits dieser Hoffnung verschaffte es den WissenschaftlerInnen Markus Zweckstetter, Pinar Karpinar und Christian Griesinger sowie der Max-Planck-Gesellschaft die schon erwähnte Aufmerksamkeit von GegnerInnen der Nutzung von Tieren für wissenschaftliche Zwecke. Allerdings ging die Kritik im Göttinger Fall bzw. im Falle dieses speziellen Patentes medial unter.

Ausschlaggebend dafür war sicherlich der Aufruhr um die Max-Planck-Gesellschaft in Tübingen 2014. Dort gab es starke Proteste gegen die Forschung mit Affen, nachdem sich ein Tierschützer als Pfleger verkleidet Zugang zum Institut verschaffte, die dortigen Zustände gefilmt und die Aufnahmen der breiten Öffentlichkeit zugänglich gemacht hatte.[18] Die Max-Planck-Gesellschaft entschied aber trotz der Proteste, dass die Forschung mit Tieren weiter nötig und hilfreich sei. Auch wenn das Institut in Göttingen nicht mit solch massiven Protesten konfrontiert wurde, bleiben die Stadt und die Forschungseinrichtungen weiter Zielscheibe der Kritik von TierversuchsgegnerInnen: Göttingen wird neben München, Berlin, Hannover sowie einigen anderen Universitätsstädten als Hochburg von Tierversuchen beschrieben.[19] Trotz dieser Zuschreibung hat sich in Göttingen nichts verändert. Neben dem Max-Planck-Institut für biophysikalische Chemie arbeiten auch die Georg-August-Universität sowie das Deutsche Primatenzentrum Göttingen weiterhin mit Tieren.

Der Streitfall des Göttinger Patentes scheint zunächst ein wenig spektakuläres Ende gefunden zu haben: Der Einspruch wurde nach der gewünschten öffentlichen Verhandlung Ende September 2017 vom europäischen Patentamt abgelehnt.[20] Das Patent musste im Hinblick auf die einbezogenen Tiere geringfügig verändert werden, da Menschenaffen nicht weiter aufgeführt werden durften. Dennoch wurde das Urteil von den KritikerInnen nicht angenommen, weil weiterhin andere Tiere wie auch bestimmte Affenarten, u. a. Paviane, als Teil der Erfindung beibehalten werden durften. Deshalb wurde 2018 Beschwerde eingereicht. Weitere Stellungnahmen gibt es aber bisher von keiner der beiden Seiten. Ob das Verfahren somit zum Erliegen kommt oder doch noch größere Wellen schlagen wird, bleibt fraglich.[21]

Letztlich mag das Patent eine Entdeckung sein, die auf den ersten Blick keinen Meilenstein der Forschung markiert. Allerdings lässt sie für die Medizin, die Forschung und besonders für die betroffenen PatientInnen neue Möglichkeiten der Heilung

Gegen Forschung mit Tierversuchen regt sich mancher Protest.

erahnen und schenkt Betroffenen Hoffnung. Dagegen zu halten ist jedoch die ethische Komponente dieses Forschungswegs. Versuchstiere werden ohne absehbares Ergebnis gentechnisch verändert. Die ForscherInnen können vor keinem Versuch sicher wissen, ob die entstehenden Veränderungen an den Tieren wirklich einen Nutzen für die weitere Forschung zugunsten kranker Menschen mit sich bringen. Nachdem die Mutationen erfolgreich ausgelöst wurden, kann nach weiteren Jahren der Forschung ein gutes Resultat, also Fortschritte in der Bekämpfung von Krankheiten, erzielt werden. Für viele krank gemachte Tiere ist ein normales Leben jedoch nach solch einem Versuch vorbei – trotz inzwischen verschärfter Gesetze. Abgesehen von den von Menschen geschaffenen Tatsachen, bleibt also als allererstes die moralische Frage im Raum stehen, ob ein anderes Lebewesen willentlich zum Wohle der Menschen, egal in welchem Ausmaß, verändert werden darf und dadurch unwillentlich in seinen physischen und psychischen Fähigkeiten eingeschränkt wird. Die Forschung mit Tieren, auch im Falle des Göttinger Patents über mutierte alpha-Synucleine, bleibt ein zweischneidiges Schwert.

Anmerkungen

1 Vgl. Max-Planck-Institut für biophysikalische Chemie, Unsere Forschung, online einsehbar unter https://www.mpibpc.mpg.de/de/research [eingesehen am 07.01.2019].
2 Vgl. dazu den Beitrag von Teresa Nentwig in diesem Band.
3 Vgl. Gemeinsame Pressemitteilung, Genmanipulierte Affen sollen patentiert werden – Verbände protestieren, in: Ärzte gegen Tierversuche e. V., 26.09.2016, online einsehbar unter https://www.aerzte-gegen-tierversuche.de/de/neuigkeiten/2504-anhoerung-zum-patent-der-max-planck-gesellschaft-auf-gentechnisch-veraenderte-primaten [eingesehen am 08.01.2019].
4 Vgl. Markus Zweckstetter/Pinar Karpinar/Christian Griesinger, Mutant Alpha-Synuclein, and Methods using same, in: patents.google, 07.08.2009, online einsehbar unter https://patentimages.storage.googleapis.com/oe/ca/23/f810475499cd8f/EP2328918B1.pdf [eingesehen am 15.12.2019].
5 Vgl. ebd.
6 Vgl. European Patent Register, EP2328918 – MUTANT ALPHA SYNUCLEIN, AND METHODS USING SAME, in Europäisches Patentamt, 16.05.2015, online einsehbar unter https://register.epo.org/application?number=EP09781633&tab=main [eingesehen am 08.01.2019].
7 Vgl. Oliver M. Schlüter, alpha-Synuclein: Synaptische Funktion und Rolle bei der Pathogenese der Parkinson-Syndrome, Göttingen 2001, S. 2–6.
8 Vgl. Benedikt Ludwig Wassilij Bader, Einzelmolekülbasierte Aggregationsanalyse von Alpha-Synuclein und Tau-Protein, München 2008, S. 8 u. S. 11.
9 Vgl. ebd., S. 11.
10 Vgl. Schlüter, S. 6.
11 Vgl. Walter Paulus, Neue Zellen für kranke Gehirne. Grundlagenforschung für eine Zellersatztherapie bei Morbus Parkinson, in: Georgia Augusta. Wissenschaftsmagazin der Georg-August-Universität Göttingen, Jg. 2 (2003), H. 1, S. 117.
12 Vgl. Zweckstetter/Karpinaer/Griesinger, S. 2 u. S. 11.
13 Vgl. ebd., S. 2.
14 Vgl. Dr. Christoph Then/Dr. Ruth Tippe/Sylvia Hamberger, Einspruch gegen das Europäische Patent EP 2328 918 B1, 07.03.2016, online einsehbar unter http://www.testbiotech.org/sites/default/files/Testbiotech%20Einspruch%20%20Patent%20MPG.pdf [eingesehen am 15.12.2018].
15 Ebd., S. 4.
16 Ebd., S. 7.
17 Dr. Christoph Then, Antwort auf den Brief des Patentinhabers vom 29.11.2016 und die Stellungnahme der Einspruchsabteilung vom 27.01.

2017, in: Testbiotech, 25.07.2017, online einsehbar unter https://www.testbiotech.org/sites/default/files/Antwort%20auf%20MPG_Testbiotech.pdf [eingesehen am 09.01.2019].
18　Vgl. o. V., Wichtige Forschung oder Tierquälerei?, in: Goettinger-Tageblatt.de, 04.05.2015, online einsehbar unter http://www.goettinger-tageblatt.de/Nachrichten/Wissen/Max-Planck-Institut-Nikos-Logothetis-will-nicht-mehr-an-Affen-experimentieren [eingesehen am 09.01.2019].
19　Vgl. o. V., München – eine Hochburg der Tierversuche, in: Focus Online, 27.08.2013, online einsehbar unter https://www.focus.de/wissen/natur/tiere-und-pflanzen/tid-33176/tierschuetzer-protestieren-unis-in-muenchen-bauen-grosslabore-fuer-tierversuche_aid_1083045.html [eingesehen am 15.01.2019].
20　Vgl. Dr. Christoph Then, Patent der Max-Planck-Gesellschaft bleibt bestehen, in: Testbiotech, 27.09.2017, online einsehbar unter https://www.testbiotech.org/pressemitteilung/patent-der-max-planck-gesellschaft-bleibt-bestehen [eingesehen am 09.01.2019].
21　Vgl. European Patent Register.

Eine spannende Angelegenheit
Die Tunnelsimulationsanlage des Deutschen Luft- und Raumfahrtzentrums in Göttingen als technologisches Mash-Up

von Christopher Schmitz

»*Je planmäßiger die Menschen vorgehen,
desto wirksamer tritt sie der Zufall.*«
Aus: Die Physiker, Friedrich Dürrenmatt.

Auf den ersten Blick haben die Wörter Scorpio und Hochgeschwindigkeitszug auch für kreative Geister nur bedingt eine Gemeinsamkeit. Auch die Begriffe Harzhorn und Versuchsstrecke scheinen in einem eher losen Verhältnis zueinander zu stehen. Doch: Der Eindruck täuscht. In Göttingen laufen die Stränge, die diese Begriffe verweben, zusammen und es lässt sich zwischen ihnen eine Verbindung ziehen, ein roter Faden spannen.

Denn eine Möglichkeit, die vier benannten Begriffe in einen sinnvollen Zusammenhang zueinander zu setzen, ist die Tunnelsimulationsanlage am Deutschen Zentrum für Luft- und Raumfahrt (DLR). Dort, in den Hallen an der Bunsenstraße, steht jene weltweit einzigartige Anlage. Ihr Sinn und Zweck, so heißt es in den Pressemitteilungen zur Inbetriebnahme, ist die Arbeit am »Zug der Zukunft«[1].

Denn, dieser tagespolitische Einwurf sei erlaubt, wenn Wörter wie »Jahrhundertsommer« den Geschmack bekommen, sie könnten zur Gewohnheit werden, die Republik 2018 wochenlang über die Räumung eines Waldstückes neben einem Braunkohlerevier streitet und im Frühjahr 2019 in ganz Europa Schülerinnen und Schüler den Schulunterricht bestreiken, um auf die Folgen des Klimawandels aufmerksam zu machen, dann scheint es nicht völlig vermessen, die Frage zu stellen, wann die Züge der Zukunft Gegenwart werden.

Mash-Up der Technik

Um mit dem Flugzeug als Transportmittel konkurrieren zu können, müssten Züge Geschwindigkeiten von bis zu 400 Kilometern pro Stunde erreichen können – und all das bei einer höheren Transportkapazität[2], vorzugsweise durch Doppelstockwagen, wie sie im »Zug der Zukunft«, an dem ebenfalls am DLR geforscht wird, zum Einsatz kommen sollen.[3] Die Devise für den Bahnverkehr der Zukunft lautet also höher, schneller und im Zweifel auch weiter. Doch seien die Doppelstockwagen anfällig für Seitenwinde und könnten kippen.[4] Das Verhalten von maßstabsgetreuen Zugmodellen bei Seitenwinden kann in der Göttinger Anlage ebenso getestet werden wie die Frage, ob die berühmte weiße Linie am Bahnsteigrand überhaupt dort, wo sie eingezeichnet ist, hilfreich und sinnvoll ist.[5] Ein wesentlicher Zweck der Anlage ist aber die Abmilderung des Tunnelknalls: Ein fahrender Zug setzt Luftmassen in Bewegung. Entsprechend seiner Form schiebt er diese Luft vor sich her – im Extremfall mit Schallgeschwindigkeit. Bei der Einfahrt in einen Tunnel wird diese Welle entsprechend der Größe des Tunnelquerschnitts zusammengepresst. Je länger der Tunnel und je höher die Geschwindigkeit des Zuges, desto stärker ist die Kompressionswirkung, bevor sie sich am Ausgang mitunter in einem Knall entlädt.[6] Dieser Tunnel-»Tsunami« macht sich für die Insassen durch das typische Rauschen auf den Ohren bemerkbar, wenn ein Zug einen Tunnel durchfährt.[7] Mögliche Lösungen: Tunnelportale oder auch Lüftungsschlitze in den Decken und Wänden des Tunnels, die jeweils dafür sorgen, dass sich die Luftmasse bei der Einfahrt in den Tunnel auflöst oder zumindest abschwächt. Und in Göttingen wird die ideale Form hierfür gesucht.

So viel zu den Vorhaben und Zielen, die mittels der Versuchsanlage erreicht werden sollen.[8] Aber die Besonderheit der Anlage, ihr innovatives Moment, das ihr einen Platz in diesem Buch sichert, liegt nicht in den Entdeckungen verborgen, die womöglich in Zukunft den Zugverkehr revolutionieren werden. Was die Tunnelsimulationsanlage in der Göttinger Bunsenstraße heraushebt, ist vor allem die Entwicklungsgeschichte der

Anlage – gerade jenseits der technischen Finessen ihres alltäglichen Betriebs.

Denn zwischen Idee, Planung und Inbetriebnahme der Anlage lag eine verhältnismäßig kurze Zeitspanne: Nicht ganz ein Jahr hat dieser Prozess in Anspruch genommen. Im Verlauf dieses Jahres, bedingt durch die äußeren Einflüsse von Bewilligungszeiträumen und dem Zwang, die bewilligten Geldmittel dann auch zu verausgaben, mussten bei der Konstruktion einige, zunächst banal klingende Fragen beantwortet werden: Wie beschleunigt man die Zugmodelle? Wie hält man sie auf den Schienen? Eine Frage, die bei Seitenwindversuchen nicht ganz unwichtig ist, möchte man verhindern, dass eine bis zu drei Meter lange Kunststoffrakete wie ein Querschläger mit 200 Stundenkilometern durch den Raum schießt. Wie werden sie wieder abgebremst? Schließlich verfügen die Modelle selbst über keinen eigenen Antrieb oder Bremsmechanismus. Insofern ist gerade die Frage der Bergungsfähigkeit der Modelle bei ursprünglichen Produktionskosten im sechsstelligen Bereich, wenn sie dann wie geplant mit bis zu 100 Metern pro Sekunde durch die Halle rasen, von Relevanz.[9] Und all diese Fragen mussten so gelöst werden, dass zugleich eine Abnahme durch den TÜV geschah, damit die Anlage überhaupt in Betrieb gehen durfte.

Die Antworten, die auf diese Fragen gefunden wurden, sind ein beeindruckender Ausweis von Adaptions- und Innovationsprozessen. Ein technologischer Remix, wenn man so möchte: Die Schienen haben einen runden Querschnitt und sind die gleichen, auf denen die Bücherkisten eines großen Internetversandhändlers laufen. Das Bällebad aus Styroporkugeln, in dem die Modelle abgebremst werden, findet sich in einer ähnlichen Form im Fallturm in Bremen. Die Räder der Zugmodelle nutzen Kugellager, welche sonst in Turboladern von PKW-Motoren Verwendung finden. Und das Katapult, das die Zugmodelle schließlich innerhalb von acht Metern auf bis zu 360 Stundenkilometer beschleunigt, ist eine Kreuzung aus einem antiken Torsions- und einem modernen Flugzeugkatapult – angetrieben von einer Hydraulik, wie sie in Baumaschinen Verwendung findet – und erinnert an eine riesige Armbrust. Die Sehne findet sonst in der Takelage von Segelschiffen Verwendung und zeich-

Zugmodell in der Tunnelsimulationsanlage Göttingen.

net sich dadurch aus, dass sie gerade nicht elastisch, sondern sehr formfest ist.

Diese Auflistung der einzelnen Komponenten verdeutlicht, wie sehr Innovations- und Entwicklungsprozesse auch von äußeren Umständen, dem zeitlichen und lokalen Kontext abhängen: »Technologie ist historisch.«[10] Ebenso wie Wissenschaft und jedes kulturelle Handeln einer Historizität unterliegen. Die Art und Weise, wie die Komponenten schließlich zusammengefügt wurden, ist außerdem geeignet, die Differenzierung zwischen Wissenschaft und Technologie zu verdeutlichen, zwei Begriffe, die keinesfalls gleichgesetzt werden sollten. Einige, wie beispielsweise Jerome B. Wiesner – damaliger Dekan der School of Science am Massachusetts Institute of Technology und wissenschaftlicher Berater von Präsident Kennedy –, gehen gar soweit, eine solche Gleichsetzung als schlichtweg falsch zu bezeichnen. Wissenschaft sei die Suche nach mehr oder weniger abstraktem Wissen, während Technologie die Anwendung von bereits irgendwie organisiertem Wissen darstelle und hauptsächlich zur Lösung gesellschaftlicher Probleme diene.[11] Insofern lässt sich auch bei der Tunnelsimulationsanlage diese Unterscheidung treffen: zwischen der Suche nach zunächst abstraktem

Wissen – was sind die aerodynamischen Bedingungen einer Zugfahrt in Tunneln? – und konkreter Technologie – der Bau einer Anlage, die die Suche nach diesem Wissen ermöglicht, bis es dann soweit organisiert ist, dass es als Technologie, beispielsweise im Zug der Zukunft, zur Anwendung kommt.

Kommissar Zufall?

Während die komplette Anlage ein Ausweis der Rahmenbedingungen ist, unter denen sie entstanden ist, ist insbesondere der Beschleunigungsmechanismus, das Katapult, ein spezialgelagerter Sonderfall für die Verknüpfung zwischen Technologie und Gesellschaft. Dass es durchaus viele Möglichkeiten gegeben hätte, diese Beschleunigung zu bewerkstelligen, zeigt ein Blick in die Technikgeschichte. Gerade in jüngerer Vergangenheit sind zum Teil völlig verschiedene Systeme zum Einsatz gekommen, um Objekte innerhalb kurzer Strecken auf hohe Geschwindigkeiten zu beschleunigen. Am bekanntesten sind vielleicht noch jene Dampfkatapulte, die jahrzehntelang auf Flugzeugträgern der US-amerikanischen Streitkräfte eingesetzt wurden, um Flugzeuge beim Start auf entsprechende Geschwindigkeiten zu beschleunigen. Diese gehen im Endeffekt aber auf Flugzeugschleudern zurück, mit denen stellenweise der Transport vor allem der Post, aber auch von Passagieren über den Atlantik unterstützt wurde und welche ebenfalls beim Start der Fieseler Fi 103 – besser bekannt als V1 – in ähnlicher Form zum Einsatz kamen.[12] Diese Technik wird gegenwärtig durch elektromagnetische Systeme abgelöst, die ganz ähnlich funktionieren wie das Antriebssystem des Transrapid.[13]

Während Dampf aber im Falle einer Fehlfunktion als zu gefährlich ausgeschlossen wurde, ist die Beschleunigung mittels Induktionsspulen daran gescheitert, dass die Modelle ob der notwendigen Metallteile zu schwer geworden wären, um sie innerhalb der acht Meter auf die gewünschte Geschwindigkeit beschleunigen zu können. Mit anderen Worten: Nicht einmal im Modellmaßstab scheint sich der Bau einer Magnetschwebebahn zu lohnen. Ebenso wäre eine Feder denkbar gewesen; diese wurde aber auch aufgrund von Sicherheitsbedenken und der Verlässlichkeit der Federspannung, die für die Wiederholbarkeit der Versuche wichtig ist, schließlich ausgeschlossen. In dieser Art und Weise wurden also nach und nach verschiedene, zunächst naheliegende Beschleunigungstechnologien verworfen, weil sie für den Zweck unpassend oder als zu gefährlich für Material und Mensch eingestuft wurden.

An diesem Punkt wird dann die besondere zeitliche Situation deutlich. Der Zeitpunkt der Entwicklung und des Baus im Jahre 2011 liegt nämlich nahe an einem anderen Ereignis, welches kurz vorher am Harzhorn stattgefunden hat: Hobby-Metallsondengänger durchsuchten ein Waldstück oberhalb der A7 bei Kalefeld im Landkreis Northeim. Dabei stießen sie auf verschiedene Überreste einer antiken Schlacht. Die folgenden Ausgrabungen am Harzhorn offenbarten die Spuren einer ausgewachsenen Auseinandersetzung zwischen römischen Truppenverbänden und germanischen Kräften, die den Römern einen Hinterhalt gestellt haben sollen.[14] Viele Fundstücke verbürgten auch die Verwendung von antiken Belagerungswaffen: sogenannten Scorpios. Diese Waffen, die ihre Wucht aus der Verdrehung von Seilbündeln gewinnen (auch: Torsionskatapulte),[15] waren jahrhundertelang in der Antike etablierte und verbreitete Belagerungswaffen. Ihre Nutzung geht, so wird geschätzt, zurück bis zu den Feldzügen Alexanders des Großen. Der Militär- und Technologiehistoriker Barton C. Hacker formulierte den Gedanken, dass es gerade die Entwicklung von Belagerungswaffen gewesen sein könnte, die die Herausbildung von politischen Einheiten mehrerer Städte ermöglicht habe, weil sie dadurch eroberbar wurden.[16] Dass jetzt eine Technologie, die früher die Herausbildung von Staatsgebilden ermöglicht hat, adaptiert wird, um die Reise zwischen den verschiedenen Instanzen moderner Staaten schneller, sicherer, umweltfreundlicher und komfortabler zu gestalten, entbehrt indes nicht einer gewissen Ironie.

Der entscheidende Punkt dieser Konvergenz ist jedoch nicht, dass *diese* Technik an *dieser* Stelle im Harzhorn wiederentdeckt wurde. Im Gegenteil: An der Universität Trier gibt es seit Jahren Versuche mit Nachbauten – unter anderem motiviert durch die Funde von Kalkriese bei Osnabrück, dem vermutlichen Ort

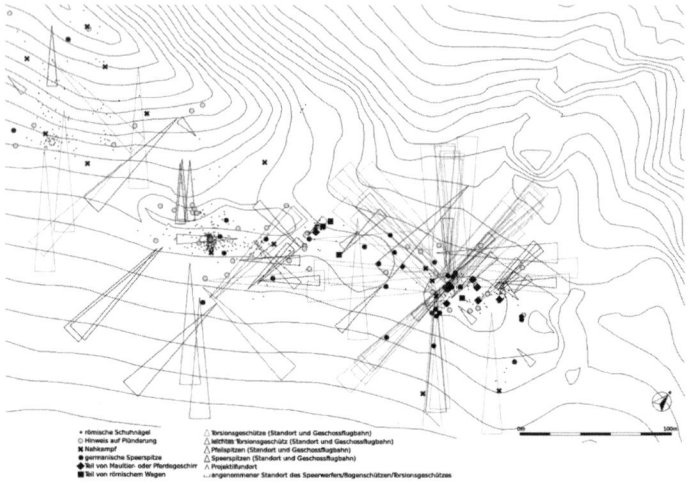

Rekonstruktion von Schussbahnen und Standorten der Scorpios anhand von Artefaktfunden am Harzhorn.

der Varusschlacht.[17] Und auch die historisch-archäologische Literatur hat schon vor Jahrzehnten festgestellt, dass über die Funktionsweise bereits alles Wichtige gesagt sei – bis vielleicht auf die Frage, ob Regen Schuld an der römischen Niederlage bei der Varusschlacht gewesen sein könnte.[18]

Relevant für die Tunnelsimulationsanlage ist also nicht der Fund an sich, sondern viel mehr die Tatsache, dass dieser in einer zeitlichen und räumlichen Nähe zum Konstruktionsvorhaben der Tunnelsimulationsanlage stand. Die zeitliche Koinzidenz zwischen der Frage, wie man die Zugmodelle beschleunigen könne und dem »Jahrhundertfund«[19] am Harzhorn, dessen systematische Erschließung im Jahr 2008 begann, war für die Konstrukteure, so wird es aus dem DLR verlautbart, ein »Glücksfall« und hat Denkprozesse in eine bestimmte Richtung gelenkt.

Die Variante, für die man sich, flankiert durch die Funde am Harzhorn, letztlich entschied, ist also eine Art gigantische Armbrust: Zwei hydraulisch gesteuerte Schwenkarme setzen den Schlitten unter Spannung, vor den das Zugmodell gesteckt wird. Löst das Katapult aus, schnellt der Schlitten und mit ihm das

Modell nach vorne. Während der Schlitten magnetisch abgebremst wird, rast das Modell weiter durch die eigentliche Messstrecke, bevor es ins Bällebad rauscht, im Styropor abgebremst wird und schließlich stecken bleibt. Die Hydraulik hat den Vorteil, dass die Spannung – und damit die Geschwindigkeit des Modells – sehr genau justiert werden kann. Und zugleich ermöglicht diese Technik – auch wenn darüber gestritten werden kann, ob dies nun wirklich einen Vorteil darstellt, da es durchaus anstrengend sein soll – die Spannung der Katapultsehne per Hand.

Es bleibt ein Plopp

Die Tunnelsimulationsanlage Göttingens ist sicherlich kein Bauwerk von Weltruhm oder eine Entdeckung von Weltrang. Ob von dieser knallorangefarbenen Versuchsanlage jemals eine »wissenschaftliche Revolution«[20] ausgehen wird, muss zunächst offen bleiben. Aber auch der Wissenschaftsphilosoph Thomas S. Kuhn hat darauf hingewiesen, dass Wissenschaft gar nicht so sehr auf Entdeckung aus sei, sondern auf die Bestätigung des Erwarteten: »Die normale Wissenschaft strebt nicht nach neuen Tatsachen und Theorien und findet auch keine, wenn sie erfolgreich ist.«[21] So gehe die Entscheidung, »einen bestimmten Apparat in einer bestimmten Art und Weise zu verwenden, [...] mit der Überzeugung einher, daß nur gewisse Umstände eintreten werden.«[22] Und dieser Fall zeigt, wie viel Kreativität in die produktive Problemlösung investiert wurde, damit der Apparat überhaupt seine Arbeit aufnehmen konnte, damit die gewissen Umstände überhaupt eintreten können. Die Entstehungsgeschichte der Anlage ist ein Paradebeispiel dafür, wie die zumeist abschätzig und sarkastisch gemeinte Phrase »Wenn das die Lösung ist, dann will ich mein Problem zurück«[23] ins Positive gewendet werden kann. Die Tunnelsimulationsanlage ist nun die – wenn auch in vielen Punkten unkonventionelle, am Ende aber doch sehr innovative – Lösung, die den Wissenschaftlerinnen und Wissenschaftlern in der Bunsenstraße ihr eigentliches Problem zur Bearbeitung zurückgibt, die Verminderung des Tunnelknalleffektes und die Untersuchung von Seitenwindströmungen. Die Beantwortung all der eingangs beschriebenen Fragen, von den Schienen über das Bällebad bis hin zum Katapult, hat es erst ermöglicht, dass das Problem, die bestimmten Umstände, überhaupt bearbeitet werden kann. Nun hat diese Erwartung im Falle der Tunnelsimulationsanlage auch die Form einer Wunschäußerung, nämlich jene, dass »der extreme Knall zu einem leisen Plopp«[24] werde.

Unbedingt weltverändernd ist das verglichen mit den Entdeckungen und Erfindungen, die Zugfahrten überhaupt ermöglicht haben, nicht. Zahllose Reisende werden die Erkenntnisse vermutlich dennoch zu schätzen wissen. Auch und gerade bei der nächsten Zugfahrt. Schließlich gibt es in der Umgebung von Göttingen so manchen Eisenbahntunnel.

Anmerkungen

1 Heidi Niemann, Römische Katapulttechnik für Zug der Zukunft, in: Goettinger-Tageblatt.de, 01.10.2010, online einsehbar unter http://www.goettinger-tageblatt.de/Campus/Goettingen/Roemische-Katapulttechnik-fuer-Zug-der-Zukunft [eingesehen am 04.03.2019].
2 Vgl. Heidi Niemann, Pfeilschnell durch den Tunnel, in: HAZ.de, 09.10.2010, online einsehbar unter http://www.haz.de/Nachrichten/Wissen/Uebersicht/Pfeilschnell-durch-den-Tunnel [eingesehen am 06.12.2018].
3 Vgl. o. V., Forschen für den Zug der Zukunft, in: DLR.de, 09.10.2013, online einsehbar unter https://www.dlr.de/dlr/desktopdefault.aspx/tabid-10467/740_read-916/#/gallery/2043 [eingesehen am 18.03.2019].
4 Vgl. o. V., Sicher durch den Tunnel: DLR nimmt weltweit einzigartiges Katapult für Hochgeschwindigkeitszüge in Betrieb, in: DLR.de, 08.10.2010, online einsehbar unter https://www.dlr.de/desktopdefault.aspx/tabid-6226/10238_read-26953/ [eingesehen am 29.03.2019].
5 Vgl. o. V., Was passiert im Tunnel?, in: DLR_next, o. D., online einsehbar unter https://www.dlr.de/next/desktopdefault.aspx/tabid-6653/10914_read-24810/ [eingesehen am 19.03.2019].
6 Vgl. Gunther Brux, Tunnelknall: Entstehung und Gegenmaßnahmen, in: Bautechnik, Jg. 88 (2011), H. 10, S. 731 f.
7 Elisabeth Mittelbach, Statt lautem Knall ein leises »Plopp«, in: DLR magazin, H. 133/2012, S. 12–15, hier S. 14.
8 Ein großer Dank gilt hierbei Dr. Daniela Heine vom Institut für Aerodynamik und Strömungstechnik und Dr. Jessika Wichner vom Zentralen Archiv des DLR Göttingen für die Möglichkeit, die Anlage zu

besichtigen und mehr über ihre Funktionsweise zu erfahren und für die Geduld, einem Sozialwissenschaftler die Grundlagen aerodynamischer Forschung zu erläutern.

9 Mittlerweile werden viele Modelle mittels 3-D-Druckverfahren hergestellt, wodurch sich die Produktionskosten für die einzelnen Modelle deutlich verringert haben.
10 Rolf-Jürgen Gleitsmann-Topp/Rolf-Ulrich Kunze/Günther Oetzel, Technikgeschichte, Konstanz 2009, S. 22.
11 Jerome B. Wiesner, Technology and Innovation, in: Dean Morse/Aaron W. Warner (Hg.), Technological Innovation and Society, New York 1966, S. 11–26, hier S. 11.
12 Vgl. Matthias Gründer, Schleuderstarts, in: Klassiker der Luftfahrt, H. 4/2012, S. 50–55; o. V., Peenemünde: Fluch und Segen der Technik, in: NDR.de, 02.10.2017, online einsehbar unter https://www.ndr.de/ratgeber/reise/vorpommern/Peenemuende-Fluch-und-Segen-der-Technik,peenemuende104.html [eingesehen am 13.03.2019]; Dirk Hempel, 1944: V1-Bomben explodieren in London, in: NDR.de, 12.06.2014, online einsehbar unter https://www.ndr.de/kultur/geschichte/chronologie/veinsbombe100_page-1.html [eingesehen am 13.03.2019].
13 Vgl. o. V., Schneller starten mit dem Magnetkatapult, in: Spiegel Online, 02.07.2015, online einsehbar unter http://www.spiegel.de/wissenschaft/technik/magnetkatapult-fuer-flugzeugtraeger-schneller-starten-a-1041716.html [eingesehen am 13.03.2019].
14 Sowohl der Ort der Schlacht als auch die geschätzte Datierung sind für die Geschichte der römischen Präsenz im Norden des heutigen Deutschlands aus historischer Perspektive sehr interessant.
15 Für eine schematische Darstellung vgl. J. N. Whitehorn, The Catapult and the Ballista, in: Greece & Rome, Jg. 15 (1946), H. 44, S. 49–60, hier S. 54 ff.
16 Vgl. Barton C. Hacker, Greek Catapults and Catapult Technology: Science, Technology, and War in the Ancient World, in: Technology and Culture, Jg. 9 (1968), H. 1, S. 34–50, hier S. 43–46.
17 Vgl. Christoph Schäfer, Projektstudie: Rekonstruktion und Test römischer Feldgeschütze 2011–2014, in: Universität Trier, o. D., online einsehbar unter https://www.uni-trier.de/fileadmin/fb3/prof/GES/AG1/Pressespiegel_Gesch%C3%BCtz.pdf [eingesehen am 19.03.2019].
18 Vgl. Angelika Franz, Römische Killermaschine im Wettertest, in: Spiegel Online, 01.01.2014, online einsehbar unter http://www.spiegel.de/wissenschaft/technik/torsionsgeschuetze-roemische-horrorwaffen-im-wettertest-ausgegraben-a-941289.html [eingesehen am 06.12.2018]; Hacker, S. 35 f.
19 Petra Wundenberg, Archäologischer Jahrhundertfund. Römisches Schlachtfeld am Harzrand entdeckt, in: idw – Informationsdienst Wissenschaft. Nachrichten, Termine, Experten, 15.12.2008, online einsehbar unter https://idw-online.de/de/news293934 [eingesehen am 18.03.2019].

20 So der Titel des Standardwerks zum Thema des Paradigmenwechsels in Wissenschaften, vgl. Thomas S. Kuhn, Die Struktur wissenschaftlicher Revolutionen, Frankfurt am Main 2012.
21 Ebd., S. 65.
22 Ebd., S. 72.
23 O. V., Büroleben: Elf Sätze für das Phrasenschwein, in: Spiegel Online, 16.04.2012, online einsehbar unter http://www.spiegel.de/fotostrecke/elf-saetze-fuer-das-phrasenschwein-fotostrecke-80469-6.html [eingesehen am 19.03.2019].
24 Mittelbach, S. 15.

Echtzeit-Filme vom schlagenden Herzen
Die revolutionäre Weiterentwicklung
der Magnetresonanztomografie (MRT)

von Teresa Nentwig

Bei einem gemeinsamen Gang durch die Labore seines Instituts ist die Faszination von Jens Frahm für sein Forschungsthema in jeder Sekunde zu spüren. Voller Enthusiasmus erzählt er von neuen Projekten; in einem Raum nimmt er ein Horn in die Hand und berichtet von Musikern, die sich mit einem MRT-kompatiblen Instrument in eine MRT-Röhre legen und anschließend auf Echtzeit-MRT-Filmen des Mund- und Rachenraumes erstmals sehen, wie sie Töne hervorbringen.

Bei der Magnetresonanztomografie (MRT, auch Kernspintomografie) handelt es sich um ein bildgebendes Verfahren, das in der medizinischen Diagnostik eingesetzt wird, um die Funktion und Struktur von Geweben und Organen im menschlichen Körper darzustellen. Sie beruht auf einem starken Magnetfeld, dem der Körper in einem MRT-Gerät ausgesetzt ist. Durch zusätzlich erzeugte elektromagnetische Wechselfelder im Radiofrequenzbereich werden die Wasserstoffatomkerne (Protonen) im Gewebe angeregt; die Radiofrequenzsignale (d. h. Rundfunkwellen), die die Protonen im Anschluss zurücksenden, werden durch eine kurzzeitige räumliche Variation des Magnetfeldes in ihrer Frequenz räumlich kodiert, aufgezeichnet und zu Bildern verrechnet. Im Gegensatz zum Röntgen ist die MRT daher frei von belastender Strahlung und ungefährlich.[1]

Der Weg zu den einleitend beschriebenen neuen Möglichkeiten der MRT war jedoch nicht immer einfach, mehr noch: Frahm und seine Kollegen wären bereits beinahe am Anfang ihrer Forschungsaktivitäten gescheitert. Doch fangen wir noch einen Schritt vorher an: Am Max-Planck-Institut für biophysikalische Chemie (MPIBPC) in Göttingen, wo der heute 68-jährige Jens Frahm in den 1970er Jahren seine Diplomarbeit und seine Doktorarbeit verfasste, kam er bereits in jener Zeit mit der NMR (Nuklearmagnetische Resonanz) in Berührung, welche die Grundlage für die MRT bildet. Professor Hans Strehlow bat ihn nach der Promotion eine Stelle als wissenschaftlicher Assistent an – eine Chance, die Frahm sehr gern ergriff, denn Strehlow gab ihm die Möglichkeit, »eigenständige Ideen zu entwickeln«[2]. »Meine Vorstellung war es, die möglichen biologischen Anwendungen der NMR auszuprobieren«, erinnert sich Frahm.[3] Zu diesem Thema gab es am erst 1971 gegründeten MPIBPC noch keine eigenen Arbeiten. Aber Frahm hatte den Eindruck, es passe »perfekt«[4] in ein Institut, das biologische Fragestellungen mit naturwissenschaftlichen Methoden bearbeiten wollte. Damit sollte er recht behalten, denn das MPIBPC ist noch immer – und ohne Unterbrechung – seine Heimat als Forscher.

Nach ersten theoretischen Vorarbeiten stellten Frahm und seine Kollegen zu Beginn der 1980er Jahre den ersten Antrag in Deutschland auf Beschaffung eines NMR-Tomografen für Kleintiere. Ihr Ziel war es weniger, die Verfahren zu beschleunigen – »das war scheinbar ein unerreichbares Ziel«[5]. Vielmehr ging es dem Wissenschaftlerteam darum, die Möglichkeiten zur Untersuchung von Geweben und Organen (z. B. unterschiedliche Kontraste) zu verbessern. Doch die Deutsche Forschungsgemeinschaft (DFG), bei der der Antrag gemeinsam mit Klinikern aus der Göttinger Universitätsmedizin eingereicht wurde, reagierte »völlig konsterniert«[6]: Man verstand nicht, warum die Forscher vom MPIBPC ein medizinisch-radiologisches Thema bearbeiten wollten, und entschied, den Antrag zurückzustellen und zunächst alle radiologischen Abteilungen an den deutschen Universitätskliniken zu fragen, ob sie nicht an NMR-Tomografie interessiert seien und diese klinisch erproben wollten. Daraufhin stellten nach einem Dreivierteljahr fast alle Universitätsradiologen einen entsprechenden Antrag. Zwei damals in Deutschland führende Professoren erhielten schließlich den Zuschlag; das Göttinger MPI ging leer aus. »Das wäre fast das Ende von allem gewesen«, erinnert sich Jens Frahm, der 1982 die Leitung einer selbstständigen Forschergruppe am MPIBPC übernahm.[7]

Doch er und seine Kollegen hatten »sehr viel Glück«[8]: Im Bundesministerium für Forschung und Technologie (BMFT) gab es damals einen Mitarbeiter, der in seiner Diplomarbeit über NMR gearbeitet hatte und deshalb »[genau] wusste, wer etwas von der Sache verstand und wer nicht«[9]. Im Großgeräteausschuss der DFG, in dem der BMFT-Beamte damals saß, hatte er von dem Antrag aus Südniedersachsen erfahren. Eine Woche nach Bekanntgabe der DFG-Entscheidung rief er in Göttingen an, ungefähr mit den Worten: »›Stellt den Antrag bei mir und ihr kriegt in ein paar Wochen das Geld vom BMFT.‹ Und so hat es funktioniert.«[10] Frahm ist überzeugt, dass heute niemand mehr diesen »persönlichen Mut«[11] hätte: »Die Forschungsförderung ist mittlerweile so sehr diszipliniert worden, dass die Förderinstitutionen fast schon diejenigen Ergebnisse im Antrag haben wollen, die man eigentlich erst erforschen möchte, um glaubwürdig nachzuweisen, dass man dazu in der Lage ist.«[12]

Dass der BMFT-Mitarbeiter damals das richtige Gespür besessen hatte, zeigte sich schon bald: »Wir haben relativ schnell, weil die MRT ein neues Forschungsgebiet war, viele unerwartete Dinge erkannt, entdeckt und patentiert«, so Frahm, der bis heute an der Schnittstelle von Physik und Medizin forscht.[13] Unter anderem gelang den Göttingern mit dem NMR-Tomografen auch das, was »niemand für möglich gehalten hatte«[14]: die Geschwindigkeit der MRT-Bildmessung um mindestens den Faktor 100 zu beschleunigen (FLASH I). Hier half ein gewisses Gegen-den-Strich-Handeln, ein Falschmachen: Zum einen regten Jens Frahm und seine Kollegen nur ein kleines Radiofrequenzsignal an – entgegen der vorherrschenden Lehrmeinung, man müsse immer ein maximales Signal nehmen, um ein gutes Bild zu bekommen. Zum anderen benutzte das Göttinger Forscherteam einen Signaltypus, der allgemein als schlecht angesehen wurde: Anstatt ein Signal zu verwenden, das durch zwei Radioimpulse erzeugt wird, nutzten Frahm und seine Kollegen eine Technik, die aus nur einem Radioimpuls bestand. Man verstieß also zweimal gegen den Stand der Technik, konnte dadurch aber sämtliche Wartezeiten[15] (z. B. 1 bis 2 Sekunden) vermeiden, die damals noch zwischen den vielen (z. B. 256) Einzelmessungen für ein Bild eingehalten werden mussten. Damit waren die Göttinger allen voraus, etwa den Industriephysikern bei den medizintechnischen Herstellern, die nicht auf diese Ideen gekommen waren.

Diese Erfindung, die zunächst 1985 in Deutschland als Patent angemeldet wurde, sorgte für den Durchbruch bei der breiten Anwendung der MRT in der medizinischen Diagnostik, da sie die Messzeit eines Schnittbildes von Minuten auf Sekunden verkürzte und erstmals hochaufgelöste, dreidimensionale MRT-Aufnahmen in wenigen Minuten statt mehreren Stunden ermöglichte (siehe Abbildung nächste Seite). Nach einem Jahr konnten die medizintechnischen Hersteller keine MRT-Röhre mehr verkaufen, die nicht das in Göttingen entwickelte Verfahren enthielt. Alle bestehenden Geräte wurden auf die neue Messtechnik umgerüstet. Heute wird die FLASH-MRT weltweit bei rund 100 Millionen Untersuchungen im Jahr eingesetzt.

Doch Unannehmlichkeiten für die Forscher blieben nicht aus: Obwohl das Verfahren aufgrund seines großen medizinischen Nutzens integraler Bestandteil von MRT-Geräten sein musste, wollten die Hersteller, darunter die Siemens AG, keine Lizenzgebühren dafür zahlen. Im Gegenteil: Es wurden die Patente angegriffen, die Frahm und seine Kollegen zum Schutz ihrer Erfindung in all den Ländern angemeldet hatten, in denen MRT-Geräte hergestellt bzw. verkauft wurden. Vor allem in Europa, Japan und den USA versuchten die Hersteller vielfach gemeinsam, die Patentsicherung anzufechten. Dagegen verteidigte sich das Göttinger Forscherteam erfolgreich und verklagte nun seinerseits die Unternehmen auf Verletzung, »denn wir hatten ja ein gültiges Patent, das missbräuchlich, also kostenlos, benutzt wurde. Allerdings führten unsere juristischen Prozesse wiederum zu Gegenklagen, sodass wir uns in der kritischen Zeit um sehr viele Verfahren gleichzeitig kümmern mussten«, erinnert sich Jens Frahm, dessen Regalwand mit Ordnern gefüllt ist, die all die Dokumente enthalten, die während der damaligen Auseinandersetzungen entstanden sind.[16] Eines habe er aus dieser Zeit gelernt: Es reiche nicht aus, ein Patent anzumelden und Streitigkeiten Anwälten zu überlassen. Man müsse es vielmehr selbst durchfechten. »Die Anwälte sind zwar, was die formalen juristischen Dinge angeht, geübt und wissen, wie

Echtzeit-Filme vom schlagenden Herzen 253

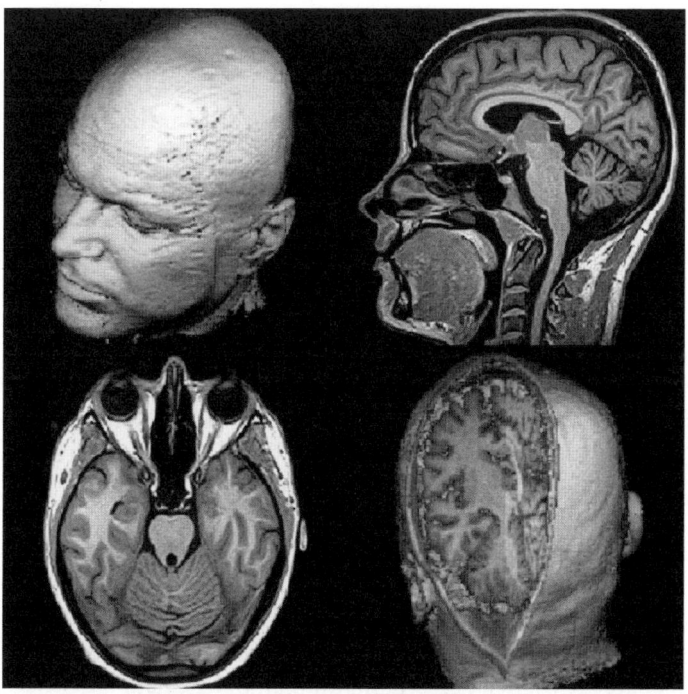

Dreidimensionale MRT-Aufnahme des Kopfes mit der FLASH I-Technik. Die räumliche Auflösung von 1 Millimeter in allen drei Richtungen erlaubt unterschiedliche Darstellungsformen (Oberflächen, Schnittbilder) und beliebige Orientierungen.

man das macht. Aber die inhaltlichen Argumente müssen alle von den Wissenschaftlern, die beteiligt sind, kommen. Und das haben wir wohl richtig gemacht.«[17] Mit großem Erfolg, denn bis heute ist das Patent von 1985 das einträglichste in der Geschichte der Max-Planck-Gesellschaft (MPG), zu der das MPIBPC gehört: 155 Millionen Euro an Lizenzgebühren kamen ihr bis zum Ende des Patentschutzes nach zwanzig Jahren von den Herstellern zu.[18]

Mit Teilen dieses Geldes finanziert Jens Frahm seine Forschung, deren grundlegende Entwicklungen sich seit der Patentanmeldung Mitte der 1980er Jahre stets auch am wissenschaftlichen und medizinischen Nutzen orientieren. So war er 1992 mit seiner Arbeitsgruppe »ganz maßgeblich«[19] an der Entwicklung der funktionellen MRT des Gehirns beteiligt. Sie ermöglicht es, dem Gehirn beim Denken zuzuschauen und auf diese Weise höhere kognitive Prozesse, wie Lernen und Bewusstsein, zu erforschen. Daneben haben Frahm und seine Mitarbeiter/-innen z. B. die diffusionsgewichtete MRT für die Anwendung verbessert. Sie spielt heute eine zentrale Rolle bei der Schlaganfall- und Tumordiagnostik sowie bei der Rekonstruktion von Nervenfaserbahnen im Gehirn. Doch »irgendwann«, so erzählt Jens Frahm im Gespräch, »haben uns die Kollegen auch in der Max-Planck-Gesellschaft immer wieder genervt mit der Frage, ob wir es nicht noch einmal machen könnten, also die MRT noch weiter zu beschleunigen.«[20]

Und das gelang tatsächlich: Ende der 2000er Jahre stellte die Arbeitsgruppe um Frahm die vorhandenen Messtechniken noch einmal auf den Prüfstand. Dabei stellte sich heraus, dass das zu Beginn der 1980er Jahre angewandte Datenaufnahmeverfahren noch immer die besten Ergebnisse bei der Wartezeit zwischen den Teilmessungen lieferte. Dann konnte auch das zweite Messproblem mithilfe eines »trivialen Tricks«[21] gelöst werden: Statt bis zu 256 Einzelmessungen, die zu einem Bild zusammengefügt werden müssen, nahm man nur 15, neun oder fünf Einzelmessungen mit unterschiedlicher Ortskodierung auf – natürlich in entsprechend kürzerer Messzeit. »Es ist manchmal wie ein Wunder, dass dabei ein anständiges Bild herauskommt«, kommentiert Frahm diese Weiterentwicklung der MRT, bei der er vor allem von der Unterstützung durch »clevere Physiker und Informatiker« profitierte.[22] Denn aufwändige Rekonstruktionsalgorithmen der numerischen Mathematik berechnen nun die Bilder einer Serie durch mehrfache Schätzungen und Anpassungen an die wenigen Daten. Dabei wird als ein entscheidender Faktor die Tatsache genutzt, dass sich zwei unmittelbar aufeinanderfolgende Bilder sehr ähnlich sind und – vereinfacht gesprochen – eigentlich nur die kleinen Unterschiede berücksichtigt werden müssen. Am Ende ergibt sich dann nicht mehr ein einzelnes MRT-Bild, sondern ein MRT-Video mit 25 bis 100 Bildern pro Sekunde.

Das Ergebnis – FLASH II – bietet viele neuartige Möglichkeiten im Vergleich zu den bisherigen MRT-Verfahren, da nun

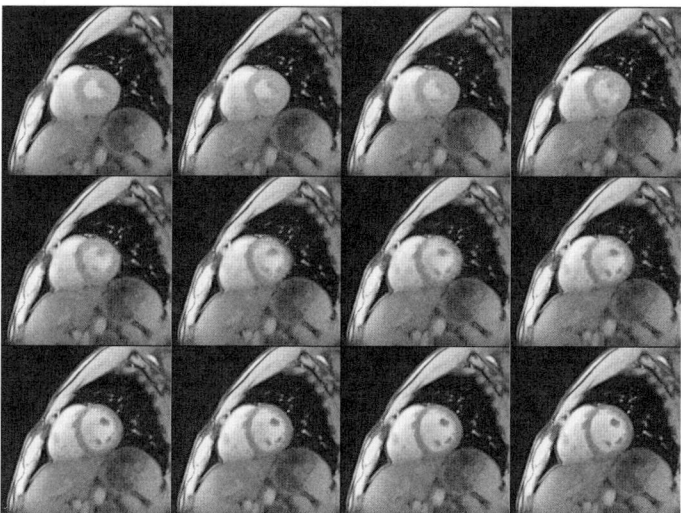

Dynamische Darstellung der Herzbewegung in Echtzeit mit der FLASH II-Technik. Die zwölf aufeinanderfolgenden Bilder (Kurzachsenblick) mit einer Messzeit von jeweils 33,3 Millisekunden umfassen 400 Millisekunden eines einzigen Herzschlages von der systolischen Kontraktion und Wandverdickung des Herzmuskels (oben links) bis zur diastolischen Entspannung (unten rechts).

erstmalig beliebige Bewegungen, Körperfunktionen oder physiologische Vorgänge filmisch abgebildet werden können – in Echtzeit. Darüber hinaus wird die Untersuchung für den Patienten angenehmer. Beispielsweise entfällt bei der Echtzeit-MRT des Herzens und der großen Gefäße das bislang erforderliche Anhalten des Atems. Die medizinisch-diagnostischen Möglichkeiten lassen sich zudem noch einmal verbessern. So können Ärzte die einzelnen Herzschläge »live« anschauen und auf diese Weise Herzrhythmusstörungen besser erfassen (siehe Abbildung oben). Außerdem dürften sich bei richtiger Anwendung die Untersuchungszeiten verkürzen, sodass das neue Verfahren auch ökonomisch wertvoller ist.

Gegenwärtig befindet sich die Echtzeit-MRT in der klinischen Erprobung. Den Forschern kam hierbei eine wichtige Rolle zu: Da sich die medizintechnischen Unternehmen dieses Mal zurückhaltend zeigten, mussten sie die Vermarktung weitgehend selbst in die Hand nehmen. Mittlerweile stehen MRT-Geräte mit der neuen Technologie nicht nur in der Universitätsmedizin Göttingen, sondern auch in Universitätskliniken in Baltimore, Düsseldorf, Frankfurt am Main und Oxford, wo Ärzte den Einsatz an Patienten testen. Inzwischen hat aber die Industrie Sorge, den Anschluss zu verpassen, sodass in jüngster Zeit einige Firmen auf die MPG zugegangen sind. Diese wird nach den Erfahrungen mit FLASH I von den Medizintechnik-Unternehmen mittlerweile als »ernsthafter Partner«[23] angesehen, nachdem zuvor lange die Meinung vorherrschte, dass die Ergebnisse öffentlich geförderter Forschung für die Industrie umsonst sein sollten.

Jens Frahm, der aufgrund der langwierigen Patentauseinandersetzungen erst 1994 Zeit zur Habilitation fand,[24] wird den Prozess des Technologietransfers auch die nächsten Jahre forcieren, denn die MPG hat seine Forschergruppe nach einer ersten dreijährigen Phase, die auch vom Land Niedersachsen unterstützt wurde, um weitere zwei Jahre verlängert. Damit ist es ihm möglich, sich über die reguläre Altersgrenze hinaus – sie liegt für Professoren/-innen in Niedersachsen inzwischen bei 68 Jahren – seinem Forschungsgebiet zu widmen und die klinische Translation der Echtzeit-MRT weiter zu befördern.

Welche Schlüsse lassen sich aus dem Vorhergesagten ziehen? Zunächst einmal fällt auf, dass Jens Frahm ununterbrochen in Göttingen gewirkt hat: An sein Physikstudium, das er hier 1969 begann, schloss sich eine Karriere an einem einzigen Standort, dem MPIBPC, an. Diese Konstanz, die für herausragende Wissenschaftler/-innen recht ungewöhnlich ist, zeugt von den exzellenten, ja konkurrenzlosen Bedingungen, die Frahm hier vorfand bzw. die er sich durch die Lizenzeinnahmen selbst schuf. Neben der sehr guten Grundfinanzierung, die u. a. einen »Stamm an kompetenten Mitarbeitern«[25] ermögliche, spreche für die MPG vor allem die Nachhaltigkeit, die bei drittmittelfinanzierten Projekten nicht gewährleistet sei: »Die MPG kann Kontinuität in der Forschung garantieren. Nicht alles lässt sich in Zwei- oder Drei-Jahres-Projekte zwängen. Ganz und gar nicht. Kritische Ansätze kann man nur verfolgen, wenn man weiß, dass man fünf oder zehn Jahre dafür Zeit hat. Und selbst wenn das ursprüngliche Ziel vielleicht nicht erreicht wurde, dann sind sicher andere Ideen entstanden. Ein ureigenes Element von Forschung ist die Fehlerhaftigkeit oder das Versagen.«[26] Eng damit verknüpft, steht die MPG auch für Forschungsfreiheit, der Frahm eine große Bedeutung zuschreibt: »Es ist entscheidend, dass man die Freiheit hat, das eigene Forschungsgebiet zu wählen oder auch die Richtung zu wechseln, wenn man sieht, da ist etwas anderes auf dem Tablett, was man unbedingt verfolgen müsste.«[27]

All diese Erfolgsfaktoren fehlen vielen Nachwuchswissenschaftlern/-innen an deutschen Universitäten. Sie müssen sich von einem befristeten Vertrag zum nächsten hangeln. Das sogenannte Wissenschaftszeitvertragsgesetz sieht zudem lediglich eine befristete Beschäftigungsdauer von insgesamt sechs Jahren vor der Promotion und noch einmal sechs Jahren danach vor. Da es jedoch kaum unbefristete Stellen für wissenschaftliche Mitarbeiter/-innen gibt, sehen sich diejenigen, die nach den zwölf Jahren befristeter Beschäftigung keinen Ruf auf eine Professur erhalten haben – und das sind die allermeisten –, gezwungen, sich außerhalb des universitären Forschungsbetriebs Arbeit zu suchen. Zuvor hatten sie unter starkem Publikationsdruck gestanden – in Bewerbungsverfahren auf Professuren zählt die Anzahl der begutachteten Artikel in angesehenen Fachzeitschriften. Außerdem hatten sich die wissenschaftlichen Mitarbeiter/-innen um internationale Erfahrungen und die Einwerbung von Drittmitteln bemühen müssen; Letzteres in der Regel für Forschungsvorhaben, die sich thematisch im Mainstream bewegen. Denn die Gutachter/-innen, die in den Gremien der Förderorganisationen (wie der DFG) sitzen, vertreten oft herrschende Lehrmeinungen.

Querdenken, welches die Grundlage für Frahms Erfindungen bildete, Ausprobieren, Kreativität, kurzum: mutige Wissenschaft hat unter diesen Bedingungen wenig Platz. Jens Frahm, der 1997 außerplanmäßiger Professor an der Universität Göttingen wurde,[28] steht den prekären Beschäftigungsverhältnissen denn auch kritisch gegenüber: »Das ist so kurzsichtig, das geht an der Qualität von wirklicher Forschung vorbei und unterstützt auf gar keinen Fall Kreativität. Zur Kreativität gehört eben auch ein Umfeld, in dem man neue Ideen ohne große Sorge, dass man seinen Job verliert [...], ausprobieren kann. Und das ist das einfache Geheimnis, das offene Geheimnis der Max-Planck-Gesellschaft. Man wirbt auch bei den Nachwuchsgruppen mit einem Grundvertrauen über mindestens sieben Jahre. Da lohnt es sich schon mal anzufangen. Natürlich wird die Forschung begutachtet, aber durchaus in einem Sinne, der in der Regel eher Hilfestellung als Drohung ist, die Mittel zu beschneiden.«[29]

Ausgestattet mit diesem »Grundvertrauen«, ist es Jens Frahm gelungen, wegweisende Erfindungen zu machen. Vielfach wurde er dafür ausgezeichnet, etwa 1989 mit dem European MRI Award der Deutschen Röntgengesellschaft und 1995 mit dem Niedersachsenpreis (dem heutigen Niedersächsischen Staatspreis) des Landes Niedersachsen, zuletzt dann 2018 mit dem Europäischen Erfinderpreis des Europäischen Patentamtes.[30] Und der Nobelpreis? Das MPIBPC hat bereits vier Nobelpreisträger hervorgebracht: Manfred Eigen (Nobelpreis für Chemie 1967), Erwin Neher und Bert Sakmann (Nobelpreis für Medizin 1991) und Stefan Hell (Nobelpreis für Chemie 2014). Es fehlt also nur noch der Nobelpreis für Physik. Gibt man den Namen Jens Frahm bei Google ein, ergänzt die Suchmaschine automatisch den Suchvorschlag »Jens Frahm Nobelpreis«. Frahm selbst ist weniger optimistisch: Auf den Nobelpreis angesprochen, erwidert er, dass dieser in der Regel nur einmal für eine Erfindung vergeben werde – 2003 hatten der Amerikaner Paul Lauterbur und der Engländer Sir Peter Mansfield den Nobelpreis für ihre Arbeiten zur MRT-Bildgebung aus den 1970er Jahren erhalten. Frahm hat die MRT jedoch noch einmal revolutioniert und wurde dafür 2016 in die »Hall of Fame der deutschen Forschung« aufgenommen. 1992 vom *Manager Magazin* initiiert, zählt sie zwanzig Mitglieder – darunter zehn Nobelpreisträger.[31]

Anmerkungen

1 Vgl. Jens Frahm, Die Beschleunigung der Magnetresonanz-Tomographie durch FLASH I und II – zwei Erfahrungen, in: Manfred Popp (Hg.), Wie kommt das Neue in Technik und Medizin? Ergebnisse eines Symposiums der Karl Heinz Beckurts-Stiftung und des Karlsruher Instituts für Technologie, Garching 2014, S. 195–201, hier S. 195; Jens Frahm, Der schöne Schein der Magnetresonanz-Tomografie des Gehirns. Bilder des Unsichtbaren als Modelle der Wirklichkeit, in: Norbert Elsner (Hg.), Bilderwelten. Vom farbigen Abglanz der Natur, Göttingen 2007, S, 191–208, hier S. 191. Dazu und zum Folgenden vgl. u. a. auch Jens Frahm et al., Magnetresonanz-Tomografie in Echtzeit, in: Eva-Maria Neher (Hg.), Aus den Elfenbeintürmen der Wissenschaft 5. XLAB Science Festival, Göttingen 2011, S. 98–110; ders./Martin Uecker, Echtzeit-MRT: die Zweite, in: Jahrbuch der Akademie der Wissenschaften zu Göttingen 2010, Berlin/Boston 2011, S. 263–270; Jens Frahm/Shuo Zhang, Magnetresonanz-Tomografie in Echtzeit, in: Jahrbuch der Akademie der Wissenschaften zu Göttingen 2009, Berlin/New York 2010, S. 367–376; Jens Frahm, Vom Kernmoment zum Gedankenblitz – Magnetresonanz-Tomografie des Gehirns, in: Jahrbuch der Akademie der Wissenschaften zu Göttingen 2005, Göttingen 2006, S. 288–293; ders., Blicke ins Gehirn – Bilder vom Denken. Magnetresonanz-Tomografie des menschlichen Gehirns, in: Georgia Augusta. Wissenschaftsmagazin der Georg-August-Universität Göttingen, Jg. 2 (2003), H. 1, S. 29–36; ders., Zur materiellen Organisation menschlichen Denkens: Magnetresonanz-Tomografie des Gehirns, in: Norbert Elsner/Gerd Lüer (Hg.), Das Gehirn und sein Geist, Göttingen 2000, S. 53–70; o. V. (Kürzel: CR/BA), Echtzeit-Filme aus dem Körper. Jens Frahm ist für den Europäischen Erfinderpreis 2018 nominiert, in: Newsroom der Max-Planck-Gesellschaft, 24.04.2018, online einsehbar unter https://www.mpg.de/12013900/echtzeit-filme-aus-dem-koerper [eingesehen am 22.12.2018].
2 Gespräch mit Prof. Dr. Jens Frahm am 21.11.2018 in Göttingen.
3 Ebd.
4 Ebd.
5 Ebd.
6 Ebd.
7 Ebd.
8 Ebd.
9 Ebd.
10 Ebd.
11 Ebd.
12 Ebd.
13 Ebd.

14 Ebd.
15 Wartezeit zwischen den Teilmessungen ist notwendig, »damit sich das verbrauchte MRT-Signal erholen kann« (Jens Frahm, Echtzeit-MRT – ein Fortschrittsbericht, in: MPIbpc News, Jg. 22 [2016], H. 8, S. 4–9, hier S. 4).
16 Gespräch mit Prof. Dr. Jens Frahm am 21.11.2018 in Göttingen.
17 Ebd. Zu den Patentstreitigkeiten vgl. auch o. V., Gerangel um Patente, in: Wirtschaftswoche, 07.03.1986.
18 Vgl. Frahm, Beschleunigung, S. 197; o. V. (Kürzel: CR/BA), Europäischer Erfinderpreis 2018 für schnelle MRT in der medizinischen Diagnostik. Jens Frahm gewinnt in der Kategorie Forschung, in: Newsroom der Max-Planck-Gesellschaft, 07.06.2018, online einsehbar unter https://www.mpg.de/12061992/europaeischer-erfinderpreis-2018 [eingesehen am 22.12.2018].
19 Gespräch mit Prof. Dr. Jens Frahm am 21.11.2018 in Göttingen.
20 Ebd.
21 Ebd.
22 Ebd.
23 Gespräch mit Prof. Dr. Jens Frahm am 21.11.2018 in Göttingen.
24 Vgl. Michael O. R. Kröher, Der in die Röhre guckt, in: Manager Magazin, 16.12.2016.
25 Gespräch mit Prof. Dr. Jens Frahm am 21.11.2018 in Göttingen.
26 Ebd.
27 Ebd.
28 Vgl. o. V. (Kürzel: CR/BA), Europäischer Erfinderpreis.
29 Gespräch mit Prof. Dr. Jens Frahm am 21.11.2018 in Göttingen.
30 Vgl. Heidi Niemann, »Herr der MRT-Bilder« ausgezeichnet, in: Ärzte Zeitung, 22.06.2018; Land Niedersachsen – Die Niedersächsische Staatskanzlei –, Der Niedersächsische Staatspreis, online einsehbar unter https://www.niedersachsen.de/land_leute/menschen/sehr_geehrte_niedersachsen/der-niedersaechsische-staatspreis-20065.html [eingesehen am 29.12.2018]; o. V. (Kürzel: CR/BA), Echtzeit-Filme aus dem Körper.
31 Vgl. o. V., Jens Frahm in die Hall of Fame der deutschen Forschung aufgenommen, Pressemitteilung des MPIBPC vom 17.11.2016, online einsehbar unter https://www.mpibpc.mpg.de/15523259/pr_1635 [eingesehen am 22.12.2018].

Abkürzungen

Abb.	Abbildung, Abbildungen
Anm.	Anmerkung
Anm. d. V.	Anmerkung der Verfasserin, des Verfassers, der Verfasser
AStA	Allgemeiner Studentenausschuss
Aufl.	Auflage
AVA	Aerodynamische Versuchsanstalt
Bd.	Band
Bl.	Blatt
ca.	circa
ders.	derselbe
dies.	dieselbe, dieselben
DLR	Deutsches Zentrum für Luft- und Raumfahrt (DLR)
ebd.	ebenda
f.	folgende [Seite]
ff.	folgende [Seiten]
F.	Folge
H.	Heft
hg.	herausgegeben
Hg.	Herausgeberin, Herausgeber
Jg.	Jahrgang
o. D.	ohne Datum
o. V.	ohne Verfasser
vgl.	vergleiche
zit.	zitiert

Bildnachweis

Seite 33: Heinrich Schwenterley – Sammlung Voit, gemeinfrei, online einsehbar unter https://commons.wikimedia.org/w/index.php?curid=10751944 [eingesehen am 27.04.2019]
Seite 41 und Seite 42: Stadtarchiv Göttingen
Seite 43: Wolfgang Promies (Hg.), Georg Christoph Lichtenberg: Schriften und Briefe, Bd. IV, Briefe, München 1994, S. 726
Seite 49: Christoph Meiners, in: Friedrich Nicolai, Allgemeine Deutsche Bibliothek, Bd. 81, Erstes Stück, Berlin 1788, Frontispiz
Seite 68: Autor unbekannt, gemeinfrei, online einsehbar unter https://commons.wikimedia.org/wiki/File:Karl_Christian_Friedrich_Krause_1781-1832.jpg [eingesehen am 30.04.2019]
Seite 71: Siegfried Pflegerl, Lexikon der Begriffe der Wesenlehre Karl Christian Friedrich Krauses, Hamburg 2008, S. 80, online einsehbar unter http://www.internetloge.de/krause/krause_lexikon_begriffe.pdf [eingesehen am 17.04.2019]
Seite 79: Julian Schenke, Göttingen
Seite 85: Städtisches Museum Göttingen
Seite 95: Georg-August-Universität Göttingen, Museum der Göttinger Chemie; Lena Hoppe, 2018, online einsehbar unter https://hdl.handle.net/21.11107/bc42d90a-91cb-46d5-b561-a1bbeef741d0) [eingesehen am 06.05.2019]
Seite 106: Teresa Nentwig, Göttingen
Seite 111: Sammlung Voit, Mappe 2, Abteilung Spezialsammlungen und Bestandserhaltung, Niedersächsische Staats- und Universitätsbibliothek Göttingen
Seite 120: Georg-August-Universität Göttingen, Museum der Göttinger Chemie
Seite 122: Georg-August-Universität Göttingen, Museum der Göttinger Chemie. Von den Herausgeberinnen des Sammelbandes erstellte Collage. Urheberangaben: Foto links unten: Lena Hoppe, 2018; Foto rechts unten und rechts oben, Foto links oben: Lena Hoppe, Paulina Guskowski und Lukas Richert, 2017
Seite 129: Bundesarchiv, Bild 102-16748, CC-BY-SA 3.0
Seite 131: Archiv der Max-Planck-Gesellschaft, Berlin-Dahlem
Seite 140 und Seite 142: Deutsches Zentrum für Luft- und Raumfahrt (DLR), Standort Göttingen
Seite 147 und Seite 148: Firmenarchiv, Familie Loibl, Göttingen
Seite 159 und Seite 161: Städtisches Museum Göttingen, Fotograf: Rudolf Kluwe

Bildnachweis

Seite 173: Bassam Tibi, Göttingen
Seite 187: Alciro Theodoro da Silva, Göttingen
Seite 189: Eva-Maria Neher, Göttingen
Seite 200: Bilder verwendet mit der Erlaubnis von Mark J. Jaroszeski
Seite 201: Reprinted by permission from RightsLink: [Nature Publishing Group] [Nature] [Quirin Schiermeier, Cancer researcher found guilty of negligence, in: Nature, H. 420, S. 258], [2002], advance online publication, 21.11.2002 (doi: 10.1038/420258a)
Seite 215: Friedrich-Ebert-Stiftung e. V., Bonn/Bernd Raschke
Seite 216: Maximilian Blaeser, Göttingen
Seite 222: Pixabay License
Seite 231: Affe Baby Blick Makaken – von Christels, gemeinfrei, online einsehbar unter https://pixabay.com/de/photos/affe-baby-blick-2830699/ [eingesehen am 27.04.2019]
Seite 235: Ortsschild Nein Schild – von wattblicker, gemeinfrei, online einsehbar unter https://pixabay.com/de/illustrations/ortsschild-nein-schild-verbot-3346766/ [eingesehen am 25.04.2019]
Seite 241: Deutsches Zentrum für Luft- und Raumfahrt (DLR), CC-BY 3.0, online einsehbar unter https://www.dlr.de/DesktopDefault.aspx/tabid-6226/10238_read-26953/gallery-1/gallery_read-Image.1.17105/ [eingesehen am 25.04.2019]
Seite 244: Niedersächsisches Landesamt für Denkmalpflege, Bezirksarchäologie Braunschweig nach Michael Geschwinde, CC-BY 3.0, online einsehbar unter https://de.wikipedia.org/wiki/Datei:Harzhornereignis_Schussbahnen_Artefakte_NLD_cropped.jpg [eingesehen am 25.04.2019]
Seite 253 und Seite 255: © Jens Frahm/Max-Planck-Institut für biophysikalische Chemie, Göttingen